建筑理论·设计译丛

# 设计中的建筑环境学

## 发现、营造生物气候设计

[日] 日本建筑学会　编

李逸定　胡惠琴　译

中国建筑工业出版社

■环境工学委员会

委员长　佐土原聪　　横滨国立大学大学院环境信息研究院
干　事　大井尚行　　九州大学大学院艺术工学研究院
　　　　田中贵宏　　广岛大学大学院工学研究科

■策划发行运营委员会

主　任　久野　觉　　名古屋大学大学院环境学研究科
干　事　饭塚　悟　　名古屋大学大学院环境学研究科

■生物气候设计分会（2010年度）

主　任　须永修通　　首都大学东京都市环境科学研究科建筑学领域
干　事　长谷川兼一　秋田县立大学系统科学技术学部建筑环境系统学科
　　　　宇野朋子　　电力中央研究所系统技术研究所客户需求系统领域
　　　　深泽TAMAKI　神奈川大学工学部建筑学科
委　员　金子尚志　　ESTEC规划研究所
　　　　北濑干哉　　环设计舍
　　　　小玉祐一郎　神户艺术工科大学设计学部环境・建筑设计学科
　　　　齐藤雅也　　札幌市立大学设计学部设计学科
　　　　宿谷昌则　　东京都市大学环境信息学部环境信息学科
　　　　菅原正则　　宫城教育大学教育学部家庭科教育讲座
　　　　铃木信惠　　东京都市大学环境信息学部环境信息学科
　　　　高间三郎　　科学应用冷暖研究所
　　　　筑山祐子　　旭化成房地产公司住宅综合技术研究所
　　　　广谷纯子　　Ecoenergy Lab.company（生态能源研究室）
　　　　细井昭宪　　熊本县立大学环境共生学部居住环境学科

■生物气候设计策划发行分会（2010年度）*所属工作单位如上。

主　任　长谷川兼一
干　事　广谷纯子　齐藤雅也
委　员　宇野朋子　金子尚志　北濑干哉　小玉祐一郎　铃木信惠　须永修通　深泽TAMAKI

■执笔者、主要负责人（按日文发音顺序/数字表示执笔页码）

岩村和夫　（东京都市大学都市生活学部都市生活学科）90~91
宇野朋子　66~69、106~107，资料篇
金子尚志　16~17、20~21、24~25、28~29
北濑干哉　58~61、106~107
木村建一　（国际人间环境研究所）94~97
小玉祐一郎　8~9
齐藤雅也　18~19、22~23、54~57、92~93，资料篇
宿谷昌则　78~79
菅原正则　42~43、45
铃木信惠　38~41、82~83、106~107
须永修通　3~5、50~53、110~113，资料篇
高桥　达　（东海大学工学部建筑学科）62~65
高间三郎*　106~107
辻原万规彦　（熊本县立大学环境共生学部居住环境学科）70~73
野泽正光*　（野泽正光建筑工房）106~107
长谷川兼一　15、26~27、34~37、44~45、124~125
广谷纯子　11、33、81、86~89、98~107、125
深泽 TAMAKI　12~14、30~31、46~49、74~77、108~109
堀越哲美　（名古屋工业大学工学研究科产业战略专业）84~85
（*对谈者）

# 前 言

本书出版的动机是基于委员会全体成员“推广生物气候设计!”的强烈愿望。迫于防止地球变暖这一紧急课题，极力想推广、设计和使用尊重环境的、舒适、美好的建筑。从另一个视角来说，是“想把建筑环境学用于建筑设计中”。如果让建筑师和学生们充分理解生物气候设计（BD）的思想和本质及其实际性能和舒适性，就会大大推进生物气候设计的普及，从而达到保护地球环境的目的。

但在现实中存在着对其原理不甚了解，或者说即使了解在实际设计中也不愿采用的建筑师，或只注重装饰，而忽视在里面居住的人，盲目进行方案设计的学生们。另外，在学生崇拜的“建筑师”当中，也存在着对生态建筑、关怀环境等漠不关心的可悲现实。

为达到使年轻的建筑师和学生理解BD的目的，作为本书的内容及初衷有以下4点：

1）要使人理解环境友好型建筑的益处，最便捷的方式是让其亲身体验!

介绍自己可以操作的实验，并去体验，如能观察到现象的话就更容易理解了。

2）本书刊载了对环境友好型建筑设计有用的内容

有必要提供BD设计所需要的资料和实例。

3）加入了使用者的评语和评价

实际的性能（舒适性等），住宅中的主妇（夫），即使用者的评价是最客观的。

4）对生物气候设计进行了定义和说明

有的委员反映，当被问及所谓的BD是什么时无法自信地做答，所以需要定义BD。

而且，要对BD进行定义，需要了解BD的相关历史。在这里，BD是否能涵盖诸如建筑规划原理、Baubiologie（建筑生物学）、PLEA、环境共生建筑等，这些表明了日本及世界的动向。对这些历史如不加以系统的归纳整理，恐怕会越来越模糊。

另一方面，具体考虑出版时，出版社提出了“作为教科书使用”的希望，这使原本“体验、体感”的体裁演变成对现象的解说，这也无伤大雅，反而强化了本书将建筑环境学与建筑设计相结合的特色。

经过上述几经变动的过程，成就了本书的构成。第2章主要讲述了①实验方面内容（发现：可视化）；②对现象的解说（特别是建筑环境学的教科书式的部分）；③对BD有用的资料（设计资料）；④实例（设计资料 + 使用者的评语）作为整体构架，成为本书的核心定位。另外，第3章BD的代表事例和BD相关概念的解说（评析）通过按年代区分，厘清了BD的系谱，成为理解BD的线索。第1章是为理解第2章所必要的建筑环境学的基础性知识，这也注重了不亚于第2 章的“可视化”。

建筑本应是“安全、放心、舒适、美好”的，现在要求在这个基础上加入“环境关怀：削减二氧化碳排放量”。“建筑的定义”也发生了变化。要求在今后10~20年中建造零消耗的建筑（年$CO_2$排放量为0），进而达到LCCM（Life Cycle Carbon Minus）建筑（通过利用太阳能发电等，从长久的“建筑生涯”来看，$CO_2$排放量转为负数，即自然能源完全够用，而且还有富余的建筑）标准。通过本书的编辑，理清的现阶段的生物气候设计定义在下页进行了归纳，委员会全体成员衷心希望本书能为生物气候建筑即“安全、放心、舒适、适应气候的、对环境亲切而美丽的建筑”早日得到普及发挥绵薄之力。

日本建筑学会　环境工学委员会　热环境运营委员会
生物气候设计分会
**主任　须永修通**

策划发行委员会
生物气候设计策划发行分会
**主任　长谷川兼一**

# 何谓生物气候设计

生物气候设计（Bioclimatic Design）一词何时开始使用尚难以确定，但作为表明气候和建筑设计关系的著作*Design with climate*（Victor olgyay 1963）一书的副标题中“*Bioclimatic Approach to Architectural Regionalism*”出现了生物气候的词汇，被认为是起源。Bioclimatic Design可直译为“生物气候学的设计”。最初的含义可以理解为“协调生态系统与气候和人（的环境）的建筑”，即“适合该地区自然环境、风土、对人类舒适的建筑设计”。

同类语有“Passive Design”，其含义是“结合地域气候、在尽可能少地使用化石能源的基础上，创造舒适环境的建筑设计”，“Bioclimatic Design”（以下简称BD）更明确地“包括生态系统”的意思，并且现在“为保护地球环境”的含义越来越强烈。换句话说，现在的BD可以说是“符合地域自然，维护地球环境，向人们提供舒适的建筑设计”，这与在评析4（110页）提出的“环境共生住宅”的定义基本相同。

此外，小玉祐一郎提出的“不久的将来的住宅：6个原则”，可以理解为是活用在BD设计中的具体体现。即：

① 减少环境的负荷（节能，长寿命）
② 建造健康的建筑
③ 增加与自然的接触，舒适地生活
④ 考虑内外的平衡
⑤ 使用适合本体的技术，创造居住者参加的契机
⑥ 发挥高端信息技术的优势

并且本书强调说明了建筑的使用方法、居住方式，即使用者的想法是重要的这个观点。如果BD包括了本书的全部内容，就表明BD也考虑到了建筑的运用。建筑的运用是由使用者，即人来执行的。那么积极地、愉快地付之以行动就是BD。因此本书中所说的BD就是“能与地域自然相契合，维护地球环境，向人们提供舒适、愉悦的建筑设计”。

下图表示委员会共识的BD概念。尽管该图没有很好地体现使用者的想法，但吸纳了说明气候与人类关系的生物气候学（Bioclimatics 或 Bioclimatology）的观点及考虑建筑与气候和人的相互影响，体现了对建筑内外的光、热、风、水动态设计的BD思路。

采纳BD理念设计的建筑，就可以成为生物气候型建筑（安全、放心、舒适、适应气候的、对环境友好的美丽建筑）。

日本建筑学会生物气候设计分会

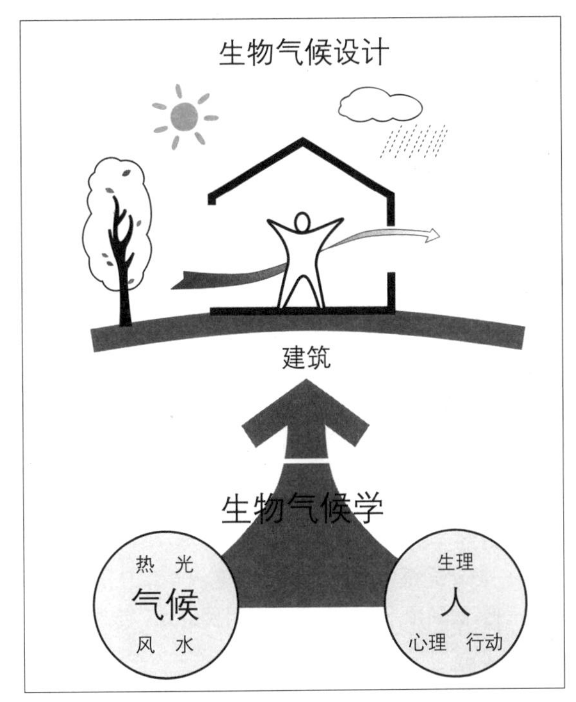


生物气候设计概念图

# 目　录

## 3章　生物气候设计的谱系



Column



Dialogue

# 卷首语 生物气候设计的目标

小玉祐一郎

## 1

作为“Passive Design”的经典，维克托·奥吉尔（Victor Olgyay）的著作*Design with Clmate*（1963年）中有名为Bioclimatic的图示；在渡边要编著的《建筑设计原理Ⅲ》（丸善，1965年）中是把它译为“生物气候图”进行介绍的。温湿度、风速、辐射是如何影响人体舒适度的？基于雅格鲁（Yagiou）图被清晰地示意出来；它表示了冬和夏的舒适范围，即根据风和辐射的强弱，其扩大的极限可以一目了然，该图对希望得到设计数值的设计师来说也是很受欢迎的。该图表明舒适度并不仅仅取决于外界条件，同时也受人体新陈代谢的支配，其图名就反映了协调气候和生物相互关系的生物气候学的认识，令人顿悟。环境和气候给予人类活动以影响，但并不是单方面的，这一认知与所谓的环境决定论似是而非；也要重视对人类环境的作用，这种关注是考虑建筑时的重要视角。

## 2

源自汉语的风土一词，据说是表示土地应对季节循环的生命力，在汉语中除有气候一词外还有物候一词，气和物；即，用“二十四节气七十二候”来表示对应季节循环的地上的变化，土地的生命力中也包含人类的活动，它创造了地域固有的文化，作为历史留存在土地上。传播到日本各地的“风土记”也是这样的东西；将这种人和自然的整体，重新用风土的观点来把握的是和辻哲郎。这也与“地灵”（genius loci，场所精神）[*1]、批判性地域主义[*2]等概念相通。

环境气候设计的基石是考虑人与自然的相互依存关系，这个观点也被被动（passive）设计的国际性网络PLEA所继承，它脱颖而出作为关键词被固定下来。生物与环境的关系学一般被称为“生态学”，从这个意义上讲，它与生态设计（ecological design）的概念也相当接近。

为什么现在要提生物气候设计？因为要创造下一代的环境，对上述的风土进行再认识是不可或缺的，需要重新认识自然与人的关系及存在方式。

## 3

20世纪，是人类历史上第一次利用手中丰富的能源和资源实现人工环境的时代，又可以说是无视风土关系，全力将一定的舒适度引入室内的技术时代。甚至可以说是将人类从严酷恶劣天候中解救出来，功不可没；但是由于过度依赖支撑这些技术的化石能源，因而成为地球环境问题的元凶，从各种意义上不得不承认自然与人的关系走上了歧途。

另一方面，过度的能源和资源的消费，其结果是削弱了土地固有的生命力——潜在能力，扼杀了为生活增添色彩的风土的丰富性。事实表明，生物气候设计的第一步是从发现地域的潜能开始的，充分发挥其潜能就是设计。正因为如此，我们越发强烈地意识到，应该在被封闭的人工环境中创造不可代替的居住环境。

## 4

当然，什么是理想的居住环境，根据个人价值观的不同，认识的差别很大。什么是潜在能力，这也受观察者的感性和素质的左右，生态环境设计的工作是从共同拥有与自然共存的居住环境的价值中，培养发现和分析风土潜能的感性、能力开始的；接着将其理论化、体系化，并与设计相结合。可以说这就是过去所谓的建筑规划原理[*3]。

尝试性地论述一下其价值。拥有与自然的接触，可以与自然交感，惬意的、健康的……为达到这个目标采用被动的适合本体的技术，重要的是要促进居住者自觉的意识和参与，而且更为重要的是为降低自然潜能减少环境负荷，要节能、脱能。可能的话，应通过建筑不是减少，相反是增加自然的潜能。

与乡土建筑持有多个接点，需要高度的解析技术，为此IT的活用也许是有效的；对其中某个领域感兴趣的人也许不少，其中不乏各领域的专家。本书对相关的多个领域进行了记述，正如反复强调那样，人的感觉和建筑设计的效果进行了对话式的综合论述，都是与生物气候设计相关的，期待跨越专业的藩篱，展开畅所欲言的讨论。

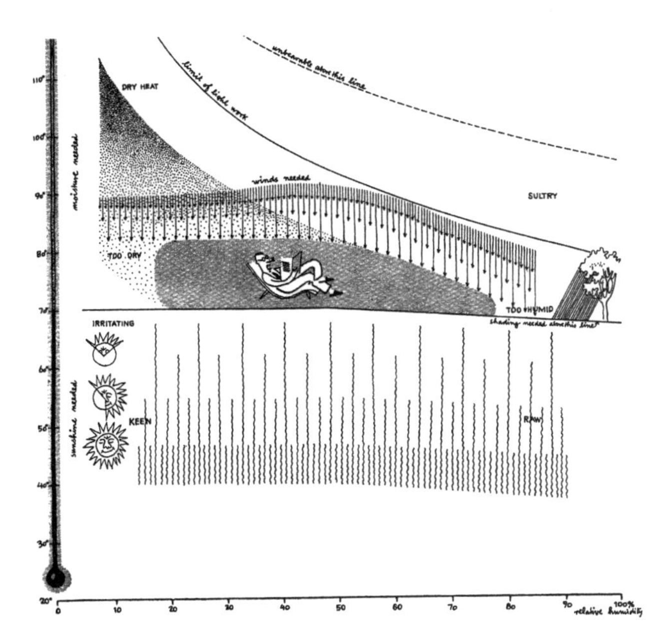


生物气候图（出处：Victor Olgyay, *Design with Climate*, Prinston Univ. Press, 1963）

注：

*1 诺伯格-舒尔茨（Norberg-Schulz, Christian）＝舒尔茨《场所精神 genius loci》加藤邦男、田崎祐生译（住居图书馆出版局、1979年）。建筑史学家铃木博之也出版了《东京的地灵》（文艺春秋，1979年）著作。

*2 肯尼斯．弗兰姆普敦（Kenneth Frampton, 1930年）“批判的地域主义”《现代建筑史》（中村敏男译，青土社，2003年）。

*3 原本作为建筑规划学的一个领域定位的，由于建筑设备技术的快速发展和普及，包括建筑设备技术的领域与重新确立的建筑环境工学进行了统合（1964年）。因此有人认为在设备技术繁荣时期，规划原理的意义被淡化了。

# 可视的建筑环境

## 学习生物气候设计的基础。

本章由建筑物建造的地区气候特性、反映建筑物中或人周围的光、热、风等现象可视图像，以及对这些现象进行解读的建筑环境学的基础理论构成。
通过本章，可了解地区气候的认知方法。
把建筑中发生的光、热、风以及人的现象与理论结合起来进行认识，通过生物气候设计营造建筑环境，培养正确把握建筑环境的慧眼。

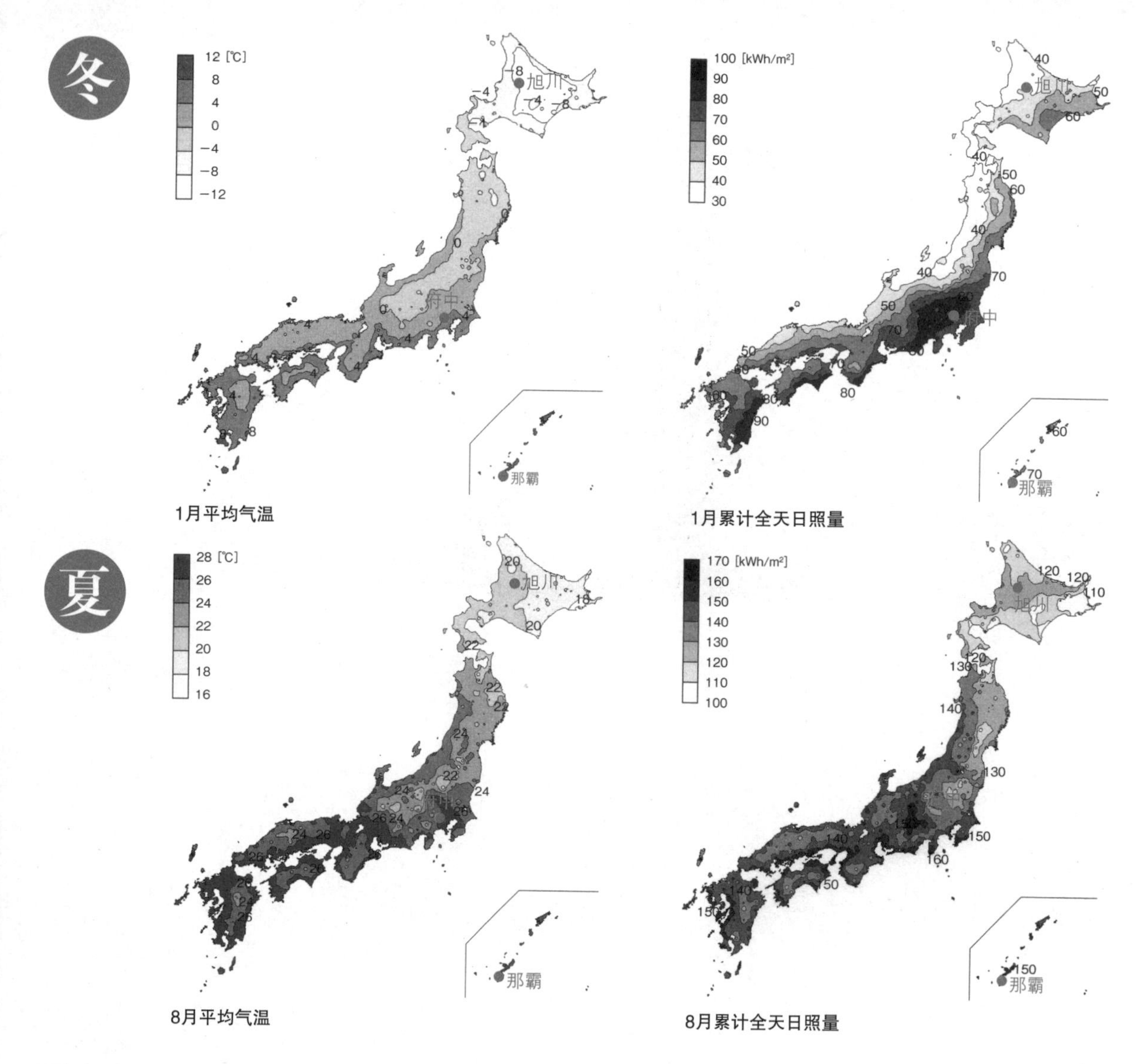


## 气温

气温是最影响人的“温湿舒适度”的环境要素。不仅是温度的高低，而且气温的年度变化、日较差*依据地域的不同也会有所差别。

在日本，1月的平均最低气温从−10℃左右到+10℃左右，有20℃的温差，冲绳及九州气温较高，北海道内陆地区最低。8月的平均最高气温从16℃左右到30℃左右，有14℃的温差。内陆地区比沿岸地区低，北海道东部最低。

*日较差：1日的最低温度和最高温度的差

### 采暖测试（度日）$D_{18-14}$

表示地区寒冷的指标，用于计算住宅等整个冬天取暖所需的估算热能或估算燃料费。

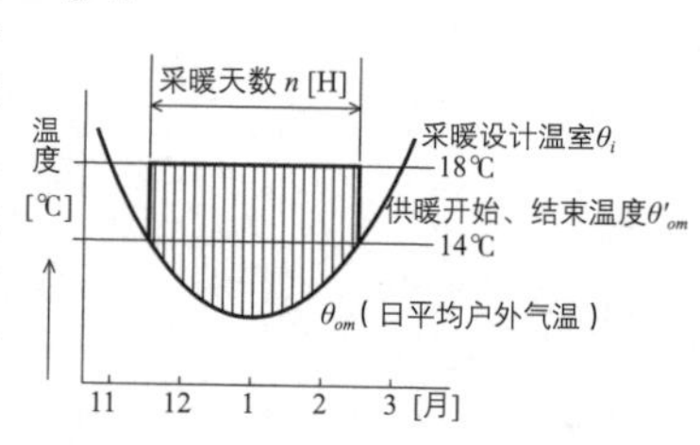


一般在采暖开始到结束期间，即使户外气温略低也不采暖的情况很多。因此当假设日平均户外气温$\theta_{om}$，采暖设计室温$\theta_i$，采暖开始、采暖结束温度为$\theta'_{om}$时，对$\theta_{om}$达到$\theta'_{om}$以下$n$天，合计（$\theta_i$-$\theta_{om}$）的值就是度日。整个冬天取暖所需的热能用度日可得出以下公式。

$$H_{h(season)}=\overline{KS}\times 24\left(\underbrace{\sum_{1}^{n}(\theta'_{om}-\theta_{om(n)})+n(\theta_i-\theta'_{om})}_{\text{度日}}\right)[Wh/\text{季节}]$$

$\overline{KS}$：综合总传热系数

旭川（北海道）　　府中（东京）　　那霸（冲绳）

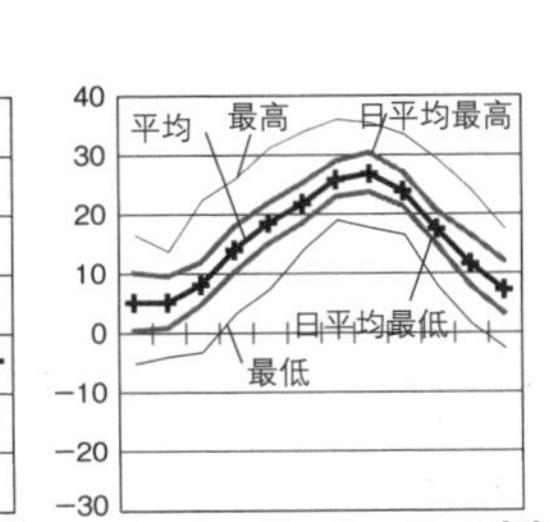


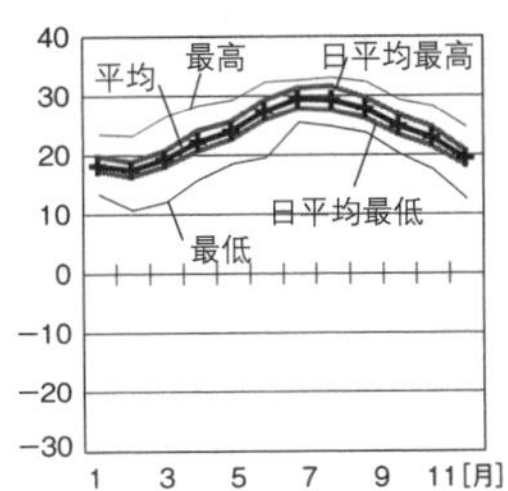


气温的年度变化

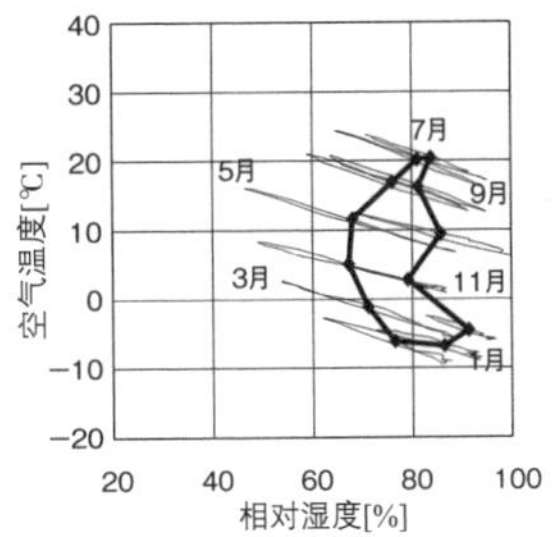


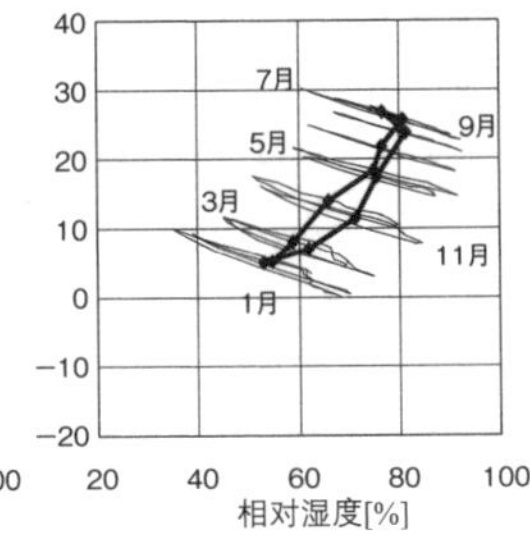


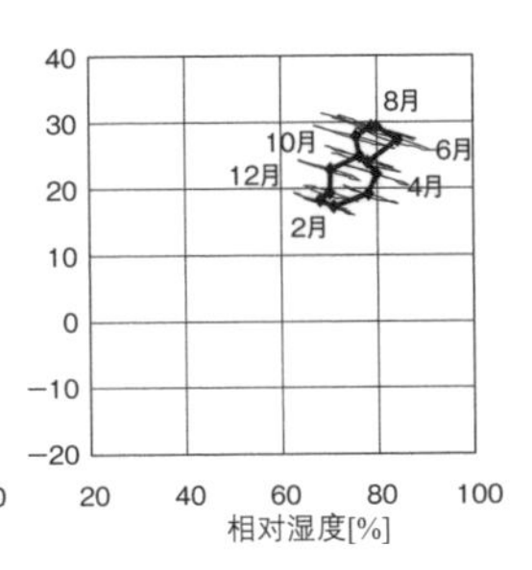


气候图

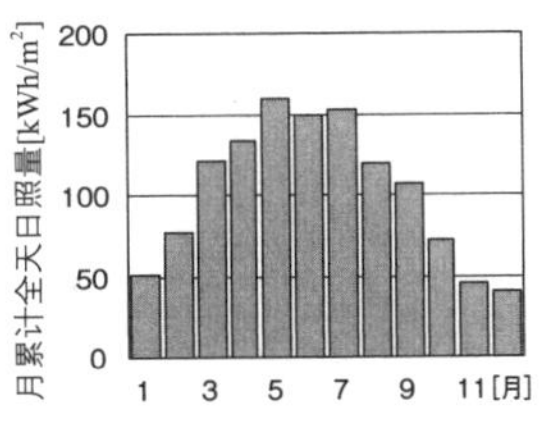


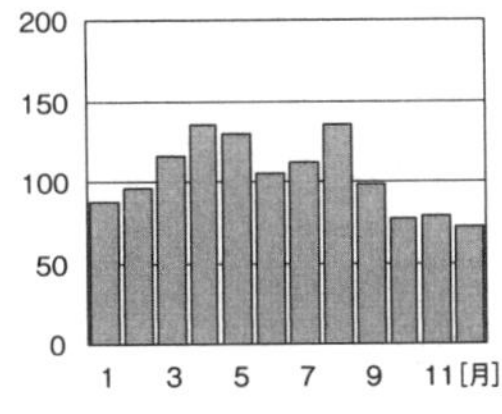


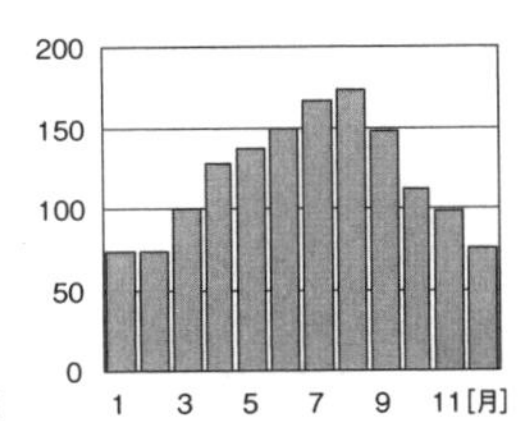


月累计全天日照量的年度变化

12~15页的国内气象数据来自《扩张地域气象数据1981-2000》（日本建筑学会编2005年），海外气象数据来自《*The METEONORM Version 6.1*》（METEOTEST，2009年）

## 气温的年度变化

通过在各月的平均气温上标出最高（低）气温、日平均最高（低）气温，可以看出各城市的日较差和全年变化。由此得知旭川的1月平均气温－6℃左右，大寒日可达到－24℃。8月日平均最高气温24℃，最热日达31℃。府中的冬天有时可以降到零下，夏天最热日可达36℃，比那霸还要高。在那霸，即使最寒日也不会低于10℃，最高32℃左右，全年的气温变化较小。

## 气候图

显示每个月平均空气温度和平均相对湿度的气候图同时也注明了每时每刻的测温点。在了解各地气候特性的同时了解各月的日较差。旭川全年气温的日较差很大，温差变化从－9℃到－25℃。湿度从夏天、秋天到冬天比较高，春天比较低。府中全年的变化从0℃到30℃。湿度冬天低，夏天高。那霸全年气温变化、日较差比较小，湿度变化也比较小。

## 日照量的年度变化

表示月累计全天日照量的全年变化。3个地区都是夏天日照量多。旭川和府中的年平均的月累计全天日照量大体相等，旭川的全年变化比较大。那霸的年平均月累计全天日照量比较大，全年变化也大，即使冬天也有70kWh/m²以上的日照量。

## 日照

众所周知日本有四季，由于地区的不同，四季的到来和长短也不同，四季情况的不同在全天日照量*上也有反映。

冬天的日照量几乎只有夏天的一半。日本全国1月份的日照量在日本海一侧和太平洋一侧，8月份东日本和西日本有很大不同。

* 全天日照量：水平面的全天日照量（直达日照量〔18页〕和天空日照量的合计值）。是气象台等日常测定的值。

### 气候图的读取方法

气候图是将2种气候要素以横轴和竖轴的形式，在垂直坐标上示意的图。这里纵轴表示空气温度，横轴表示相对湿度。右图是罗马和府中的气候图叠加。通过该图可以了解到罗马的冬天气温和湿度都比府中高，夏天的气温和府中相同，相对湿度较低。

另外，通过将每月的日平均气温和相对湿度并列表示，可以了解年度和每日变动情况。该图还表示了1月和8月的变动情况。

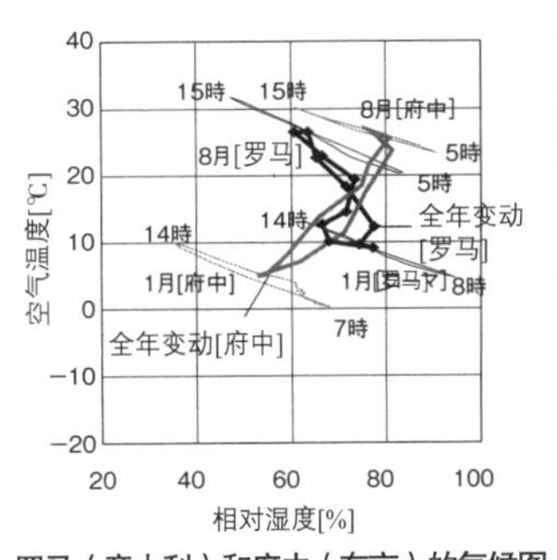


罗马（意大利）和府中（东京）的气候图

## ■ 风

要使夏天室内凉爽，向室内导入风是不可缺少的。一个地区的风速会由于地形、周围建筑物的情况有很大不同，形成微气候，可以看出周边地区的风速特点。

根据各月各风向的平均风速和频率比例合成的风力图，可以了解到各季节的盛行风和风的趋向。

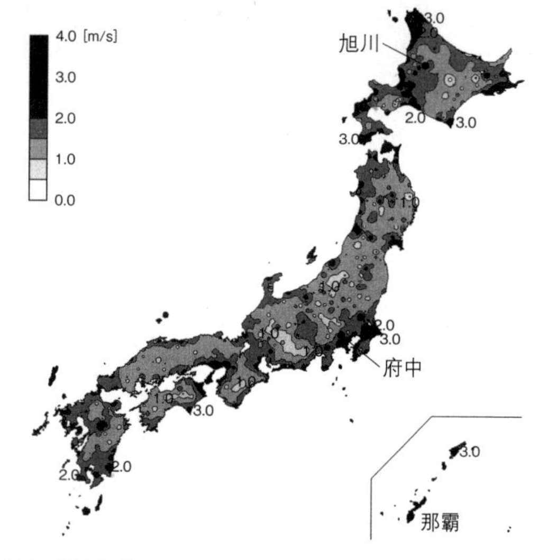


### 8月平均风速

在沿岸和半岛地区风速较大，在内陆也分布着局部性大的地点。北海道的根室半岛、襟裳岬、伊豆半岛的石廊崎、高知县室户岬、熊本县阿苏、冲绳西南诸岛等都经常是风速很大的地区。

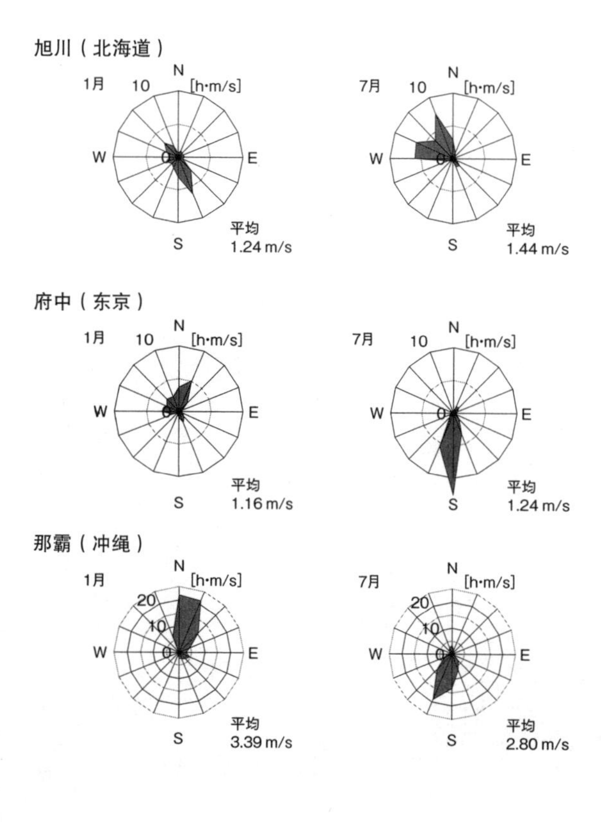


### 风力图

旭川1月南南东，7月北北西，府中1月北北东，7月南，那霸1月北，7月南南西的风强。此外，那霸的风较大，1月会有比府中强3倍的风。

### 风力图的读取方法

以下左边是表示来自各方位风频率的“风配图”，中央是表示来自各方位风的平均速度的“风速分布”。考虑通风和防风时，应着眼于频率高、风速大的方位。为此将两者合并的图在右侧表示，在这里称“风力图”。

罗马的7月平均风速是2.55m/s，主风向是西风。由于风速偏北较大，风力图显示西和西北西较大，可知，导入来自这个方向的风比较理想。

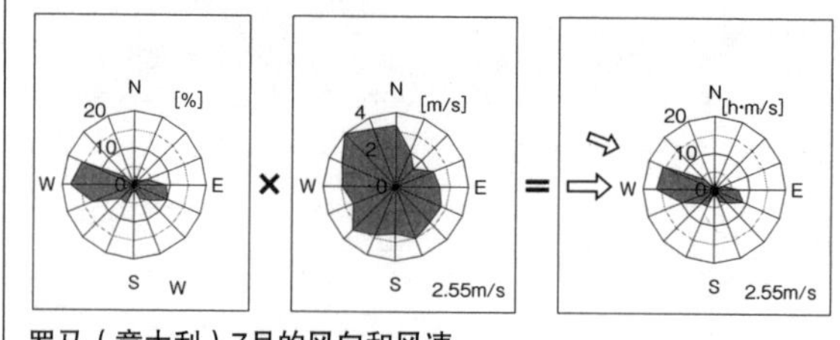


罗马（意大利）7月的风向和风速

### 下一代节能标准地区的划分

按照“住宅的节能标准”的分类划分6个地区。将以定期采暖负荷相关的高采暖测定数据（度日）作为指标，在考虑都道府县边界的基础上，进行市区町村的行政管辖划分，按每个划分的地区制定隔热性能等标准。

| 地域的区分 | 年暖房度日 $D_{18\text{-}18}$ | 都道府县 |
|---|---|---|
| Ⅰ地域 | 3,500以上 | 北海道 |
| Ⅱ地域 | 3,000以上 3,500未满 | 青森县 岩手县 秋田县 |
| Ⅲ地域 | 2,500以上 3,000未满 | 宫城县 山形县 福岛县 栃木县 新潟县 长野县 |
| Ⅳ地域 | 1,500以上 2,500未满 | 茨城县 群马县 埼玉县 千叶县 东京都 神奈川县 富山县 石川县 福井县 山梨县 岐阜县 静冈县 爱知县 三重县 滋贺县 京都府 大阪府 兵库县 奈良县 和歌山县 鸟取县 岛根县 冈山县 广岛县 山口县 德岛县 香川县 爱媛县 高知县 福冈县 佐贺县 长崎县 熊本县 大分县 |
| Ⅴ地域 | 500以上 1,500未满 | 宫崎县 鹿儿岛县 |
| Ⅵ地域 | 500未满 | 冲绳县 |

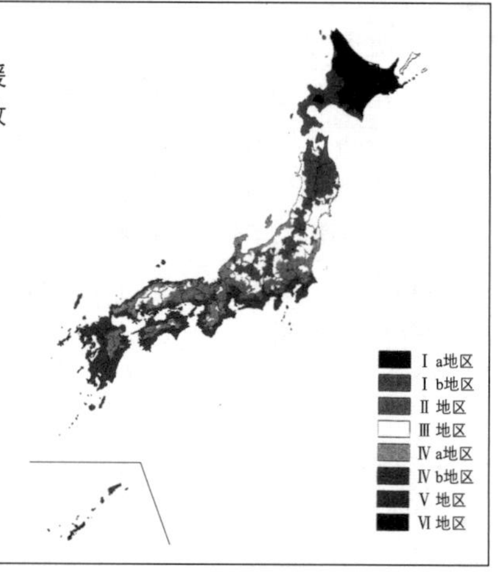

## 自然能源利用的潜能图

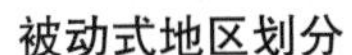

由于日本不同的季节、地区的气候条件各有不同，需要正确了解自然能源利用的可能性（潜能）。

使用各种气象要素，可以对自然能源利用的潜能进行量化。比如表示地热地冷、夜间寒气、蒸发冷却、日照热的潜能*。

另外，潜能图的计算是按地区考虑不同的制冷期间和采暖期间。

**被动式地区划分**

按照“住宅的节能标准”的分类划分3个地区。基于1月的南面垂直面日照量的日累计值和1月的平均气温进行划分。对利用日照的住宅（被动式太阳能住宅）进行热损失系数补充修改时，根据区域划分规定补充修改系数。

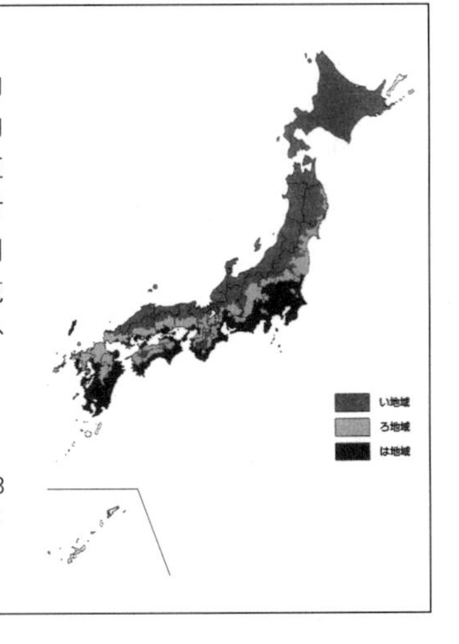


包括前页“下一代节能标准”在内，出处：《住宅节能标准解说3版》建筑环境・节能机构，2009 年

* 松本真一 等“环境设计中自然环境能源利用图的建议，其1自然能源的潜能和节能效果的图示”《日本建筑学会东北支部研究报告集》第71号，57~62页，2008年。

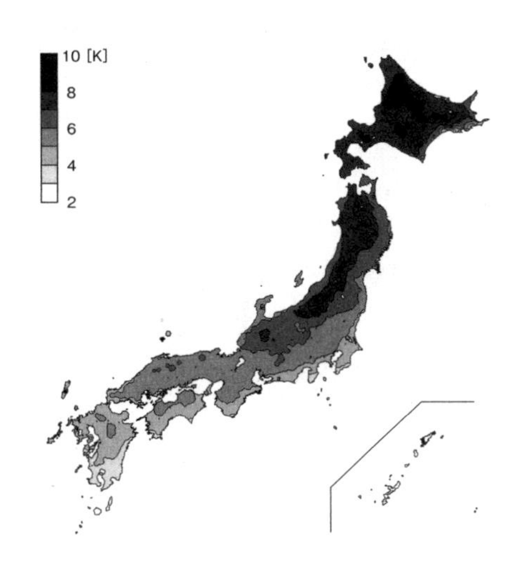


**地下冷热潜能（制冷期间的平均户外气温和深度2米的平均地下温度差）：利用地下与户外空气温度差的可能性**

北海道全境和青森县到新潟县的日本海地区的潜能很大。而太平洋沿岸和九州、冲绳等地潜能较小

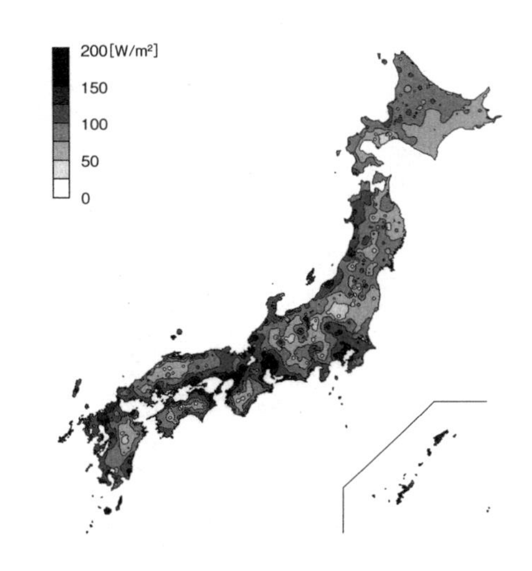


**蒸发冷却潜能（根据制冷期间的户外空气和相对户外空气的饱和绝对湿度差的蒸发冷却量）：由于水分蒸发构件表面冷却的可能性**

潜能的大小有一定的地区差，零星分布。冲绳县全境最大，近畿地区的城市区域的蒸发冷却效果也可期待

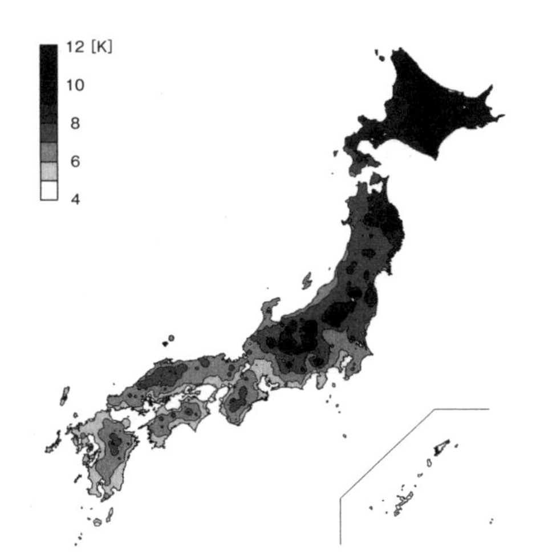


**夜间冷气的潜能（冷气设定温度〔28℃〕和制冷期间的夜间户外气温之差的期间平均温度）：利用夜间户外气温下降蓄冷的可能性**

这在全国广大的内陆地区都有潜能。特别是北海道的内陆地区能值很大

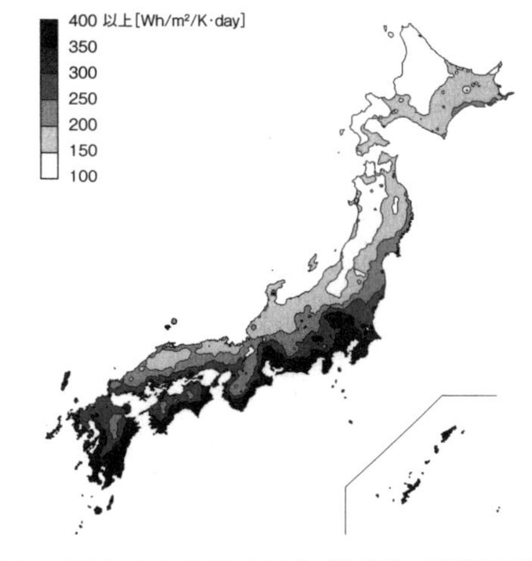


**被动式太阳能的潜能（对采暖度日分时测定的南垂直面日照量的采暖期间累计值的比例）：利用主动式等日照热能的可能性**

太平洋一侧的广大地区面积辽阔，可以期待利用日照热能。而黄海一侧的地区在冬天日照很少，很难实现太阳能建筑

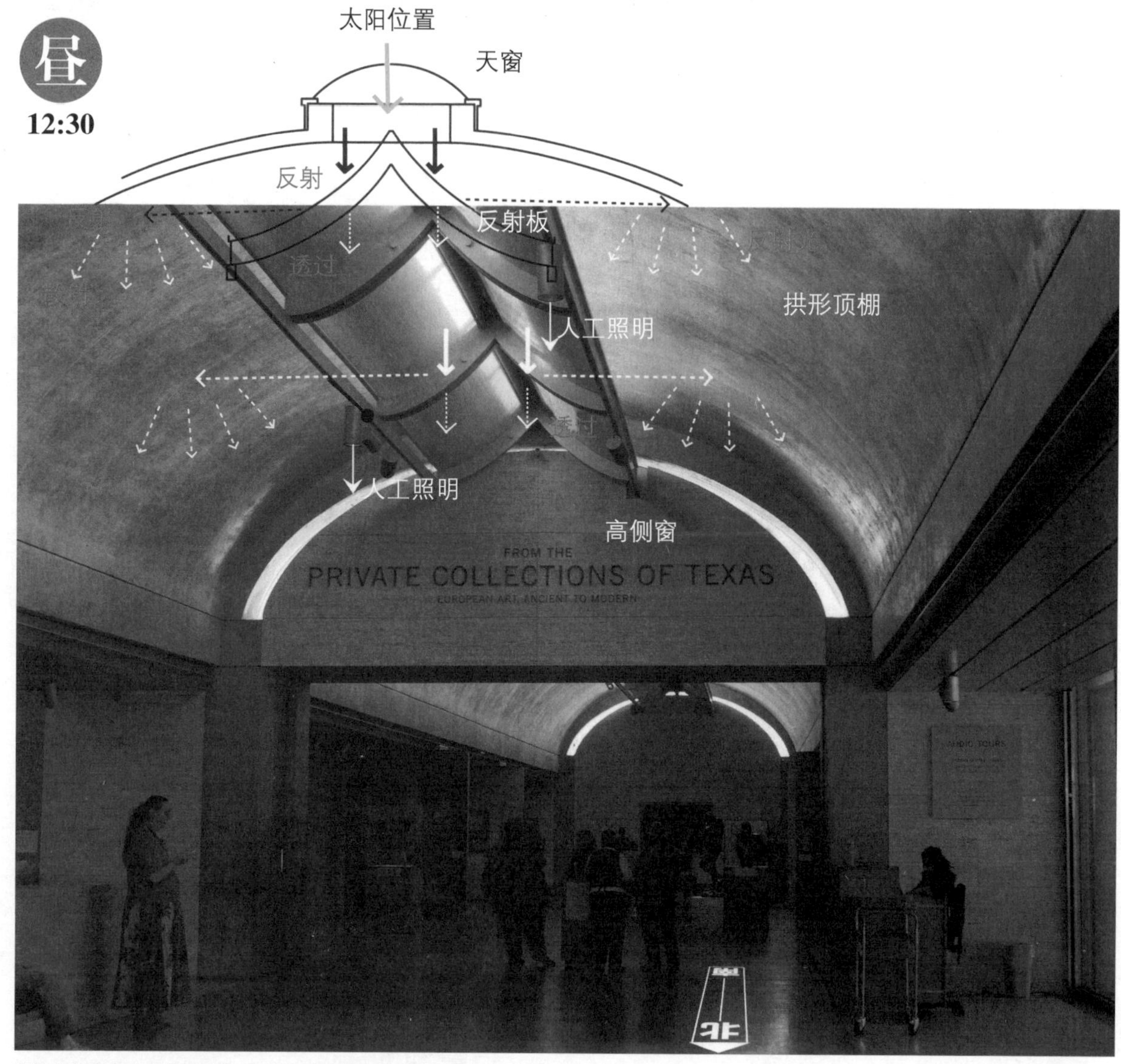


照片中橘黄色文字表示现象，白色文字表示设计要素

## 自然光的特征

自然光随着时间、季节而发生变化，地球的自转带来一天的变化，另外由于地球自转轴（地轴）对公转轴倾斜为23.4°，形成了太阳高度的不同，以及四季的变化。

太阳发出的自然光分为天空光和直射光，天空光遇到灰尘和大气会扩散，直射光在大气中没有扩散直接到达地表。直射光是非常强的光，晴天时超过10万照度（lx）。这相当于采用一般人工照明的室内照度的500lx的200倍。

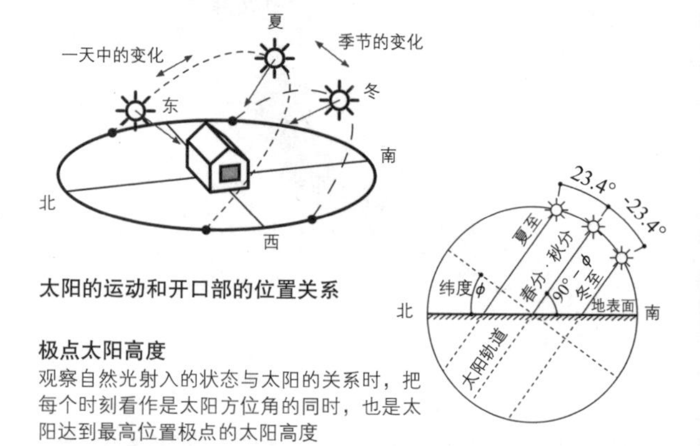


太阳的运动和开口部的位置关系

**极点太阳高度**

观察自然光射入的状态与太阳的关系时，把每个时刻看作是太阳方位角的同时，也是太阳达到最高位置极点的太阳高度

夏至（冬至）的极点高度=90° −（纬度）± *23.4° *夏至(+)，冬至(−)

金贝利美术馆/设计：路易斯 · 康

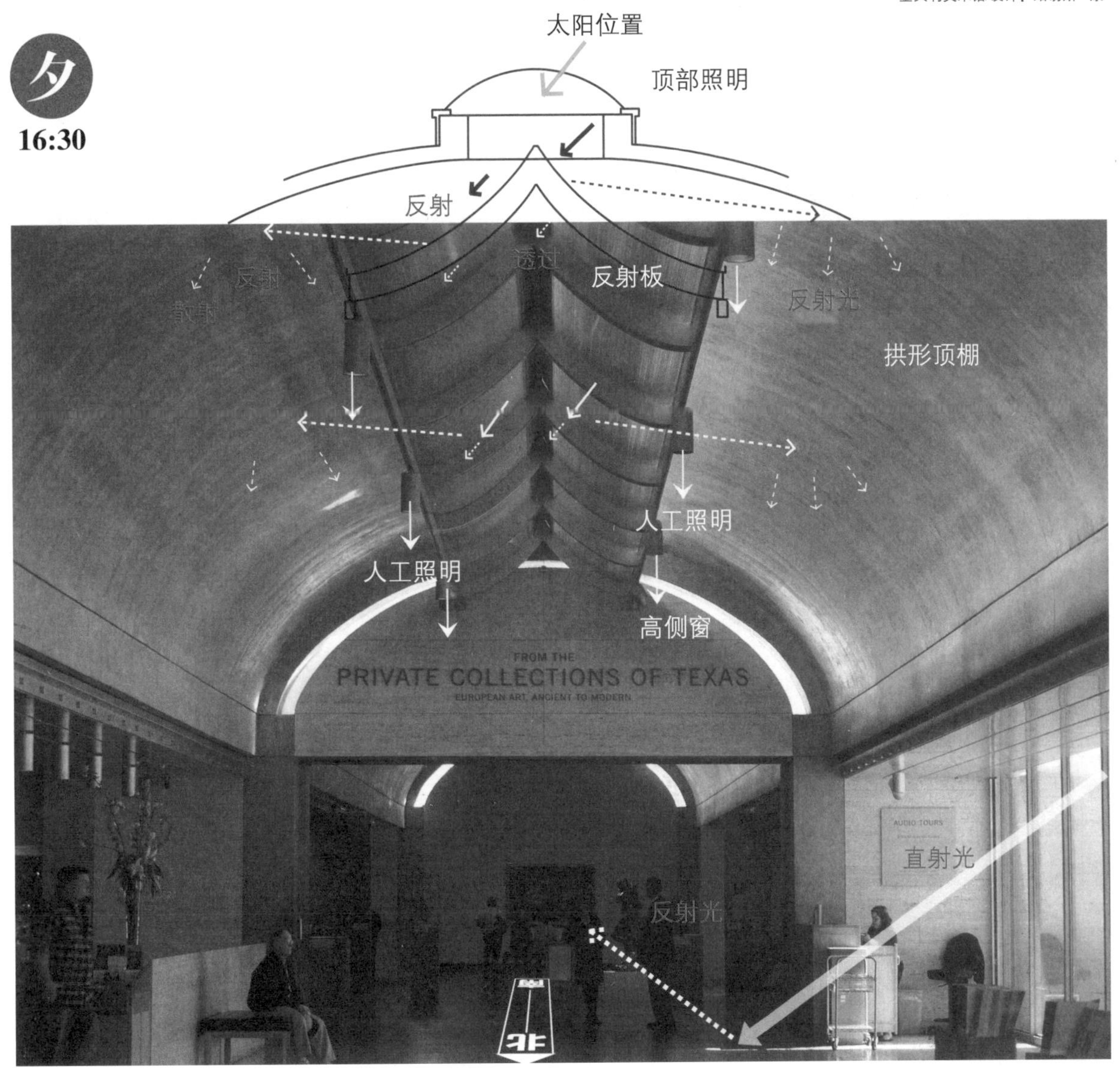


## 自然光和窗的关系

窗户的面积和位置对自然光射入室内的影响很大。如果窗户面积相同，像天窗或高侧窗那样，窗户离地面越高，地面受到的光量就越大。

从窗户获取自然光时，不仅考虑直接获取直射光，还可以使用反射板或透过半透明材料，使其通过扩散等方法，使变化大的自然光能够变得柔和均匀。

在金贝尔美术馆采用的是从拱形顶棚中央连续开放的竖缝状的天窗获取自然光（如上照片）。采入的光通过弓形的网状铝合金反射板，反射到拱形顶棚上，阳光均匀柔和地布满清水混凝土的顶棚，然后成为细碎的反射光又到达了整个地面。另一方面，透过网状反射板的光与来自顶棚面的反射光混合在一起，使整个空间充满了柔和均匀的自然光。在太阳高度降低后的傍晚，来自天窗的自然光开始减弱，而直射光通过高侧窗射入室内。

## 1. 直射光和天空光

太阳能是太阳对地球放出的电磁波（辐射），可分为紫外线、可视光线、红外线域（图1）。波长0.48微米（μm）为最大强度。太阳的表面温度推定约为6000k。人的肉眼可以感觉的可视光线领域为0.38~0.78μm。

如果把太阳能想象为“光子”的粒子群流的话，太阳向地球近乎平行地释放光子群，冲入大气层，一部分与大气层的分子（氮、氧、水蒸气、灰尘等）冲撞散射后被吸收。剩余部分基本不改变方向穿过大气到达地表。（图2）白天天空整体明亮是由于光子散射所至。从天空整体到达地表的光子群称“天空光（天空日照）”，直接射入地面的光子群称“直射光（直达日照）”（图3）。与大气各种分子冲撞被吸收的光子使分子激烈震动，而自己的震动变小（由短的波长向长的波长变化）。从这个原理上讲，太阳能是“短波长辐射”，吸收后，来自分子的再辐射能称“长波长辐射”（3~30μm）。

一般来说，短波长辐射（光）可以透过普通单层玻璃，而来自室内表面的（热）辐射是长波长辐射，所以不能透过玻璃。在温室中白天温度很高，“温室效应”由此而来。低辐射（low-E）中空玻璃难以让近红外线以上的长波长的辐射透过（图1），从有低辐射膜的室内侧的玻璃向室外侧玻璃的辐射也较小，因此与普通单层玻璃相比，其隔热性更高。

## 2. 照度和亮度

以太阳为光源的自然光或来自电气设备的电灯光，由于对构成建筑的开口部、墙壁等进行反复透过和辐射，形成室内的光环境。表示光环境的指标有“照度”和“亮度”。

光从光源发出后，传到空间射在墙面等，射入到面的光束（单位时间的平均光的能量）的单位面积的平均密度称“照度”，照度是表示对象物“照射”的程度的指标，是受照面的光量（图4）。单位为勒克斯（lx）。

“亮度”是用肉眼看光或光照到的部分的光量（图5）。是从某个方向看光源面时的“光度”，除以该方向的光源外观面积的值。亮度过高会产生眩光，引起不快和疲劳。“光度”是点光源的光的强度，从点光源向某个方向发出的平均每个单位立体角的光束量。单位是坎德拉（cd）。

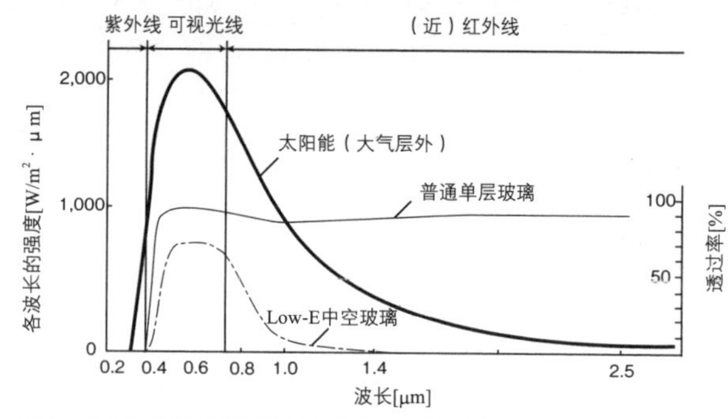


图1　太阳能各波长的强度和玻璃各波长透过率

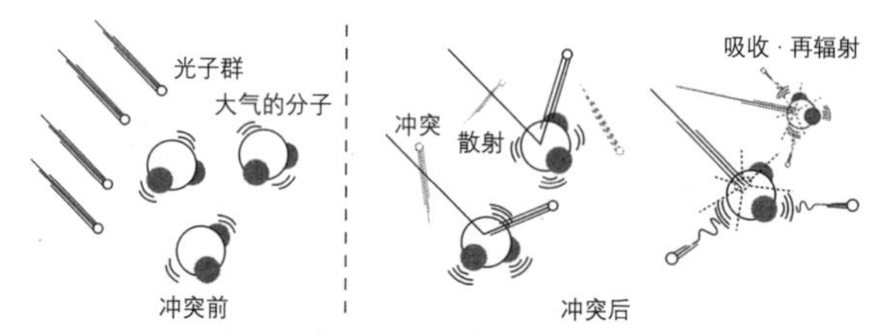


图2　“光子”的冲突、散射、吸收、再辐射的现象

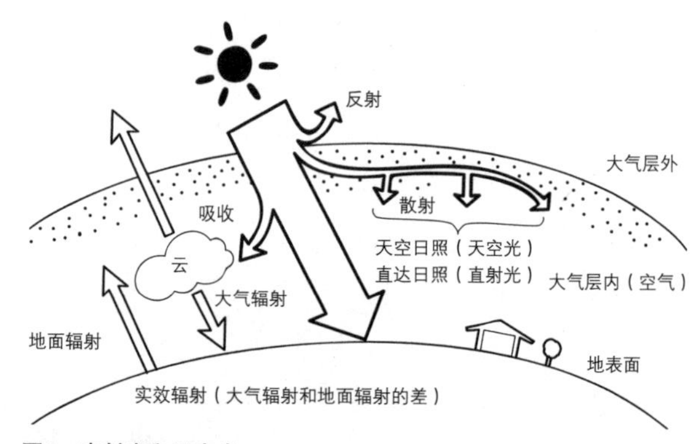


图3　直射光和天空光

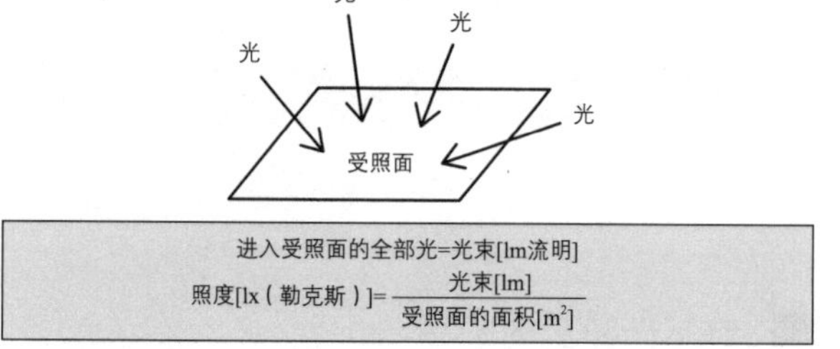


进入受照面的全部光=光束[lm流明]

$$照度[lx（勒克斯）]=\frac{光束[lm]}{受照面的面积[m^2]}$$

图4　照度的示意

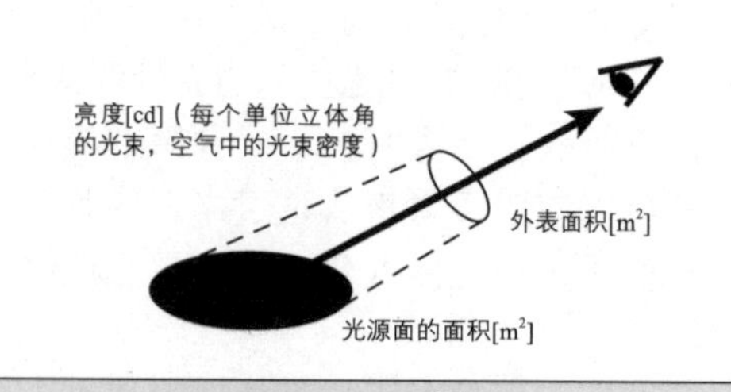


$$亮度[cd（坎德拉）/m^2]=\frac{亮度[cd]}{外表面积[m^2]}$$

图5　亮度的示意

### 3. 采光（昼光照明）

建筑设计时，应做好积极引入自然光（昼光）的照明设计，其长处是不需要电力（节约能源、节约成本），最大光量大，显色性好等。另一方面，除了会成为眩光的原因外，由于天气会产生大幅度变化，难以使光线均匀地照射到整个房间，采光设计时要求充分考虑这些因素。

#### 1）采光方法的种类（图6）

- 侧窗采光：来自普通墙面的侧窗的采光。构造维修简单，可以通风。窗边与房间进深处的室内照度分布往往不均匀。
- 天窗采光：来自屋顶面窗的采光，也叫天窗。在建筑标准中表明，天窗的采光效果是侧窗的三倍，但构造维修比较困难，也不利于利用温差换气。
- 顶侧窗采光：也叫高位侧面窗。即从设在墙面顶部或比顶棚面高的位置的侧窗采光。可提高垂直面的照度。对面积较大的室内可以达到比较均匀的采光效果。适合美术馆等的展示空间。

#### 2）均匀度（图7）

对教室、办公室等要求高作业性的空间，其均匀度接近1.0为好。对要求休息、谐调的空间，均匀度低（光多少有些斑点）一些为好。

#### 3）采光系数（图8）

“采光系数”是表示室内获得日光的最低亮度的指标。由于室内对象点的日光（仅限天空光）容易引入，也是全天空的照度和室内对象点的照度比（%）。采光系数因室内的位置不同而不同，仅以天空光为对象是为了确认在日光照明下，不是在有利的晴天，而是在不利的阴天时仅靠日光能确保多少照度（采光系数是阴天较日本多的欧洲制定的指标）。阴天（全天空照度5000lx）采光系数10%时，室内照度达到500lx。

在建筑设计上，为提高采光系数和均匀度采取的对策以图9为例。这是将射入光通过窗户面和顶棚面进行扩散，引入室内进深处的方法。效果较好的方法有：a）设置高窗、天窗；b）窗的形状，与纵长形窗相比选用横长形窗（或排列纵长形窗）；c）设置水平天窗、百叶窗等；d）提高室内墙壁和天井面的反射率（过度提高会产生眩光）；e）采用扩散性高的窗系统、隔扇等。在难以确保窗户的建筑中，有采取反光镜采光（光隧道）的方法。

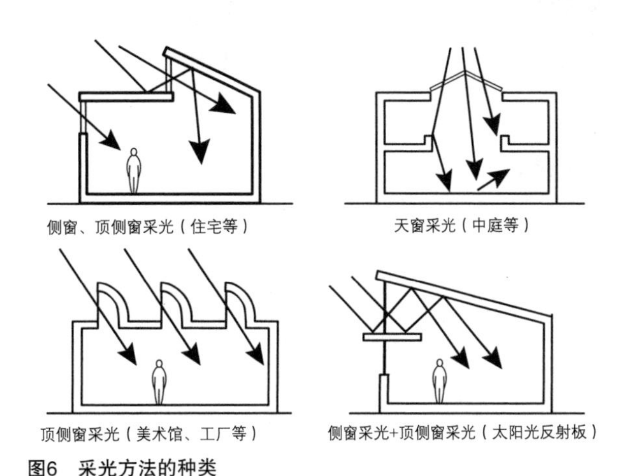


图6 采光方法的种类

均匀度低
窗边的照度比房间进深处高
照度[lx]
窗边
室内进深处

均匀度高
窗边的照度比房间进深处高
照度[lx]
窗边
室内进深处

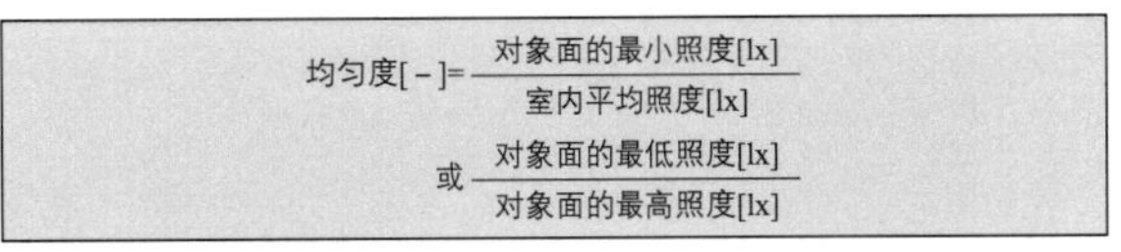

$$均匀度[-]=\frac{对象面的最小照度[lx]}{室内平均照度[lx]}$$

$$或\ \frac{对象面的最低照度[lx]}{对象面的最高照度[lx]}$$

图7 均匀度的思考

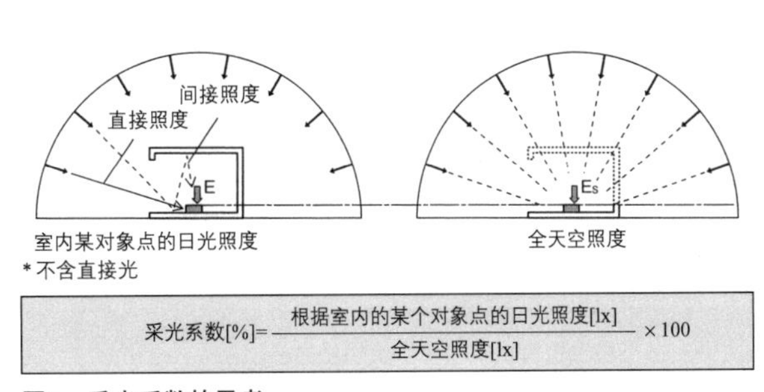


$$采光系数[\%]=\frac{根据室内的某个对象点的日光照度[lx]}{全天空照度[lx]}\times 100$$

图8 采光系数的思考

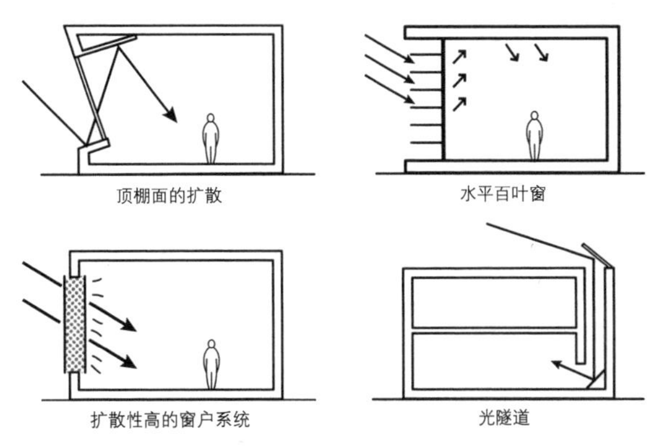


图9 提高建筑采光系数、均匀度的创意

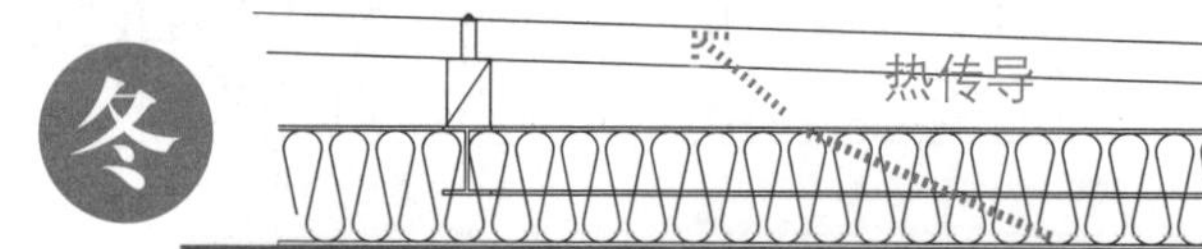

**照片中橘黄色文字表示现象，白色文字表示设计要素**

## 冬天室内的热流动

在太阳高度较低的冬天，太阳光照可以进入室内的进深处。另一方面，在室内由于人的行动会产生各种热，这些热通过窗户、墙、顶棚、地面从室内向低温的室外流出（热传导）。通过提高保温性和确保密封性，阻止冷风渗透，从而减少热的外流。另外，白天作为集热面的开口部，到夜间将成为热损失部位，应采用设置保温门窗等措施。

通过在室内使用石头、混凝土等热容量大的材料，将白天的日照热储存起来，再通过放热可以减少室温的变化幅度。

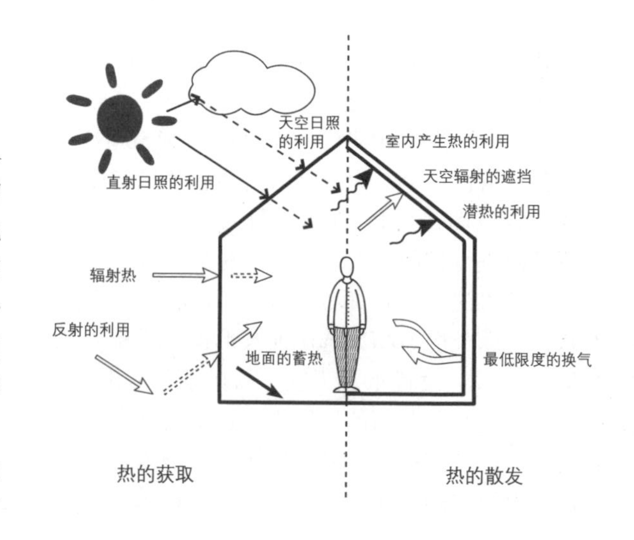


**冬季掩体的作用：最大的热获取和最小的热损失**

高知、本山町的家/小玉祐一郎+ESTEC规划研究所

夏

热传导

夏天的遮阳屋檐

1200

2400

照明器具的热产生

墙的蓄冷

来自人体的热能

热传导

地面的蓄冷

南 北

热传导

## 夏天室内的热流动

夏季的白天，原则上是阻止日照直接进入室内。采用屋檐、天窗、树木进行遮挡窗外日照的方法，减小热获得的效果好。窗外的热被遮挡了，这样可以控制进入室内的热。另外，为阻止直射日照，设置双层屋顶或在外墙设置空气层，这样可以阻止来自气温高的外部的热流入。

为尽快将室内产生的热排放到外部，应考虑换气、排热的设计。在户外气温下降的夜间进行换气，将冷气储存在热容量大的材料中，可以带来第二天的冷却效果。

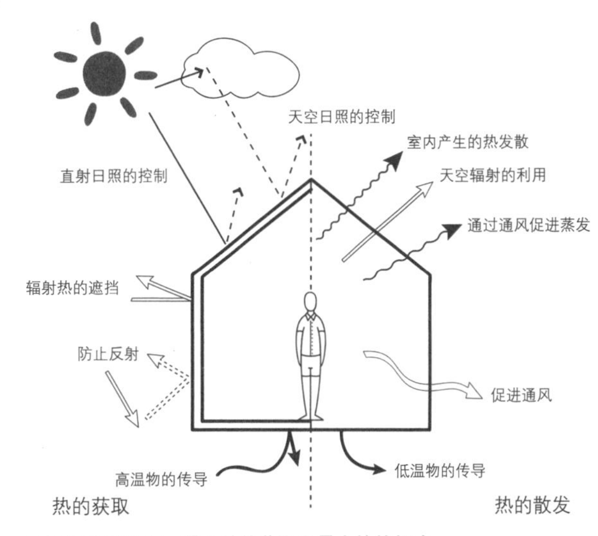


**夏季掩体的作用：最小的热获取和最大的热损失**

## 1. 传热的原理

传热（热的移动形态）包括辐射、对流、传导（图1）。蒸发一般不包括在传热中，但这里把蒸发包括在内进行介绍。

### 1）辐射（热转移）

通过电磁波由高温面向低温面的热转移。所有物质的表面都是根据温度进行震动释放电磁波。由高温面和低温面的两面释放电磁波，但高温面释放的电磁波比低温面释放的电磁波强，实际的辐射热是从高温面转移到低温面。

### 2）对流（热转移）

固体的表面与其接触的流体（气体或液体）之间存在温度差时，高温部向低温部的热转移。热转移量与流体速度成正比。

### 3）传导（热传导）

同一固体的内部或与之接触的不同固体之间存在温度差时，高温部向低温部的（通过邻接分子的）热转移。

### 4）蒸发

主要是液体水吸收周围空气的热发生气化，伴随成为水蒸气的相互变化的热转移。从周围空气中吸收的热称“蒸发潜热”。

> 通过辐射的热转移量（辐射热转移量：$q_r$）[W/m²]
>
> =辐射热转移系数$a_r$[W/m²·K]×温度差[K]
>
> 通过对流的热转移量（对流热转移量：$q_c$）[W/m²]
>
> =对流热转移系数$a_c$[W/m²·K]×温度差[K]
>
> 导热量（通过传导的热转移量：$q_{co}$）[W/m²]
>
> $$=导热率\lambda[W/(m\cdot K)]\times 温度差[K]\times\frac{1}{材料厚度[m]}$$
>
> K（开尔文）：绝对温度（0K=−273.15℃）
>
> *辐射＋对流，统称“综合热转移”（参照下一项“墙体的热传导”）。

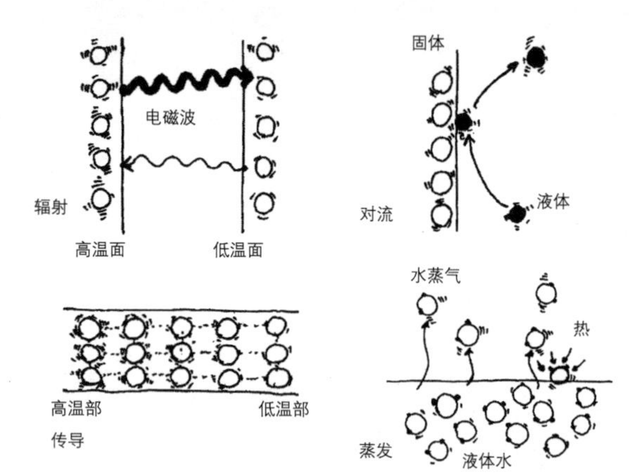


图1　热运动的形状

## 2. 墙体的热传导

贯穿墙体的传热称“热传导”。热传导是墙体周围空气的热转移和墙体内部导热的组合，其大小是用“热传导系数”来表示。

综合热转移系数是辐射和对流的热转移系数之和（表1）。墙体的室内侧和室外侧的综合热转移系数根据风速而不同。因为室外侧的风速大，所以对流热转移系数也大。此外，室内空气、户外空气的热转移阻尼、各综合热传导率的倒数、墙体内热传导阻[（m²·K）/W]是材料的厚度d[m]/材料的热转移系数λ[W/（m·K）]。

表1　综合热转移系数

| | 室内侧 | 室外侧[W/（m²·K）] |
|---|---|---|
| 辐射热转移系数 | 5.0 | 5.0 |
| 对流热转移系数 | 4.0 | 18.0 |
| 综合热转移系数 | 9.0 | 23.0 |

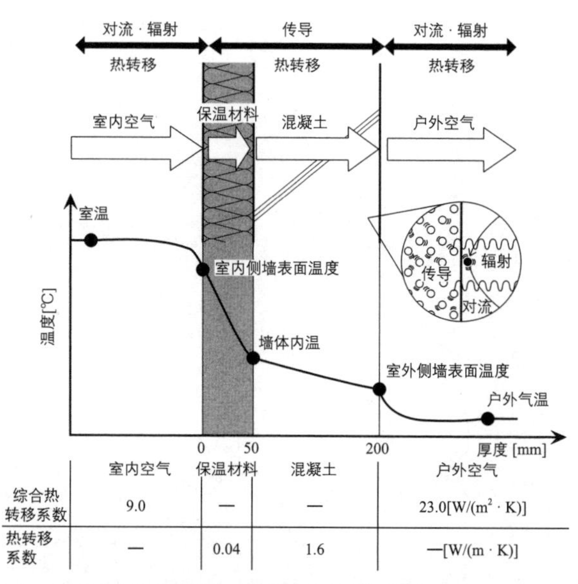


图2　墙体的热传导（混凝土墙体“内保温”的例子）

> **热传导系数（U值）·热传导量的计算实例**
>
> 假定室温20℃，户外气温0℃。要求得混凝土和保温层构成的墙体（图2）的热传导系数$U$，就要求出各部位的热转移阻尼总和（热传导阻尼$R$）。$R$的倒数就是热传导系数$U$。各部位的热传导量$q_1$、$q_2$、$q_3$、$q_4$是热传导系数$U$乘以内外温度差的热传导量$q$[W/m²]（$q=q_1=q_2=q_3=q_4$）
>
> $$室内空气热转移阻r_1=\frac{1}{室内侧综合热转移系数}$$
>
> $$=\frac{1}{9.0}\ [(m^2\cdot K)/W]$$　（表1参照）
>
> $$保温材料热转移阻尼r_2=\frac{厚度[m]}{导热系数[W/(m\cdot K)]}=\frac{0.05}{0.04}\ [(m^2\cdot K)/]$$
>
> $$混凝土热转移阻尼r_3=\frac{0.15}{1.6}\ [(m^2\cdot K)/W]$$　（图2、4参照）
>
> $$户外空气热转移阻尼r_4=\frac{1}{室外侧综合热转移系数}=\frac{1}{23.0}\ [(m^2\cdot K)/W]$$　（表1参照）
>
> 热传导阻尼$R=(r_1+r_2+r_3+r_4)=1.49[(m^2\cdot K)/W]$
>
> $$热传导系数U=\frac{1}{热传导阻尼R}=0.67[W/(m^2\cdot K)]$$
>
> 热传导量$q$=热传导系数$U$×内外温度差
>
> $\approx 0.67\times(20-0)=13.4[W/m^2]$

## 3. 建筑的隔热性和密闭性

建筑的隔热性是以“热损失系数（Q值）”的大小来表示的。所谓热损失就是建筑的开口部、外墙、地面、顶棚、屋顶的各部位向外部排热的总量及由于换气、贼风排到户外的热量的总和（图3）。热损失系数小的建筑，其隔热性较好。即容易维持一定的室温，采暖所用能源的使用量也少。

按平均地面面积计算热损失系数的理由是因为即使开口部、外墙等采用相同的规格（相同的热传导系数），如果建筑规模大，总热损失$Q_{all}$也会变大。此外即使同样的规格同样室容积，如果室内有挑空，地面面积变小，热损失系数就会变大。

因换气、贼风造成的热损失$Q_V$为抑制贼风量，需要提高建筑的“密闭性”（因为换气是不可缺少的，不能进行削减）。所谓密闭性就是表示建筑本身的缝隙能减少到多少。用“相当缝隙面积（C值）”表示。这个值小了密闭性就高。

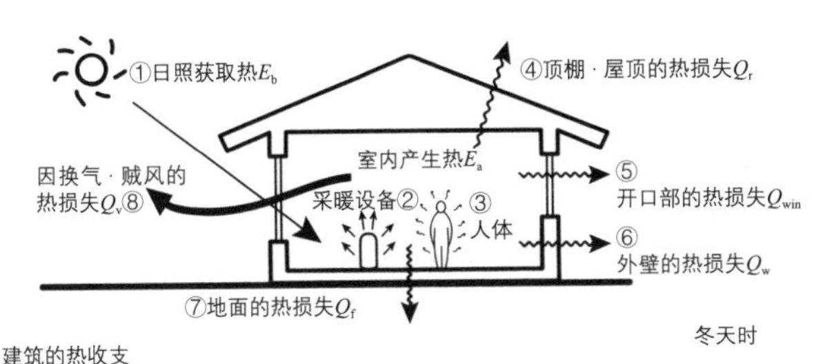


**图3 建筑的热收支**

### 热损失系数（Q值）的计算例

热损失系数$Q$[W/（m²·K）]在室内外温度差1K[℃]时，按楼面积m²/小时，整栋建筑热损失量可以按以下顺序求得。

1）求总楼层面积$S$[m²]和空间容积$V$[m³]

2）求各部位的热损失（开口部$Q_{win}$，外墙$Q_w$，地面$Q_f$，顶棚·屋顶$Q_r$）是将各部位的总传热系数乘以各面积。

各部位的热损失[W/K]=各部位的总传热系数U[W/（m²·K）]×各部位的面积A[m²]

3）求换气、贼风造成的热损失。

$$Q[W/K]=空气的容积比热1260J/（m^3/K）\times 每秒的换气次数[次/s]\times 空间容积V[m^3]$$

4）用各部位的热损失与因换气、贼风的热损失的总和（总热损失$Q_{all}$）除以总楼层面积（$Q$值）

$$热损失系数Q[W/(m^2\cdot K)]=\frac{总热损失Q_{all}[W/K]}{总楼面面积S[m^2]}$$

$$=\frac{开口部Q_{win}+外墙Q_w+楼面Q_f+顶棚·屋顶Q_r+换气·贼风Q_V}{S}$$

根据区域划分的热损失系数的基准值（下一代的能源标准：2010年1月至今）

| 区域划分 | Ⅰ | Ⅱ | Ⅲ | Ⅳ | Ⅴ | Ⅵ |
|---|---|---|---|---|---|---|
| 热损失系数[W/m²·K] | 1.6 | 1.9 | 2.4 | 2.7 | 2.7 | 3.7 |

## 4. 建筑的蓄热性

建筑的蓄热性通过利用建筑材料的热容量得以提高，特别是冬天的采暖间歇工作（反复的运转、停止）可以通过围护墙体热容量的蓄热效果抑制室温的剧烈波动，确保舒适性，根据条件可有效提高节能性。

热容量的大小，用容积比热（使单位体积的材料温度上升1k而增加的热量大小）和材料容积的积来表示。蓄热性好的材料是混凝土和土。土是自古以来作为墙和地面的材料。另一方面，隔热材料和胶合板木材的热容量小。可以认为包含空气（空隙）多的材料其热容量就小。玻璃的容积比热大，但在建筑上几乎都使用板状，由于容积小，不能期待大的热容量。（图4）

隔热性好，热容量小的情况下（主要是木结构，图5上），通过采暖，室温上升得快，停止供暖，室温马上就下降。当隔热性好，热容量也大的情况下，室温的上升和下降都比较缓和，整个冬天室温稳定（图5下）。混凝土结构的情况下，主体结构的外侧设隔热材料的“外保温”是利用混凝土的热容量的工法（98页）。为使建筑的隔热性能达到最优，首先就应该考虑使建筑实现良好的隔热性（降低热损失系数），其次是提高蓄热性。

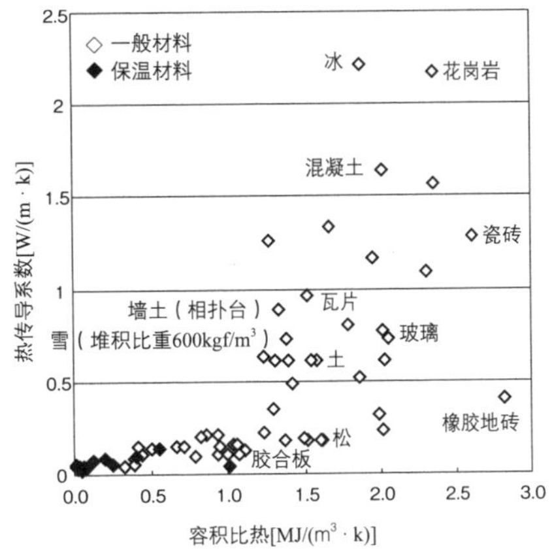


**图4 建筑材料的容积比热、热传导系数的关系**

（小原俊平、成濑哲生绘制。出处：日本建筑学会编《建筑设计资料集成1 环境》丸善，1978年）

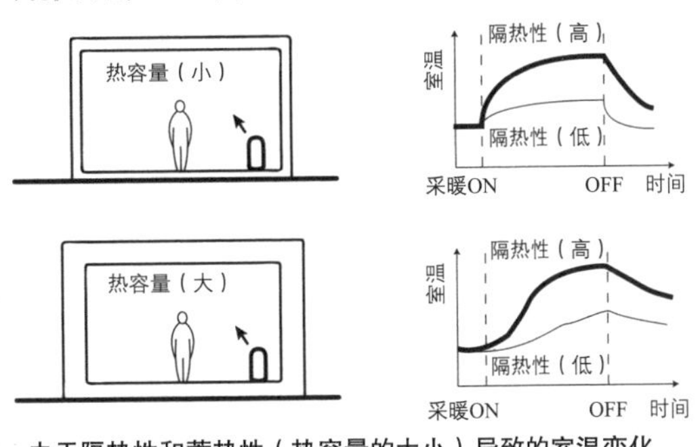


**图5 由于隔热性和蓄热性（热容量的大小）导致的室温变化**

# 通风

照片中橘黄色文字表示现象，白色文字表示设计要素

## 引入风获得凉爽的“通风”

“通风”的目的是从开口部积极引入户外空气获得凉爽。引入人感觉到的气流（可感气流），促进水分从皮肤的蒸发，降低体感温度。

考虑到地域风的风向、风速，应在上风处的开口部周围进行遮阳，引入低温风，使其流向高位置的开口部等，连续地设计风的入口、出口、通道比较好。另外，除了要给居民设计容易控制的开口部的形状和开闭装置，有利于通风的植物种植和墙的设计也很重要。

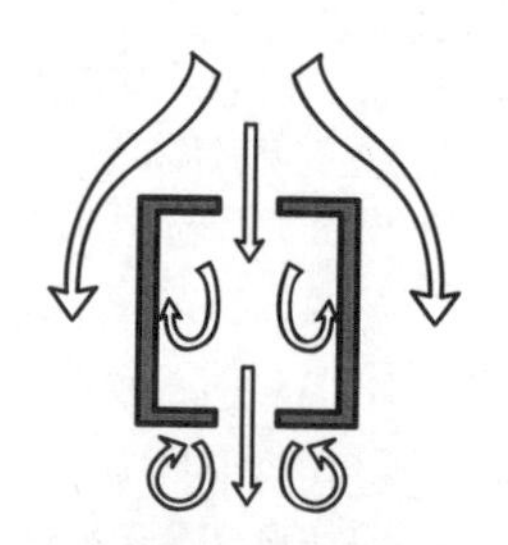

**由于开口部和风向形成的风的流动**

考虑建筑的外形或室内空间的形状，需探讨通风的开口部

**捕风的窗（wind catcher）**

风速、风向是经常发生变化的。设法解决开口部的开闭方式，可以适应风的变化。纵轴回转窗或外开窗等可以捕捉到与开口面平行的风

LCCM住宅 样板楼/基本规划：生活循环减碳住宅研究、开发委员会　设计：小泉工作室

# 换气・排热

## 空气的置换“换气・排热”

舒适的室内需要充满新鲜空气。伴随人的呼吸，二氧化碳会不断增加，此外热、水分的发生，臭气、有毒气体、灰尘等室内环境污染物是多种多样的。排出这些被污染的空气，与新鲜空气进行交换就是换气的目的。

自然换气是利用地表气压差产生的风进行风力换气，以及利用空气的温度差进行温度差（重力）换气。就是压力高的一方向低的一方产生空气的流动。

根据需要也可设计机械换气，即利用风扇强制产生气压差进行换气。

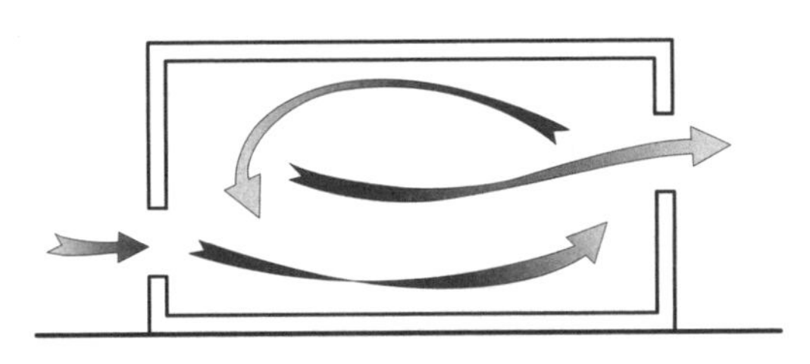

**自然换气**
通过气压差、温度差产生的风将室内的污染物质排出

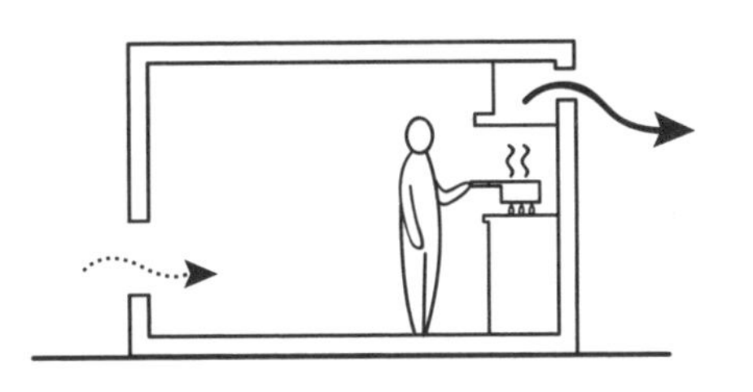

**机械换气**
利用机械将局部产生的热、水蒸气、臭气等排出

## 1. 换气的原理

空气是由压力高的地方向压力低的地方流动，即换气的驱动力是压力差，任何形式的换气形态，换气都是利用压力差的。

通过开口的风量（换气量）$Q$是伯努利定理（图1）加上压力损失，成为公式（1）。

$$Q=\alpha A\sqrt{\frac{2\Delta P}{\rho}} \quad 式(1)$$

$Q$：换气量[m$^3$/h]　$\alpha$：流量系数　$A$：开口部面积[m$^2$]　$\Delta P$：开口部两侧的压力差[pa]　$P$：空气的密度[kg/m$^3$]

流量系数$\alpha$表示开口的空气阻尼的程度（表1）。开口的布局，设想如图2的排列情况下，可以合成开口的实效面积$\alpha A$。

## 2. 自然换气

### 1）风力换气

当风吹到建筑时，建筑的墙和屋面会产生压力，根据建筑的形状或所处的位置条件可以得到压力分布。建筑的风上侧压力会比较大（正压），风下侧的压力会比较小（负压）。墙面上如有开口部，由于有压力差空气会移动。这就成为换气的驱动力。根据建筑形状产生的风压系数$C$的分布，可以通过风洞试验或CFD计算求得（图3）。

风力换气是由于风上侧和风下侧的风压差所产生的。风压$P_w$如公式（2）用风压系数$C$和外部风速$V$求得。上风和下风的风压差如公式（3），可以用两者的压力差求得（图4）。

$$P_w=C\cdot\frac{1}{2}\rho V^2 \quad 式(2) \qquad \Delta P=(C_1-C_2)\frac{1}{2}\rho V^2 \quad 式(3)$$

$C_1$：风上侧的风压系数

$C_2$：风下侧的风压系数　$V$：外部风速（m/s）

### 2）温度差换气

建筑的内外有温度差，通过空气密度差会产生压力差，从而进行换气。

如图6的情况，进行采暖时，从下部的开口引入户外空气，从上部的开口排出室内空气。此时，上下开口的压力差$\Delta P$如公式（4）所示。

$$\Delta P=(\rho_0-\rho_i)gh \quad 式(4)$$

$\rho_o$：户外的空气密度[kg/m$^3$]　$\rho_i$：室内的空气密度[kg/m$^3$]

g：重力加速度[m/s$^2$]　h：上下开口的距离[m]

另外，空气密度是室温$\theta$的函数 $\rho=\dfrac{353.25}{273.15+\theta}$

如公式（4），室内外的压力差成为高度的一次函数，其倾斜度是由室内外温度差所决定的。在某个高度，存在压力差为零的部分，称为中性带。为通过温度差换气得到更大的换气量，就要确保上下开口部的距离，将开口部设在顶棚附近和地面附近比较理想（图7）。

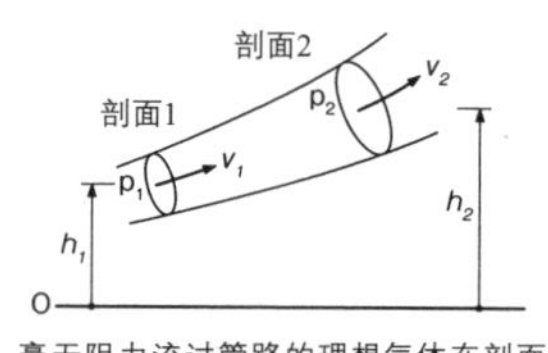


毫无阻力流过管路的理想气体在剖面1、2之间能量将被保存

$$\rho_1+\frac{1}{2}\rho v_1^2=\rho_2+\frac{1}{2}\rho v_2^2+\rho g(h_2-h_1)$$

图1　伯努利定理

并列结合　串联结合

并列结合的实效面积

$$\alpha A=\alpha_1A_1+\alpha_2A_2$$

串联结合的实效面积

$$\alpha A=\frac{1}{\sqrt{(\frac{1}{\alpha_1A_1})^2+(\frac{1}{\alpha_2A_2})^2}}$$

图2　根据2个开口的合成算出实际面积

表1　开口的种类和流量系数、压力损失系数的例子（$\alpha=1/\sqrt{\zeta}$）

| 名称 | 形状 | 流量系数α | 压力损失系数ζ | 摘要 |
|---|---|---|---|---|
| 简单窗 | | 0.65~0.7 | 2.4~2.0 | 普通窗等 |
| 锐缘孔口 | | 0.60 | 2.78 | 锐缘孔口 |
| 漏斗型 | | 0.97~0.99 | 1.06~1.02 | 非常光滑的出风口 |
| 百叶门 | β 90°<br>70°<br>50°<br>30° | 0.70<br>0.58<br>0.42<br>0.23 | | |

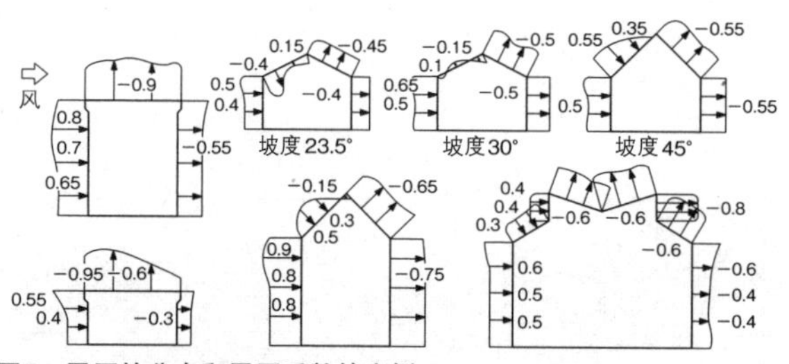


图3　风压的分布和风压系数的实例

（图1、3、表1的出处：日本建筑学会主编《建筑环境工学用教材 环境篇》丸善，2008年）

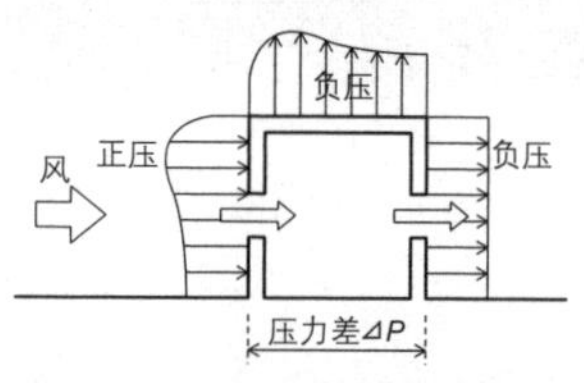


图4　风力换气的换气量求法

对上风、下风的开口面积，根据图2求出合成的实效面积，将公式（3）的压力差代入公式（1），算出换气量

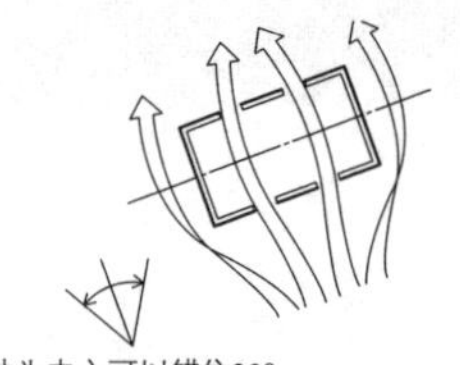


图5　通风设计

建筑正方向的面在±30°的范围内，与盛行风垂直设计是基本原则。（出处：D.Watson et al., Climatic Building Design, McGraw-Hill, Inc., 1983）

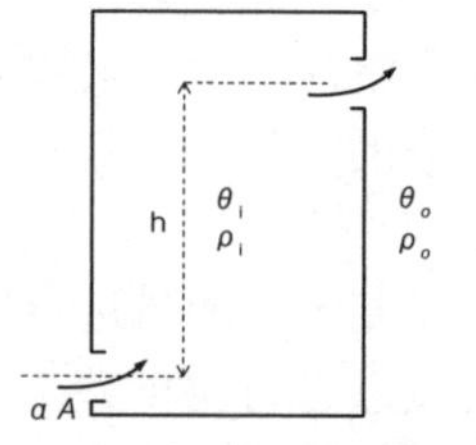


图6　温度差换气的换气量求法

将上下的开口作为串联结合，求出实效面积$\alpha A$，采用公式（4）的压力差，根据公式（1）算出换气量

$$Q=\alpha A\sqrt{2gh}(1-\frac{273.15+\theta_0}{273.15+\theta_i})$$

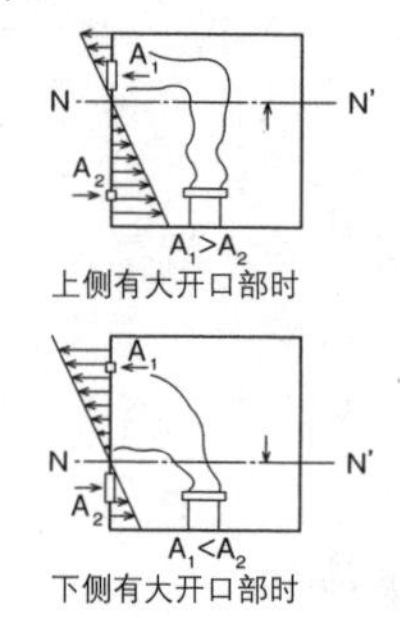


图7　开间的取值和中性带的位置

中性带的位置（N－N'）应靠近开口面积（$A_1$、$A_2$）大的一侧

## 3. 空气质量和机械换气

### 1）机械换气的种类

空气是由压力高的地方向低的地方流动。由于这个压力差使自然力（温度差、风力）产生空气流动进行换气，称为自然换气，利用机械力换气的称机械换气。机械换气有3种，根据送风机和排风机的位置进行分类（图8）。

### 2）室内的空气质量

所谓空气质量定义为人所吸入空气的物理、化学性质。构成室内空气的物质与很多污染物相关联。

室内由于（二氧化碳、水蒸气、臭气等）或燃气用具（二氧化碳、一氧化碳、硫氧化物、氮氧化物、废热、水蒸气等）、建筑装修（甲醛、挥发性有机化合物等）会产生各种各样的污染物质（图9）。另外，细菌、霉菌等主要从户外侵入，若在室内繁殖，空气就会被二次污染。

一般这些污染物的浓度，室内比室外高，因此首先就需要打开窗户进行排烟、通风等换气。除根据建筑标准或楼宇卫生管理法制定环境标准外，如表2所示，还为设计制定了针对每个主要污染物的标准浓度。

### 3）室内空气质量浓度的预测和必要换气量

如图10所示，假定在单间房的空间中产生了某种污染物，产生瞬间是均匀扩散状态（瞬间均匀扩散状态），室内的污染物浓度*P*可代入以下的公式。

增加中：$p-p_o=\frac{k}{Q}(1-e^{-\frac{Q}{V}t})$ 式(5)

平衡状态：$p-p_o=\frac{k}{Q}$

衰减中：$p-p_o=\frac{k}{Q}=e^{-\frac{Q}{V}t}$

$P_o$：流入户外空气的污染物质浓度（$m^3/m^3$）
$k$：污染物质的产生量($m^3/h$)
$Q$：换气量 ($m^3/h$)
$V$：空间的体积($m^3$)　$t$：时间（h）

为维持清洁的室内空气质量，根据污染物的产生量*K*，需要增加换气量*Q*（图11）。

为确保污染物浓度对人体没有影响而进行的必要换气量称为必要换气量。这在公式（5）平衡状态的情况下，可以根据污染物的容许浓度（设计标准浓度）和产生量进行计算，即以下公式（6）。

必要换气量（$m^3/h$）

$$=\frac{\text{污染物的产生量（}m^3/h\text{）}}{\text{室内污染物质浓度的容许值（}m^3/m^3\text{）}-\text{户外空气的污染物质浓度（}m^3/m^3\text{）}}$$ 式(6)

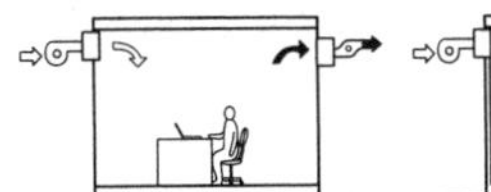

第一种机械换气
・室内压可以任意设定成正压或负压
・可以使影响漏气量的内外压力差减小
・可以采用热交换机

第二种机械换气
・室内成正压
・送风方安装鼓风机，排气为自然排气
・除送风外没有空气进入

第三种机械换气
・室内成负压
・排风方安装排风机，送风为自然送风
・除排风外阻止空气泄漏，污染空气可以局部排放

**图8　机械换气的种类和特征**
（出处：建筑设备入门编辑委员会编《"建筑设备"入门》彰国社，2005年）

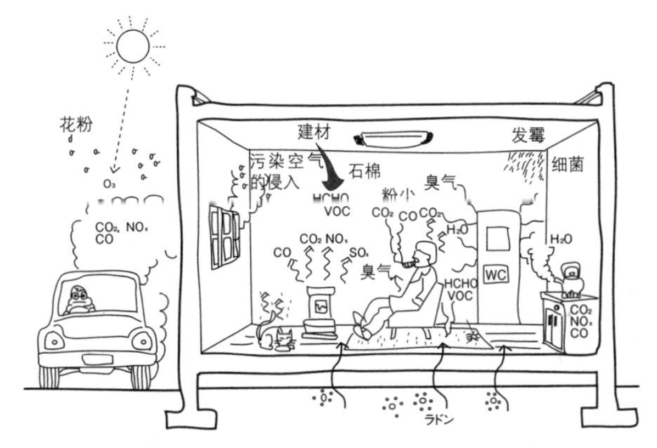


**图9　建筑中的空气污染源实例**
（出处：加藤信介等《建筑环境工学第2版》彰国社，2002年）

**表2　空气协调・卫生工学会的通风标准中规定的设计标准浓度**

| 污染物质 | 设计标准浓度 | 备注 |
|---|---|---|
| 二氧化碳 | 1,000ppm* | 参考大楼卫生管理法（建筑物环境卫生管理标准）的标准 |
| 作为单独指标的污染物质和设计标准浓度 | | |
| 污染物质 | 设计标准浓度 | 备注 |
| 二氧化碳 | 3,500ppm | 参考加拿大的标准 |
| 一氧化碳 | 10ppm | 参考建筑管理法的标准 |
| 浮游粉尘 | 0.15mg/m³ | （同上） |
| 二氧化氮 | 400mg/m³ | 参考世界卫生组织的1小时标准值 |
| 二氧化硫 | 350mg/m³ | （同上） |
| 甲醛 | 100mg/m³ | 参考卫生劳动部的30分标准值 |

*这里显示的二氧化碳的标准浓度1,000ppm是室内空气污染的综合性指标值，而不是基于二氧化碳本身对健康的影响。即在室内的各种污染物质的个别产生量不能定量时，二氧化碳浓度到达这个值时，以此类推其他污染物水平也会随之上升时采用该标准。
已经知道室内所有的污染物产生量，而且设定了该污染物的设计标准浓度时，就不需要采用作为综合性指标的二氧化碳标准值1,000ppm。这时，可采用基于二氧化碳本身的健康影响值3,500ppm。
（出处：空气协调・卫生工学会《SHASE-S102-2003》2003年）

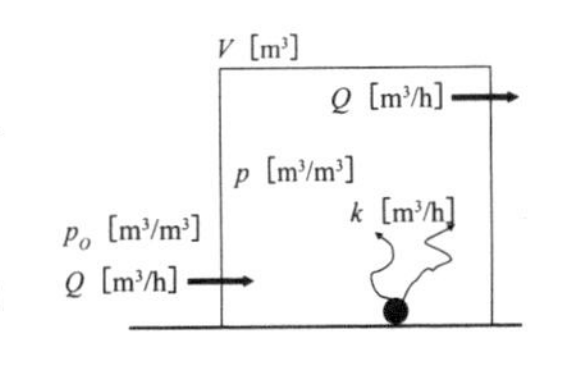


**图10　污染物浓度的计算**
根据微小时间dt中污染物的流出入平衡，求得以下公式。

$P_o\cdot Q\cdot dt+k\cdot dt-p\cdot Q\cdot dt=V\cdot dp$

如给予这个微分方程式初期条件的话，可求得某时间*t*的污染物浓度

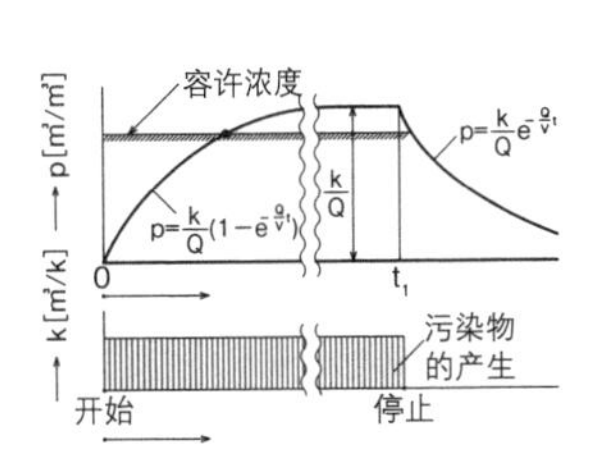


**图11　污染物浓度变化的例子**
随着污染物产生的浓度上升，经过充足的时间，达到稳定状态，浓度接近一定值。污染物的产生停止后浓度开始衰减，逐渐接近户外空气的浓度（图7、11都出自：田中俊六等《最新建筑环境工学 第3版》井上书院，2006年。部分变改）

## 冬 夜：室温24℃　相对湿度30%

照片中橘黄色文字表示现象，白色文字表示设计要素

### ■ 人与光环境

不同波长的光给人的感觉印象也不同。长波长的光发红，中波长的光发绿，短波长的光发蓝。比如晚霞容易通过大气中长波长的光达到地表，从而出现太阳下落方向的天空看起来发红的现象。有使人感觉不舒服的光，比如在太阳光、照明光照到金属等的抛光面、液晶画面上产生的眩光。

### ■ 人的热平衡

人体是发热体（对环境来说是放热体），发热量大约相当于100W的灯泡，代谢和放热保持动态平衡，体温基本保持在37℃。代谢超过放热就会感到热，代谢低于放热就会感到冷。热和冷的感觉称作温冷感，通过人类一方的要素和环境一方的要素表现出来。

某建筑设计事务所

## 昼：温室28℃　相对湿度70%

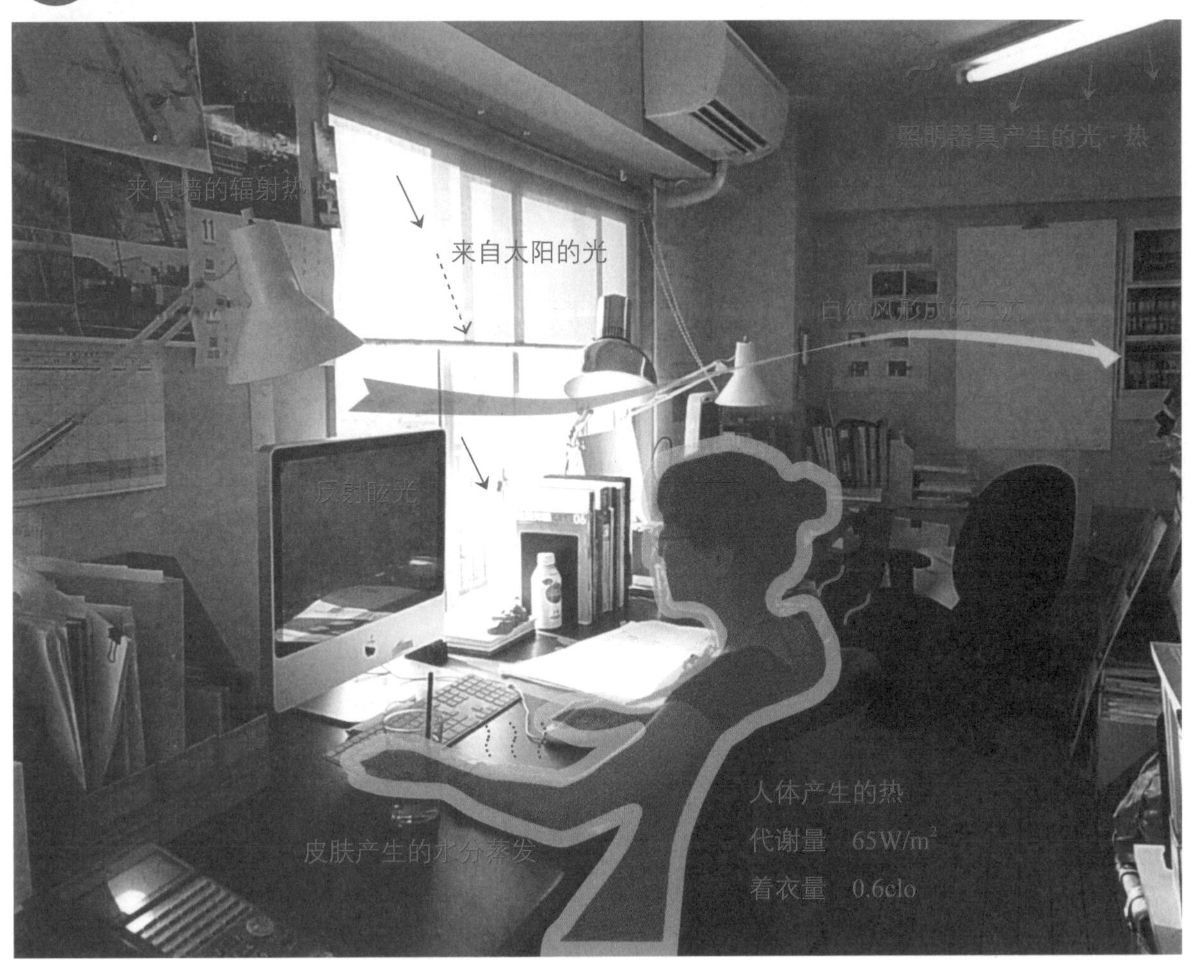


### ■ 冬和夏的热环境

[冬天]，人们周围的空气或墙面比皮肤表面的温度要低，由于对流或辐射的热传导，增加了人的放热量。人通过穿衣（增加着衣量），就可以减少皮肤的放热量，通过运动或震动调整代谢量，增加发热量。提高室温或辐射温度的暖器能达到减少放热、增加受热的目的。

[夏天]，当室温或辐射温度比皮肤表面的温度高时，从身体散发的热就会小。人通过脱衣服就可以促进放热，用发汗增加热量蒸发，控制体温上升。通风的目的是通过活动使人周围的空气流动，增加对流热传导，以获取凉爽感。

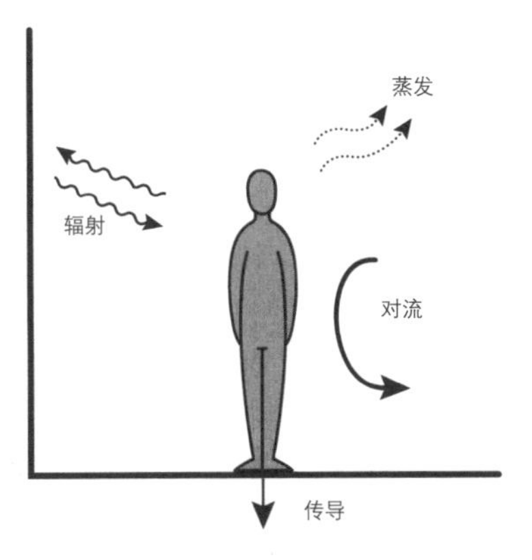


人与环境间的热平衡

## 1. 光

### 1）光度函数

人的眼睛根据光的波长具有不同的感度。另外，对颜色的识别在明亮处（明处视觉）和星光等非常暗的地方（暗处视觉）是不同的（图1）。标准的明处视觉的分光感度称标准光度函数曲线。可视域（380~780微米：nm）的中央感度高，越接近两端，感度越下降。

### 2）色温度

作为用数值表示光颜色的方法，有对黑体加热时的温度和以光色关系为标准的“色温度”。当绝对温度2000K左右时，波长的长域（红）就多，随着温度的增高，波长的短域（蓝）增加，当达到10000K时会变成发蓝的白光（图2）。

### 3）眩光

使眼睛产生疲劳或感到不快的耀眼光。

- 直接眩光：因光源的直接光所引起的眩光
- 反射眩光：因反射光所引起的眩光

- 减能眩光（视力低下眩光）：使视觉模糊的眩光
- 不快眩光：引起不快感觉的眩光

## 2. 热

### 1）平均辐射温度（MRT）

人被包围在表面温度不同的物体中生活，时常通过这些物体和辐射进行热接受（图4）。所谓平均辐射温度是指将周围的表面温度平均化，用1个温度单位来代表时的温度。设计时，对各墙体的面积可用加权的平均温度（面积加权平均温度[公式1]）代替。

### 2）作用温度（OT）

这是考虑对流和辐射影响的环境温度（≒体感温度），是发汗或没有气流影响的放热器采暖、辐射采暖的舒适指标，过去常说“头寒足热”，即人的头部作用温度低，脚部温度高，就会感到舒服（图5）。

## 3. 风

使人体产生不快感觉的空气流动称为风感，特别是冬季窗户周围产生的冷气流的下降现象叫冷风感。夏天，即使空气温度高，只要有气流，人就会感到舒适，但气流过强就会感到不适。

感觉风感的占比（PD）受空气温度、平均气流速度及乱流的强弱影响。图6表示了对PD降到15%以下的气温和乱流可容许的平均气流速度。平均气流速度相同时，乱流大的一方即使是空气温度高，风感也被容许。

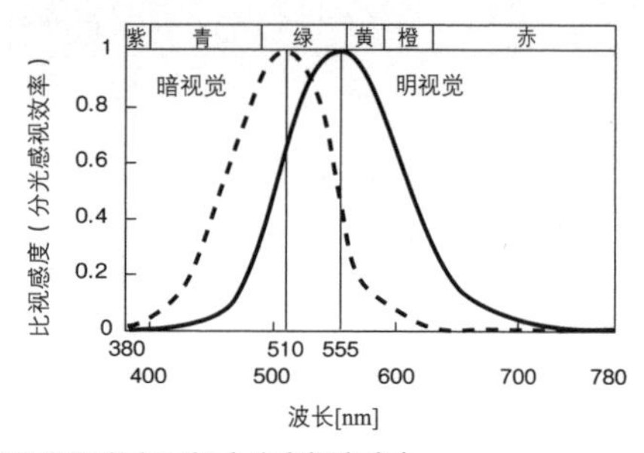


图1 视感觉和光度函数（分光视亮度）

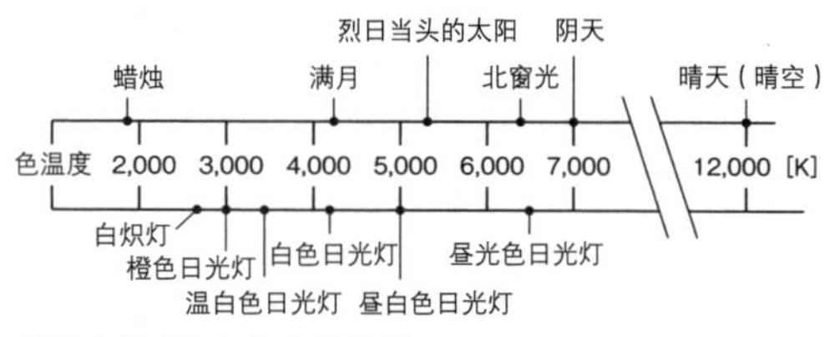


图2 生活中的光和色温度的关系

（出处：田中俊六 等《最新建筑环境工学修订版3版》井上书院，2006年。部分改绘）

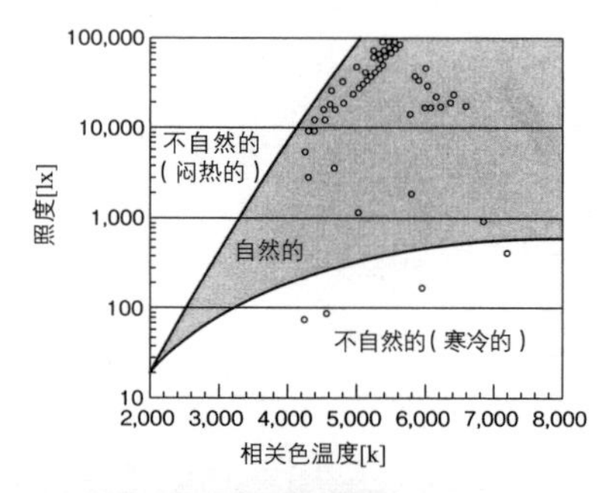


图3 相关色温度和照度下的人的感受

人的眼睛在进化中，对已经看惯的日光感到自然，色温度低、照度高就会感到热得难受，而色温度高、照度低就感到冷飕飕

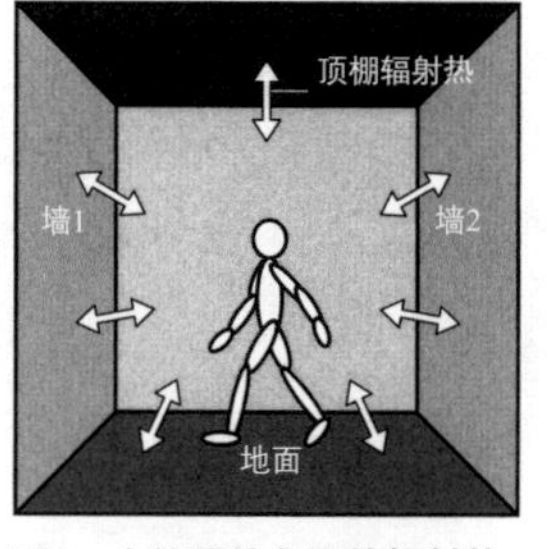


图4 人接受的各面的辐射热

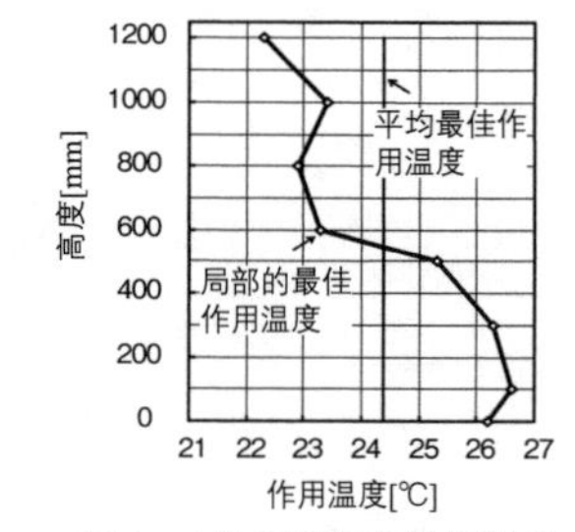


图5 人的局部最佳作用温度

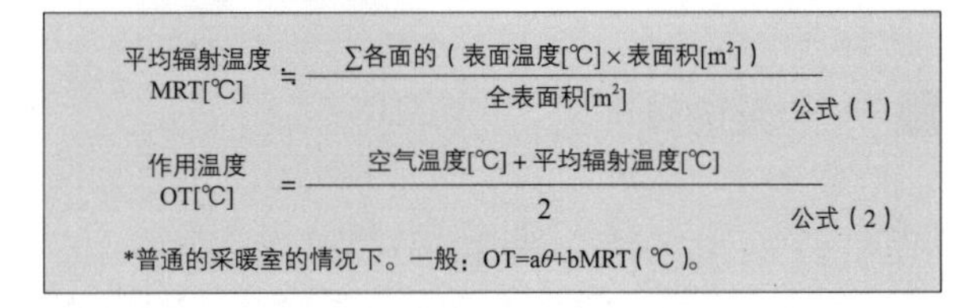

$$平均辐射温度\ MRT[℃] \fallingdotseq \frac{\sum 各面的（表面温度[℃]\times 表面积[m^2]）}{全表面积[m^2]} \quad 公式（1）$$

$$作用温度\ OT[℃] = \frac{空气温度[℃]+平均辐射温度[℃]}{2} \quad 公式（2）$$

*普通的采暖室的情况下。一般：$OT=a\theta+bMRT$（℃）。

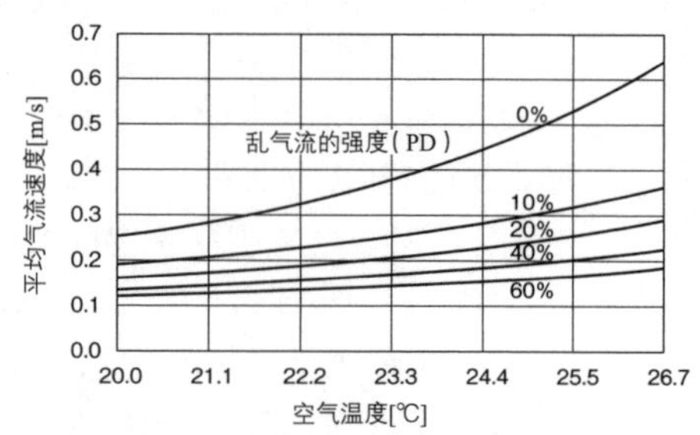


图6 气温和乱气流下的容许气流速度

（图6、9的出处：ASHRAE STANDARD，55-1992）

## 4. 温热环境评价

人们在日常生活中，根据温热6要素对温热环境进行综合评价。温热6要素包括环境要素（气温、表面温度、相对湿度、气流速度）和人的要素（代谢量、着衣量）。

## 5. 人的要素

### 1）代谢量

人摄取食物，将其转换成能量进行工作，另外根据工作程度释放热能，这个（能量）称为代谢量。另外，作为工作的强弱指标，可使用代谢量比的能量代谢率，Met[met]（图7）。这是以坐在椅子上安静状态下的代谢量（58.15w/m$^2$）为标准，表示相对静坐时工作状态下的代谢量的比例（公式（3））。另外，将空腹仰卧时安静状态下的代谢量称为基础代谢量。

### 2）着衣量

皮肤表面的温度下降会使人感到寒冷，穿上衣服，热量难以从皮肤表面释放就会感到暖和，作为表示着衣的热绝缘性（热阻尼）的指标称克洛值（clo）（图8），以室内气温21℃、相对湿度50%、气流速度0.1m/s、静坐状态下的人舒适的着衣量为标准，即为1clo（0.155（m$^2$·k）/w）。

## 6. 综合指标

以下是全面考虑温热6要素的温热环境评价指标。但不适用热的不均匀空间。

### 1）新有效温度（ET*）

以湿度50%为基准，利用温热6要素进行综合评价环境的温度。即运用将人体分为核心和壳体的生理学控制模型（2 node模型）计算得出。对任意的代谢量、着衣量作出定义，在同一情况下，就可以进行直接比较（图9）。

### 2）标准新有效温度（SET*）

在标准状态（空气温度=辐射温度，相对湿度40~60%，气流：0.1~0.15m/s［静稳］，代谢量1.0~1.2met［座椅轻作业］，着衣量：0.6clo)时定义的新有效温度ET*。

### 3）预测热舒适指标（PMV）

是在一定的环境条件下，大多数的人所感觉的温冷感的预测值。以「+3（非常热）、+2（热）、+1（有些热）、±0（不冷不热）、–1（有些冷）、–2（冷）、–3（非常冷）」7个等级来表示（图10）。

### 4）预测不满足者率（PPD）

是在一定的环境条件下，有百分之几的人对环境有不满足感的预测值。ISO-7730是把PPD10%以下作为舒适推荐范围（图11）。

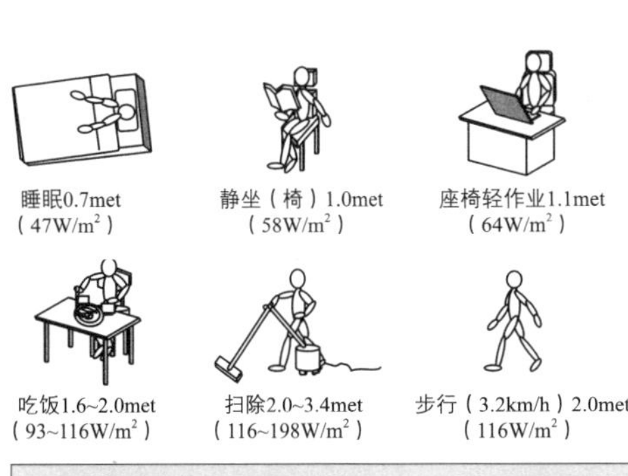


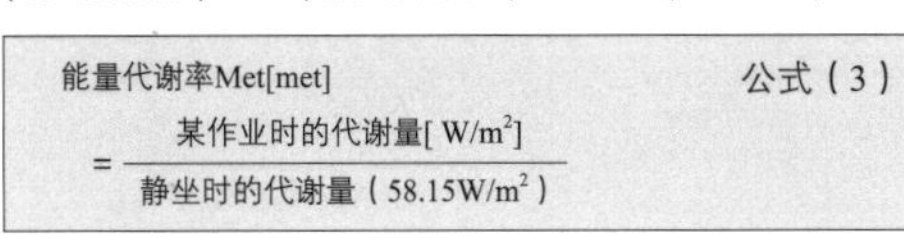

能量代谢率Met[met]　　公式（3）

$$= \frac{某作业时的代谢量[W/m^2]}{静坐时的代谢量(58.15W/m^2)}$$

图7　能源代谢率Met

冬季
PMV=－0.5~+0.5
$T_{dew}$=16.8℃
$H_{lower}$：无推荐值
V≦0.20m/s
Met≦1.0~1.3met
CLO=1.0clo

夏季
PMV=－0.5~+0.5
$T_{dew}$=16.8℃
$H_{lower}$=无推荐值
V≦0.20m/s
Met≦1.0~1.3met
CLO=0.5clo

图9　根据ET*的舒适范围

前页图5的出处：堀祐治、伊藤直明、须永修通、室恵子“关于不均等热环境中热舒适感的评价，关于楼面温度给热舒适性带来的影响和在局部温冷感情况下的热舒适性预测”《日本建筑学会规划系论文集》501号，37~44页，1997年

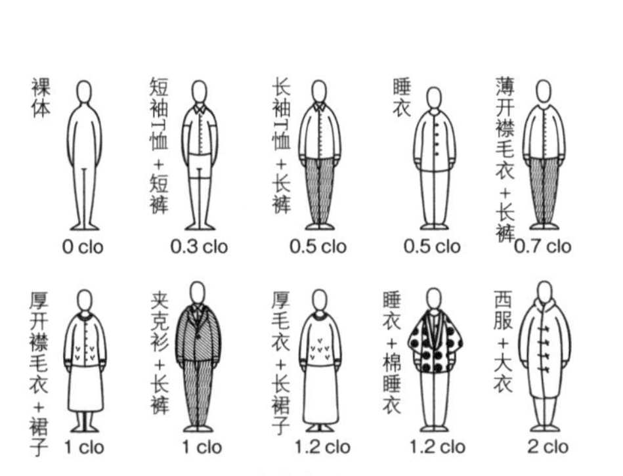


图8　根据衣服组合的克洛值

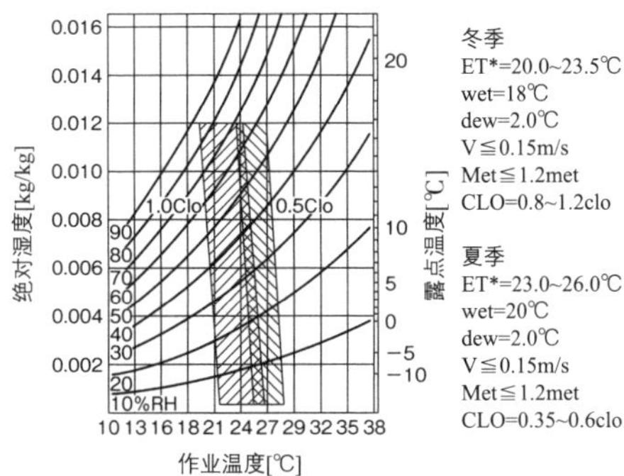


冬季
ET*=20.0~23.5℃
wet=18℃
dew=2.0℃
V≦0.15m/s
Met≦1.2met
CLO=0.8~1.2clo

夏季
ET*=23.0~26.0℃
wet=20℃
dew=2.0℃
V≦0.15m/s
Met≦1.2met
CLO=0.35~0.6clo

图10　PWV的舒适范围

图11　PWV和PPD的关系

图10、11的出处：（ASHRAE，ASHRAE STANDARD，55–2004.）

# 发现、营造建筑环境

## 从实例中学习生物气候设计的设计要素。

本章主要由解说发现生物气候设计要素的视点和方法，如何使用这些要素建造建筑以及实例介绍构成。
通过本章学习从身边的现象中发现生物气候设计的要素，设计和营造良好的建筑环境等一系列过程。

# 生活的能源

建筑内消耗的能源可分为采暖、制冷、供热水、照明、家用电器等用途。各用途的消耗量是考虑削减环境负荷对策时的基本信息。

**图1　家庭内的家用电器及额定功率消耗**
家庭内有很多家用电器，可以根据电器的额定功率和使用时间，计算电力消耗量，因为冰箱是不停运转的，在家用电器中耗电量最多（图2），微波炉尽管额定功率很大，但使用时间很短，占电力消耗量的比例并不大

## 发现1 能源消耗量的细目和推移

### ■ 家电和私家车的$CO_2$排放量占60%以上。

根据2008年度每户家庭的二氧化碳排放量的细目（全国平均，图1左上），采暖和热水几乎各占总体的1成多。占比最大的用途是动力（家电）和汽车。

### ■ 住宅的能源消耗量正在增加

住宅的能源消耗量呈年年增加的趋势，采暖用消耗量基本没有波动，但供热水及其他（照明、电器）在增加。参照图4可以看出，家用电器拥有台数的增加与其他（照明、电器）的能源消耗量增加是相关联的。由于住宅内家用电器的增加，电器的大型化，实现了生活方便的同时，另一方面伴随而来的是能源消耗的增加。

## 发现2 能源消耗量的认识

### ■ 消费的实际情况和使用者认识的错位

对居住者认为能源消耗最多的用途和实情进行比较（图5），很多人认为“空调制冷耗能最多”，可实测结果它只占总体的百分之几。实际上供热水的能源消耗最多，人们对消耗量的大小关系并没有正确的认识。

## 发现3 能源消耗量的地域性和年度变化

### ■ 有助于地域性的要因是采暖

根据不同的用途来看各地的年度能源消耗量（图6）得知，能源消耗量有地域性，越往南方总量越少，采暖用的比例越小。而在北海道、东北地区，采暖占总量的一半以上。供热水、电器、照明中未发现地域性，在关东以南地区，用于热

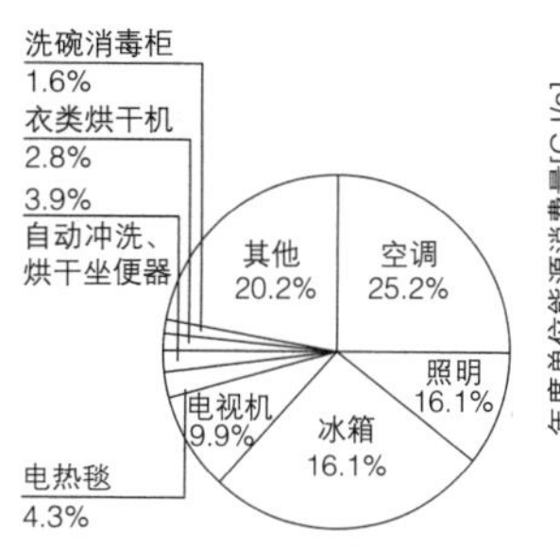


**图2　家庭电力消耗量的细目**
（出处：资源能源厅《电力补给的概要》2003年）

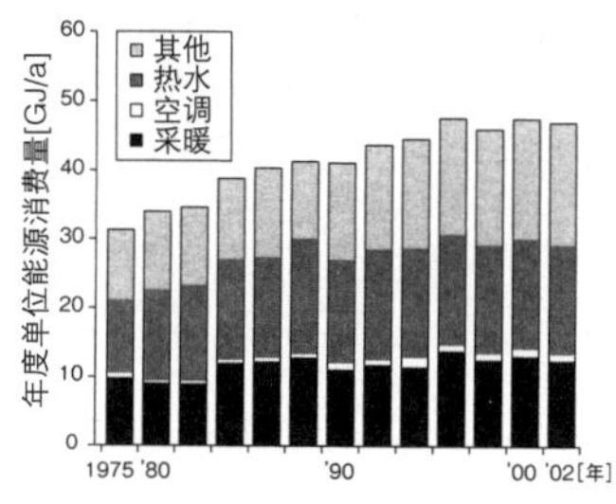


**图3　住宅的单位能源消耗量的推测**
（出处：居住环境规划研究所《家庭能源统计年报2007年版》2009年）

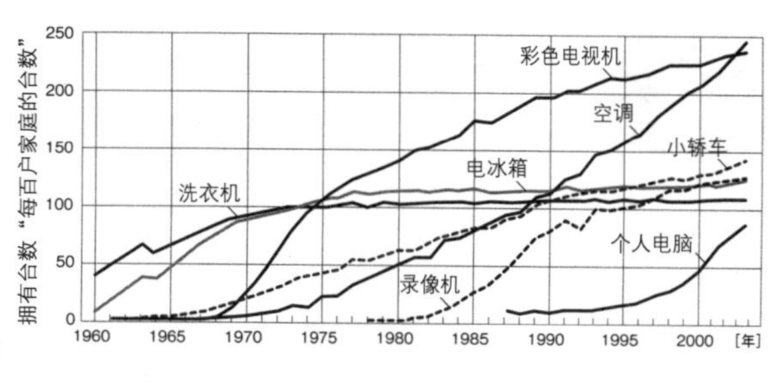


**图4　家庭用能源消耗电器的拥有情况**
（日本能源经济研究所计量分析组合篇《EDMC/能源・经济统计要览2010年版》节能中心，2010年）

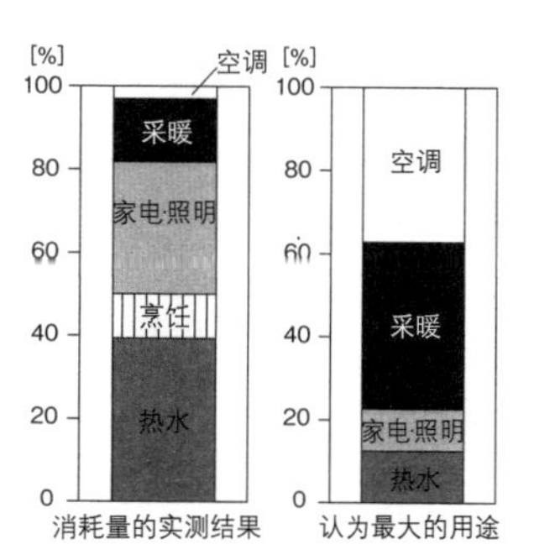


**图5　能源消耗量的实际情况和居住者的意识**
调查期间：2005年9月~2006年8月/地区：东京/样品数：135（出处：井上隆等“根据问卷调查住宅内能源消耗实际情况的相关研究——个同地域的能源消耗量和居住者的认识”《日本建筑学会学术讲演会梗概集》D-2，2007年，175~176页）

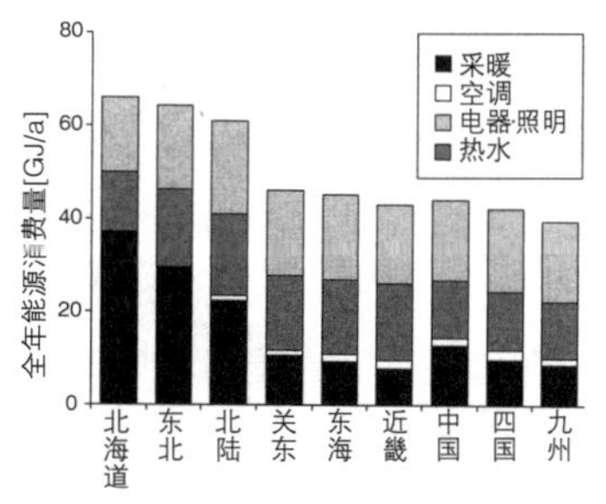


**图6　不同用途能源消耗量的地域性**
（出处：居住环境规划研究所《家庭用能源统计年报2007版》2009年）

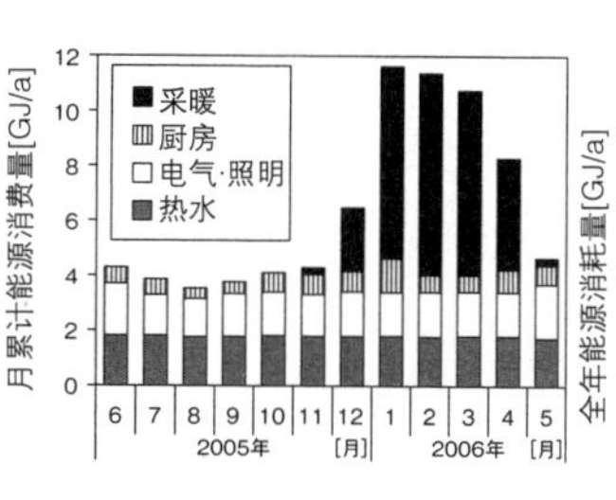


**图7　独栋住宅每月能源消耗量的实例**
以每月的电费、煤气费的收据为依据，按用途进行分类。（出处：长谷川兼一等“关于木结构住宅保温改造工程后的节能效果研究，案例1以仙台市郊外的住宅为对象的事例调查”《日本建筑学会东北支部研究报告集》第70号，2007年，95~98页）

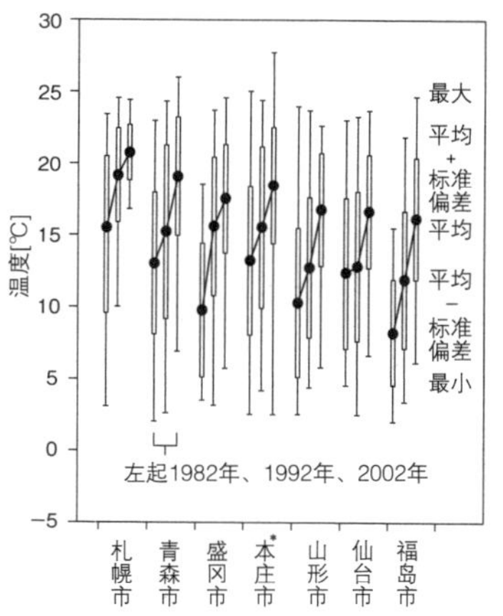


**图8　起居室温度和煤油消耗量的20年的变迁**
住宅的早晨（起床时）的温度20年间确实是在上升（左）。北东北地区的煤油消耗量在增加，而札幌在减少（右）。（出处：长谷川兼一等“从热环境看冬季居住性能的地区性变化—以东北的城市地区为对象，与10年前的调查进行比较”《日本建筑学会规划系论文报告集》第499号，2005年，33~40页）

水的能源比例高达三分之一。

在独栋住宅每月的能源消耗量（图7）中，可以看出采暖用消耗量有很大的波动，其他用途波动比较小。

## 发现4　采暖环境和能源消耗量

### ■ 对建筑方面的考虑，可以减少采暖消耗量

作为1个例子，在图8中显示了札幌市及东北地方各城市住宅起居室的早晨温度和整个冬天煤油消耗量20年的变化。起居室的平均温度（图8左）在20年中各城市都在上升。另一方面，看煤油消耗量的变迁（图8右），相对于札幌的明显减少，东北地区的各城市却呈现增长趋势。可以认为这种不同是由于札幌与东北地区各城市采暖环境的差异所致。这是由于札幌加强了住宅的保温密闭性能，积极推进节能化，从而带来采暖用能源消耗量的减少。另一方面，东北地方所谓“采暖”是主流，其能源消耗量本来就少，加上围护结构性能不是十分理想，要求提高采暖环境质量，其结果势必增加煤油消耗量。这个调查结果显示，青森、盛冈、本庄（秋天）的北东北地区各城市的煤油消耗量超过了更为寒冷的札幌，显而易见这是矛盾的倾向。

**☞ 建筑的营造方法和使用方法的不同导致能源消耗量有很大不同。**

**为在建筑中有效使用必要的能源，需要对空调、采暖、照明、家用电器等用途进行分类，正确认识其能源消耗量的大小关系。**

**如能掌握住宅内消耗的能源的有效使用方法，就可以设计出低负荷型建筑。在考虑建筑硬件的基础上，还需要有促进使用者提高环境意识的机制。**

## ■ 提高住宅的隔热气密性

要充分利用冷暖空调的能源，提高室内热、空气、湿气环境的质量，对建筑主体中热、空气、湿气的导入和排放，需要明确区分室内和室外。这无疑是为了很好地确保住宅的隔热性能，同时还要确保密闭性和防湿性。如能够充分考虑隔热、密闭、防湿的话，建筑的长寿命化也会顺理成章。

建筑如图9、10所示，热是通过墙、地面、顶棚等部位流入和流出的。要提高住宅的隔热性能，减少这些部位热的流出和流入，就需要在保持室内温度舒适的前提下，把冷暖空调的能源消耗量控制在最小范围。此外，阻止容易成为气流通道的结构体内部的气流是确保隔热性、防露性所不可缺少的。

## ■ 采用能源效率高的电器

在住宅消耗的能源中，提高消耗比例高的电器的能源效率，对削减能源来说是有效的。图11是一个高效率热水器的例子，同样的热水，如果使用高效率热水器，能源消耗量就会减少。另外消耗比例高的家用电器中应选择称为“第一（接力）棒”的节能电器。

## ■ 有效利用可再生能源

可再生能源有以太阳光、风力、生物体为代表的发电利用的能源，也有利用太阳热或冰雪热、生物体等热利用的能源。它们都是自然界中可循环利用的能源。可以将这些能源转换成电能或热能，用于住宅的各种用途。但是由于自然现象经常伴随着变动，需要考虑日变动、季度变动，以及地域性。

## ■ 能源的可视化

若在住宅内经常显示消耗的能量，就可以引起居住者“注意”。注意自我的生活行为和与此相关的消耗能源，可以获得注意节约的启示。通过节能导向显示器或太阳光发电量显示板，可以实现能源的“可视化”（图12）。

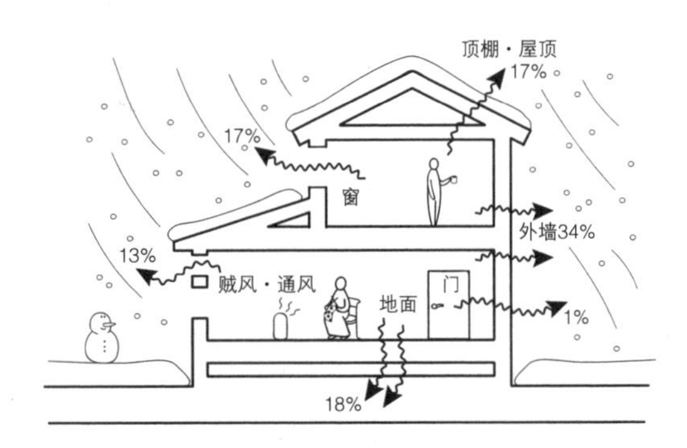


**图9　住宅中热的流出**
（出处：住宅金融公库建设服务监修《从住宅的隔热到施工》住宅建筑・节能机构，1989年。部分改绘）

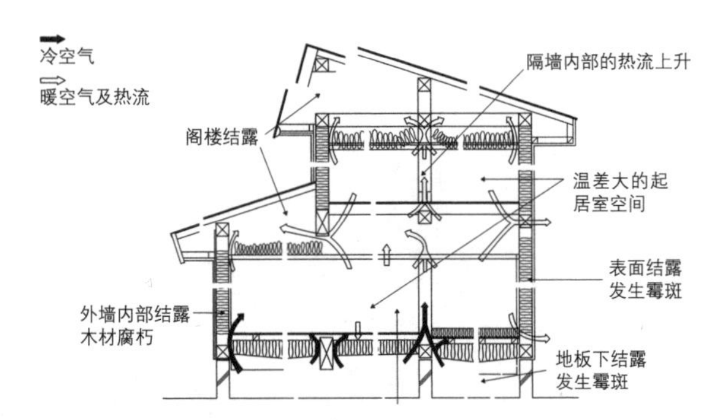


**图10　木结构框架住宅的问题点**
（出处：《住宅节能标准的解说（3版）》建筑环境・节能机构，2009年）

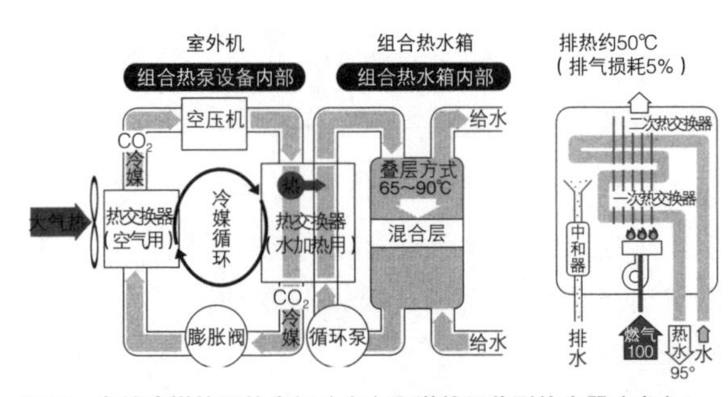


**图11　自然冷媒热泵热水机（左）和潜热回收型热水器（右）**

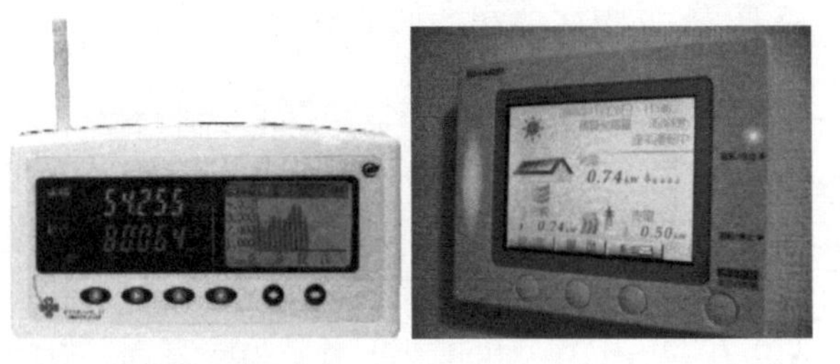

**图12　能源的“可视化”实例**
左：节能导向显示器的例子（中国计量仪器工业造）。随时显示家庭的电消耗量或电费及$CO_2$的排放量，可以确认居住者日常的能源消耗量。通过设定目标值，显示达标水平，从而调动节能积极性。在住宅内可以确认太阳光板发电量的系统，经常可以意识到住宅中消耗的电量中，自然能源能满足多少

## 营造1 寒冷地区的高性能住宅

图13、14是在全面提高围护结构的隔热性和采暖效率的基础上，尝试利用太阳能和地热等自然能源或生物燃料，有效利用以杉木为主的当地木材资源的实例。

在硬件方面进行充分考虑，并且对居住舒适性等软件方面也要进行考量。在这个实例中，冬天使用生物燃料的柴火炉，早晚数小时取暖，天气好时积极引入太阳热。夏天利用屋檐或树木遮挡日晒，并在睡觉时打开抽油烟机进行夜间通风，将冷气引入室内。

图13 寒冷地区的可持续住宅
总面积：168.3m²，开口部：3层贴膜氩气填充中空玻璃、木质门窗/采暖：墙面日光收集板+颗粒状燃料取暖炉/冷气：空调制冷（需要时使用）/通风：第1种机械通风（热交换效率90%）/热水：太阳能+辅助热源锅炉/Q值：0.6w/m²・k/C值：0.1cm²/m²（“卧龙山之家”设计：西方设计，2006年）

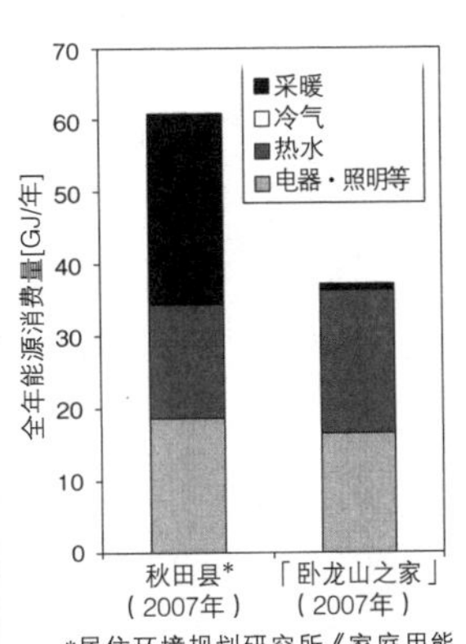

*居住环境规划研究所《家庭用能源统计年报 2007年版》2009年

图14 能源消耗量的实际情况
“卧龙山之家”（图13）的采暖用能源消耗量由于高隔热性能的效果，能耗很低。热水是利用太阳能，能源消耗量是秋田县平均值的3成（数据提供：西方里见）

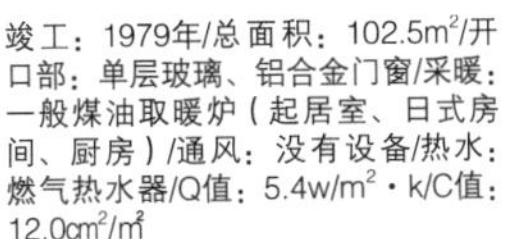


竣工：1979年/总面积：102.5m²/开口部：单层玻璃、铝合金门窗/采暖：一般煤油取暖炉（起居室、日式房间、厨房）/通风：没有设备/热水：燃气热水器/Q值：5.4w/m²・k/C值：12.0cm²/m²

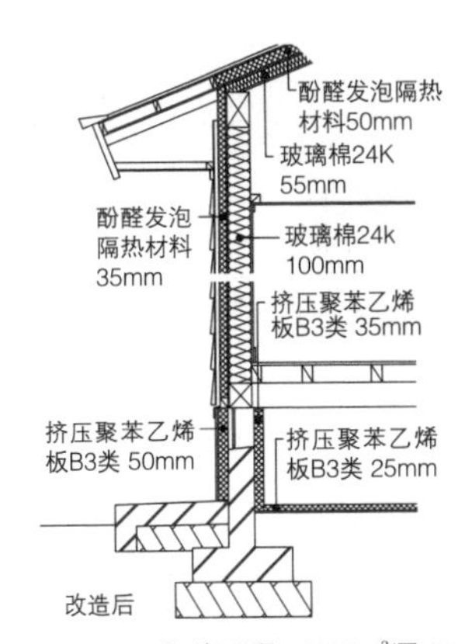


竣工：2006年/总面积：123.5m²/开口部：贴膜氩气填充中空玻璃、树脂门窗/采暖：温水板采暖（所有房间）/通风：第3种机械通风/热水：电热水器/Q值：1.8w/（m²・k）、C值：0.7cm²/m²

图15 隔热改造住宅的例子，改造前（左）和改造后（右）的墙体隔热性能

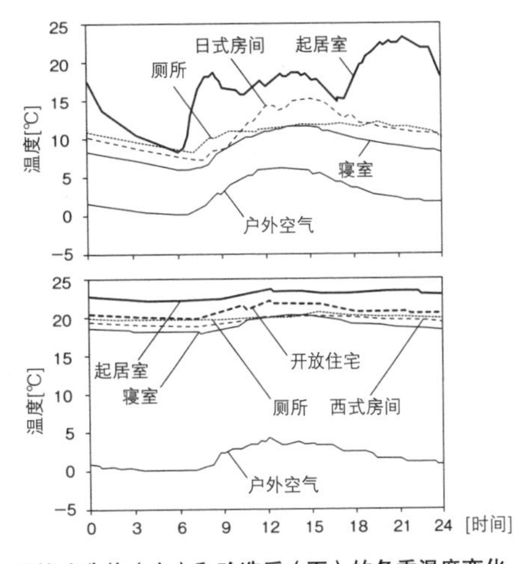


图16 隔热改造前（上）和改造后（下）的冬季温度变化
横轴表示全天（0~24小时），各时段的值是将连续2周的数据分时段的平均值，将典型的1天变化模式化。改造前（上）各房间的温度变化很大，起居室采暖运行和采暖停滞的状态明显不同，不采暖时寝室、厕所的温度很低，有时低于10℃以下。改造后（下），由于隔热性能的提高及整套房子进行采暖，各房间温差变小，一天的变化也趋于稳定

## 营造2 生活方式和能源消耗量

如要对居住中的住宅进行改造，居住者会对改造前后的环境变化非常敏感。

图15、16是宫城县仙台市郊外实际存在的保温改造后的住宅剖面（改造前、改造后），以及一天中各房间的温度变化。改造后各房间的温差小了，起居室以外的房间也可以全天保持在20℃左右。

根据这个住宅全年能源消耗量的变迁（图17），保温改造后的采暖能源消耗量增加了，但经过数年后会呈现逐渐减少的趋势。改造后第一年由于采暖面积、时间的增加，更新后的采暖设备或热水设备还不能有效地使用，需要有1年时间的生活方式适应期。通过改造提高采暖期室内环境的质量，使居住者更加关注周围的环境，认识到不必要进行过度采暖，对不使用的房间节约采暖成本，以及热水温度的考虑等。通过巧妙的思考，随着对改造后的住宅的有效使用，逐渐杜绝浪费，减少能源消耗量。

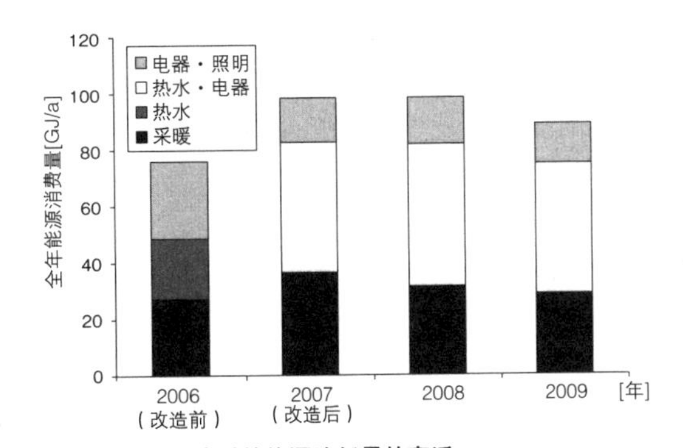


图17 改造前和改造后的能源消耗量的变迁

# 舒适的热环境

我们通过身体感受周围的热环境，经过日常的体验，认识自身定义的“舒适的热环境”。对日常生活的热环境，参考自身的感受和结合数值的过程，去发现自己认可的舒适度。

**图1 发现自我感觉舒适的实验场景（小学儿童）**

儿童每天3次用辐射温度仪对教室的地面、顶棚、墙的表面温度进行测定。包括教室内外的空气温度、湿度的测定值一起记录在测定表中，全体成员确认自己所在位置的热环境。照片是测定顶棚表面温度时的情景。（测定场所：神奈川县/时间：2008年9月9日）

## 发现1 自身周围的热环境

### ■ 热环境的感觉与数值对照

我们每天都处于怎样的热环境下，对此有何感受？以小学儿童为对象，通过携带小型温湿度仪（带记忆内存）对活动范围内的温湿度进行测定，并将所滞留场所的温冷感、气流感、舒适感等感觉记录在测定记录本上（图2）进行了实验。在教室还进行了辐射环境等的测定（2008年9月8日~10日）。

从温湿度的测定记录中可以得知，一天当中自身周围的热环境根据活动范围每时每刻都在发生变化（图4）。再把温湿度的测定记录和感觉测定记录本的记录进行对照，可以通过具体数值来认识自己感觉舒适的热环境是什么样的。

**【实验】发现自己的舒适感**

■ 应准备的东西
小型温湿度仪、辐射温度仪、测定记录本、测定记录表。

■ 步骤1
在教室内和阳台各放置1台小型温湿度仪。

■ 步骤2
儿童携带小型温湿度仪，将行动范围的状态和感觉记录在测定记录本上。

■ 步骤3
记录教室内周围6面的表面温度和教室内外的温湿度。

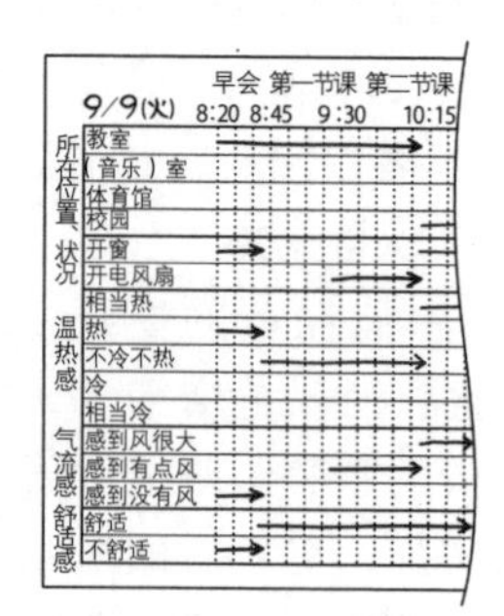


**图2 测定记录本记录实例**

沿时间轴用箭头记录该时间的状态

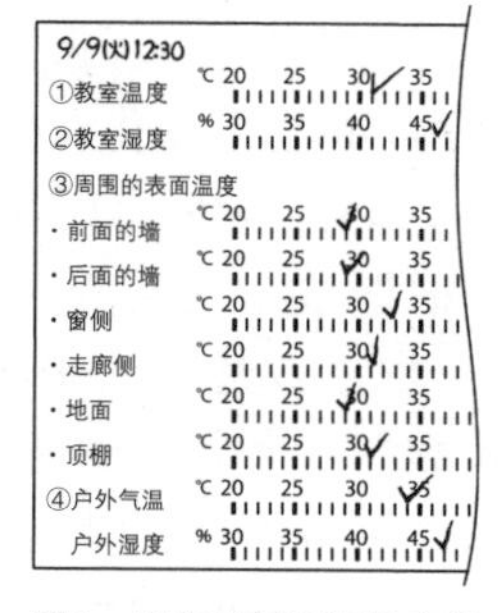


**图3 测定记录表记录实例**

用标准尺进行检查

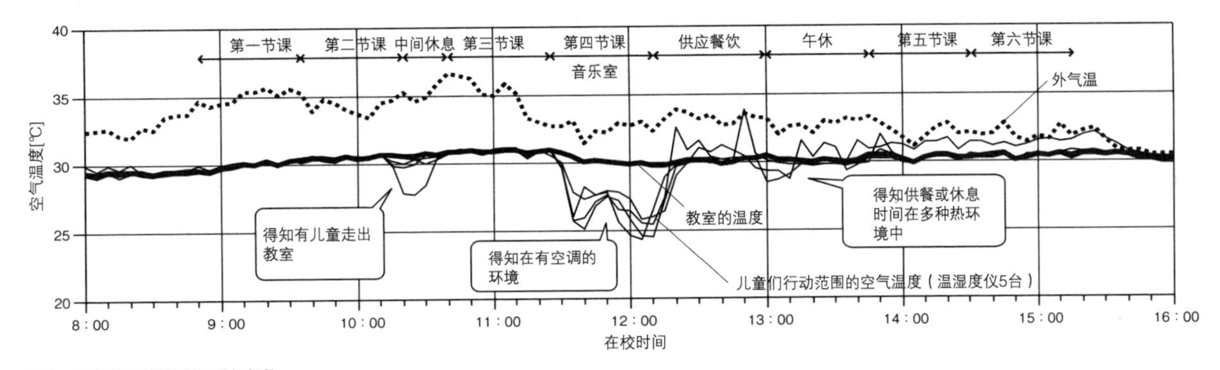


**图4　某班级1天的热环境变化**

儿童携带的温湿度仪数据和教室内外放置的温湿度仪的数据。儿童分5个班，每班交替携带1台温湿度仪。除第四节课在音乐教室外一直呆在教室

## 发现2 行动范围和感觉

### ■ 感觉舒适的热环境

在实验期间行动范围的温湿度分布中，反复出现成为好的指标热舒适指标时，就可以知道儿童对其热环境的接受程度（图5）。观察一下教室的热环境，对室温大约29~31℃，湿度30%~65%的热舒适指标达50%以上。由此得知过半数的儿童觉得教室的热环境"舒适"。

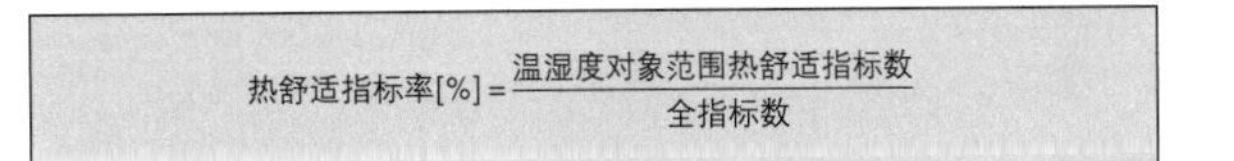

$$热舒适指标率[\%]=\frac{温湿度对象范围热舒适指标数}{全指标数}$$

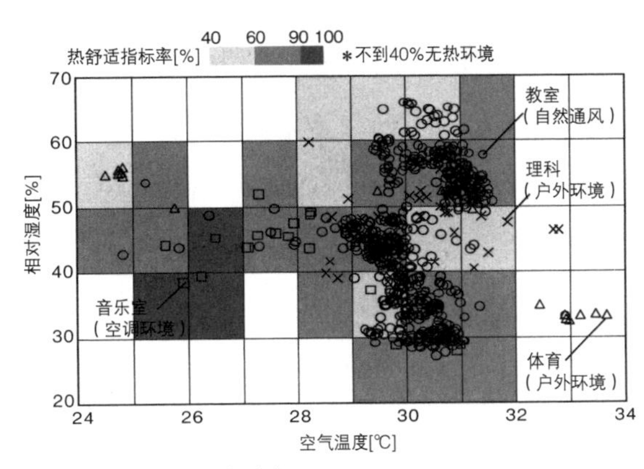


**图5　儿童的热舒适指标分布**

## 发现3 自己的舒适感

### ■ 对舒适热环境的认识发生变化

实验前后，让儿童想象自己觉得舒适的室内合适温度。实验前，过半数的儿童认为是24℃以内，实验后转入了24℃以上的温度范围（图6）。因为有回答设想27~30℃以上为舒适的，实验期间把热环境的测定结果和实际的感觉联系起来就可以把握了。本实验提供了将感觉和数值结合起来认识的机会，也成为把握自己认为舒适的热环境的契机。

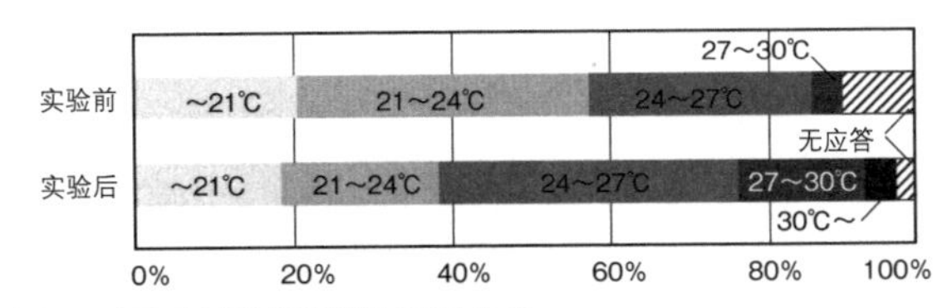


**图6　实验前后想象舒适温度*的变化**

*想象舒适温度：认为夏天室内舒适的空气温度

**参加实验儿童的陈述**

■ 在自己活动范围内测定热环境时察觉到什么？
- 只是步行温度就有变化。改变地方温度就会上下波动。
- 大家聚集起来就会感到闷热，温度渐渐上升。

■ 你认为所谓"舒适环境"是什么？
- 通风好，夏天在温度低的地方凉爽、舒服。
- 温度24~27℃。感到空气干爽，湿度在40%~60%左右较好。

■ 你认为要创造"舒适的教室环境"怎么做才好？
- 尽可能让教室的空气循环保持良好状态。随着时间的推移日照不同，打开没有阳光照射的窗户。
- 关灯。热的时候拉上窗帘，凉爽时打开窗帘，通过窗帘和窗的开关换气。

小型温湿度仪传感部分朝外，放入带小绳的塑料袋里。在教室里吊在书桌的旁边，走动时挂在脖子上，随身携带

### ☞ 通过日常热环境的测定和记录，认识自己的"舒适热环境"。

掌握自己的舒适热环境是实现舒适居住空间的第一步。认识到热环境和舒适度的关联，就能转化为创造舒适居住空间的行动。

**热环境舒适度，除建筑自身的性能或作为补充的设备功能外，还需要居住者的合理居住方式才能获得。这里介绍创造舒适热环境的创意和一个室内外热环境测定方法的实例。**

## ■ 住宅的热环境设计

室内的热环境是由①外界气候，②透过屋顶、外墙、开口部等外皮的热能，③室内热量发生（内部的发生热）形成的（23页）。要创造舒适的热环境，需要根据外部环境调节室内外的热移动。要调节热移动，隔热或控制日照等，采用适应气候的建筑外皮设计，以及能确保通风路径的建筑创意是十分重要的。

## ■ 通过居住者调节热环境

居住者自己要创造感觉舒适的热环境，除穿衣调节外，适当进行门窗的开闭等环境调节行动是有效的（图7）。为此，居住者有必要了解根据季节对自己住宅进行适当调整的方法。此外，环境调整可行的建筑设计对创造舒适的热环境来说也是不可缺少的。

## ■ 测定住宅的热环境

居住者了解周围的热环境和自身的舒适感是很重要的。以下介绍热环境的测定方法。

• 户外气温、湿度的测定方法

测定外部环境时，应考虑到太阳光或雨等的影响，需要根据周围情况考虑好测定仪器的设置方法。周围的表面温度与空气温度存在较大差异时，在阳光直射的地方，重要的是要防止测定仪器的传感器受到热辐射的直接影响。有效的方法是在测定仪器的周围用高反射率遮挡材料遮盖，确保周边空气的通风等措施是有效的（图8）。

• 居室温度、湿度的测定位置

室温或湿度的测定位置，为使测定部位受到的外部环境或周围墙的直接影响限制在最小的范围，在居住范围的中央，距地面1100mm（坐椅子时头部、站立时腰部）的高度为合适位置（图9）。这里所说的居住范围，是指从地面到地上1800mm高度之间，离开墙、窗或固定空调设备600mm以上的垂直面围合的空间。

• 表面温度

周围物体表面出现与该温度相对应的波长红外线，居住者因辐射的导热现象受到热的影响。如使用辐射温度仪，可以在不触及对象物的基础上，将该红外线的强度转换成温度，测量物体的表面温度（图10）。

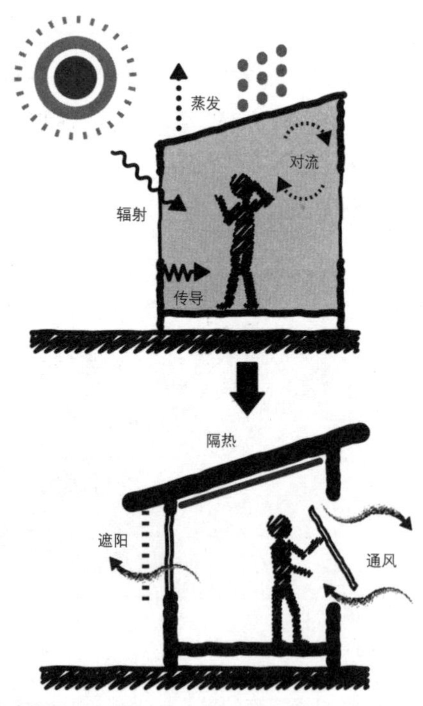


**图7　营造舒适感的建筑创意（夏天的例子）**
夏天，做好屋顶或外墙的隔热及窗户周围的阻热或通风是有效的

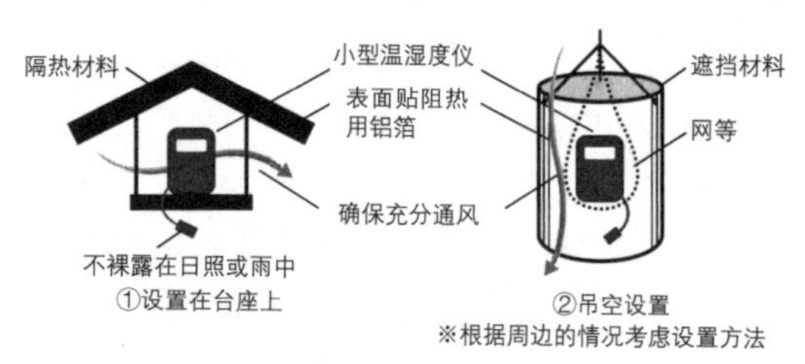


**图8　简易型手工制户外测定装置实例**

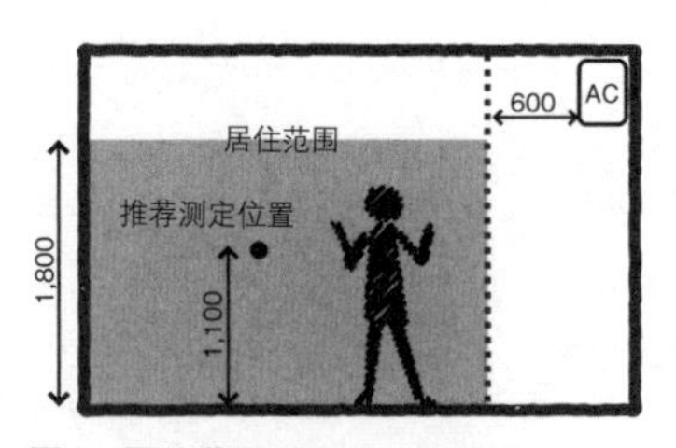


**图9　居住范围测定的对象范围**

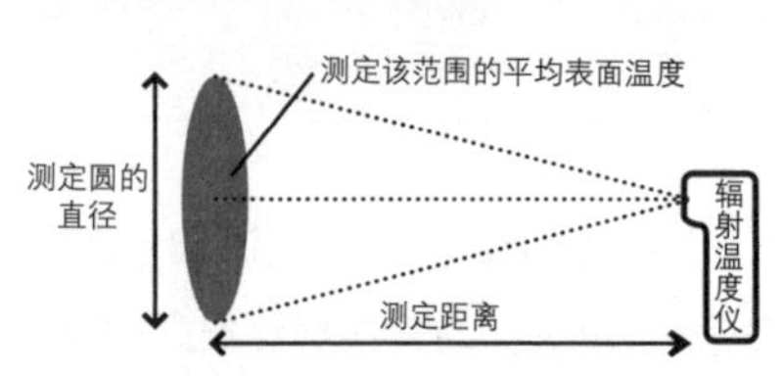


**图10　圆点型辐射温度仪的测定范围**

## 营造1 日本住宅中的热环境调整：门窗

属温暖湿润气候的日本有四季，全年的气温差别较大。冬季寒冷干燥，而夏季高温潮湿，因此需要根据季节的变化，对建筑的外皮进行巧妙处理。日本住宅的开口部安装了多种门窗。外侧有遮挡空气、光、热、风或视线的“套窗”，有起遮挡作用的同时，可以适当调节通风的“双道通风板窗”，还有确保通风的同时，可以防虫的“纱窗”。内侧有遮挡外部视线又可以采光的“推拉隔扇”，玻璃普及后又增添了“玻璃窗”，实现了采光的同时又能遮挡外气。由于推拉窗可以拆卸，纸隔扇的换纸维修也可以方便地进行。有的地区，夏天可以将纸隔扇换成通风良好的“竹帘门”。居住者了解了这些门窗的功能，根据早晚或季节的变化适时调整，可以创造出舒适的热环境（图11）。

**图11　日式房间的落地窗**

开口部设置了5层窗。下图是各种窗拉开的形状，无双道通风窗的板窗可以上锁，夏天晚上自然通风，可以放心入睡。（“旧猪股宅”设计：吉田五十八，1967年）

## 营造2 日本住宅中的热环境调整：外廊

日本住宅中的外廊空间位于建筑的外檐部位，连接内外门窗之间的空间。外廊的作用不是明确分割居室的内外，而是作为连续空间进行使用的。夏天打开两侧的门窗，将屋檐下的竹帘放下，在防止直射的同时进行通风，可以排出室内的热气，形成开放空间。冬天将纸隔扇和推拉门关上，留住室内的热气，成为缓冲空间。调整外廊空间的整体热环境可以创造舒适的热环境。

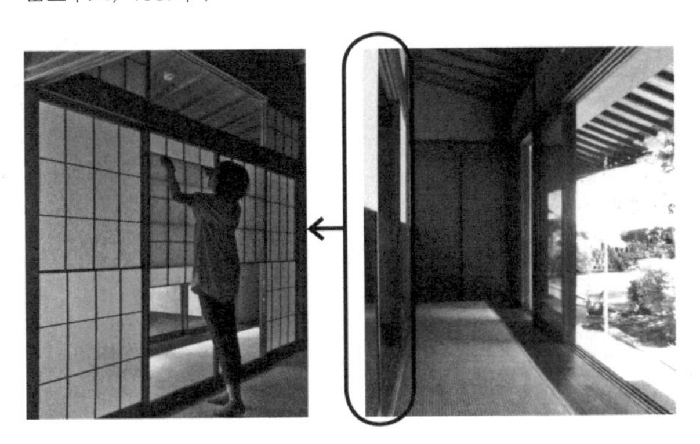

**图12　外廊空间**

图11的日式房间南侧外廊，外廊外部也设置了5层窗，日式房间上部的隔扇在遮挡视线的同时也可调整通风、换气。通过观雪隔扇的上下调节，可以变换多种表情

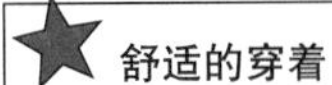

### 舒适的穿着

包裹人体的衣服和穿衣方式是我们营造近在身边的热环境的重要要素。衣服和建筑一样，根据该地的气候风土形成穿衣模式。亚洲地区的夏天高温潮湿，体内出的汗留在衣服内会使人感到闷热。因此，促进肌肤通风和发汗应该穿暴露性高的衣服。在高温干燥的沙漠地区，很多人用头巾、披肩或长袖衣等适度遮盖皮肤，以遮挡强日光的照射，同时穿着确保通风的衣服。这些都是利用自然通风，减少衣服的热阻，设法创造舒适感。

在日本，与门窗相同，根据四季的变化进行更衣，日本的传统服装和服，夏天采用透气性好的薄料子和织布方式，促进汗的蒸发。冬季穿多层衣或棉衣，在衣服中制造空气层，以防止人体热量向外流失。

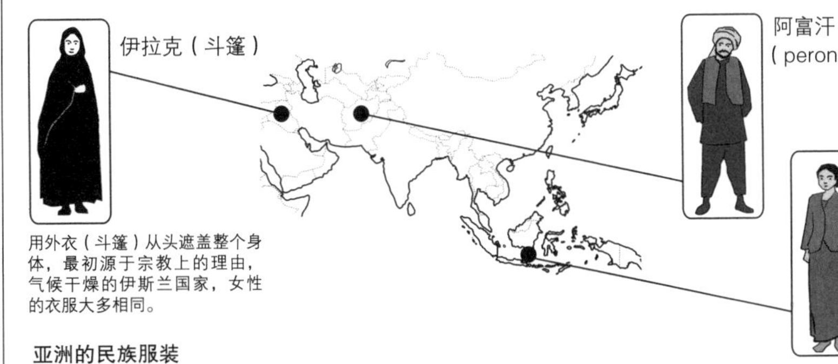


用外衣（斗篷）从头遮盖整个身体，最初源于宗教上的理由，气候干燥的伊斯兰国家，女性的衣服大多相同。

peron（上衣）和 tonbon（裤子）整体宽松。为方便行走和防止沙尘进入，裤腿是收缩的。头上的头巾除防止日照，也可在沙尘暴和寒冷时掩盖口和脸。

可巴雅（上衣）是衬衫，沙龙是腰带，沙龙在印度尼西亚语中是筒、套的意思。把大约1m×2m的一块布绕成圆圈。过去，1天要洗数次冷水澡，因此用优质的棉布和牢固的染色制成，结实耐用。

**亚洲的民族服装**

# 空气的污染和通风

室内空气的污染不仅眼睛看不见，而且很少人能够知道浓度是否超过标准值。思考空气是怎样被污染的，空气是否在交换等。

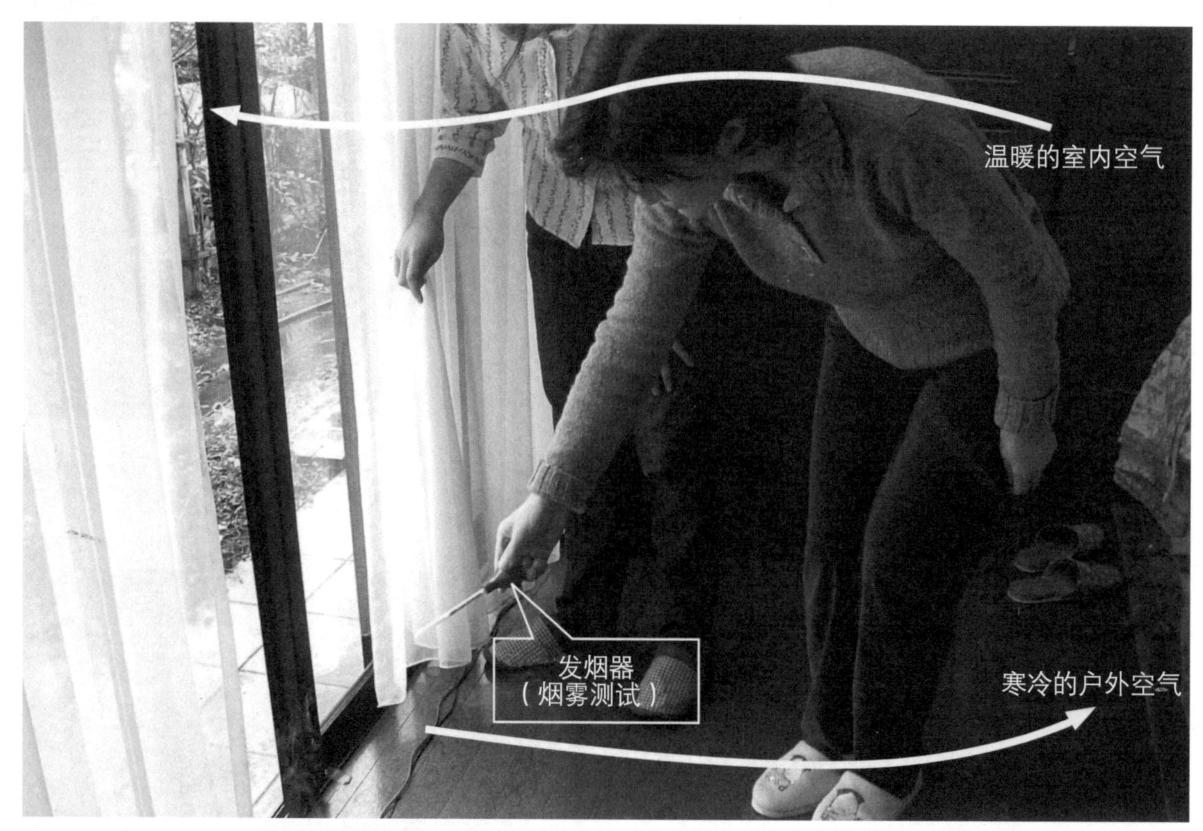


**图1　使用发烟器可以看到空气流动的状况**

根据器具的发烟原理，除燃烧外，还可用氯化氢或丙二醇，使用时应注意避免吸入和接触。气流可以通过皮肤感知，通过用眼睛观察烟雾的流动可了解气流的复杂运动

## 发现1 不冷的通风

### ■ 如有大窗，可迅速进行通风。

冬季采暖时，如打开大窗户，即使户外几乎没有可以感觉的风，也可通过温差通风（重力通风），使空气自然流通。如图1那样，通过发烟器（比如烟雾测试）可视化后，可以看到户外空气从窗下方流入室内，室内空气通过窗上方流出户外的情况。

冬季开窗会放入冷气，虽然人们感到麻烦，但哪怕几分钟也好还是希望开窗。图2显示了在冬季的钢筋混凝土结构住宅中打开窗户5分钟时的气温和二氧化碳浓度的变化。并可了解到通过通风，二氧化碳的浓度迅速减少，而室内温度（房间中央）只是略有变化。这是因为建筑结构中储存的热温暖了外来的寒气。短时间内迅速通风是关键。

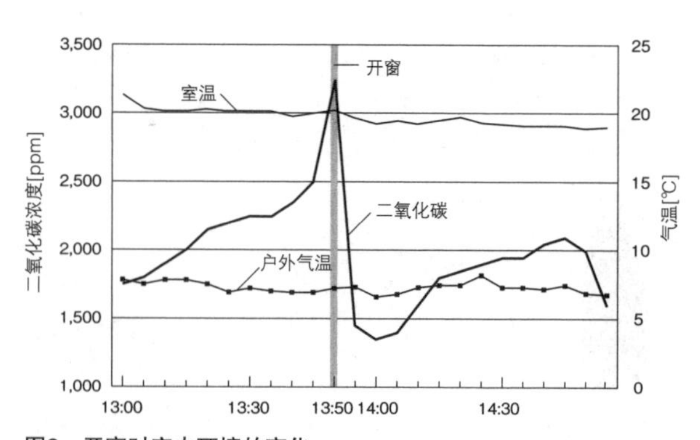


**图2　开窗时室内环境的变化**

（图2、4的出处：菅原正则等"采用室内空气质量监控屏的住宅环境工作坊"《日本建筑学会东北支部研究报告集》第67号，2004年）

## 发现2 污染室内空气的物质

### ■ 人的生活行为会产生污染物质

污染室内空气的化学物质如图3所示，不仅是建筑材料，居住者自身带入的家具、杀虫剂等也会产生污染。这些化学物质的种类不计其数，对人体的影响程度也各有不同。为防止这些物质对人体的损害，严格地说，应当持续地观测化学物质的浓度是否超过各标准值，但对于一般的家庭来说那是不现实的。

然而作为表示空气污染程度的代表性指标，是二氧化碳的浓度。必须注意的是，二氧化碳包含着人的呼吸或烹饪、采暖等产生的燃烧气体，根据生活行为该发生量会有增减。如在考虑这些情况的基础上观测浓度变化，可以成为判断通风量是否充分的材料（图4）。

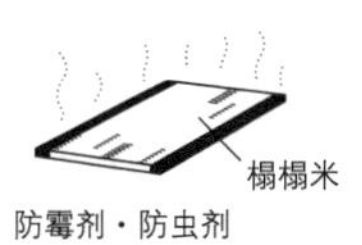

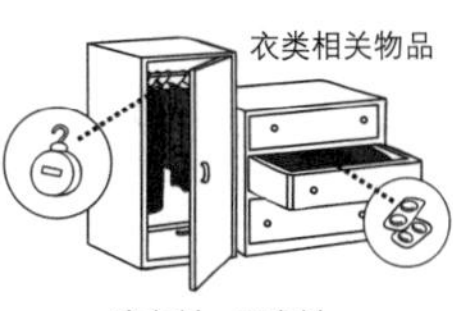


图3 VOC（挥发性有机化合物）的主要发生源
（出处：柳泽辛雄等《怎么办21世纪的环境问题、生活中不为人知的化学物质 4卷 住宅》KUMON出版，2001年。部分改绘）

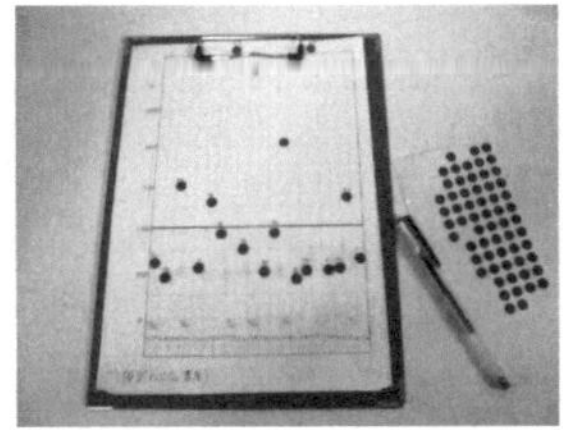

图4 二氧化碳浓度的观测
将每次观测的二氧化碳浓度（左），与刚结束的生活行为（从烹饪、团聚、就寝、外出、开窗、开电风扇等14个项目中选择）一起记录在记录纸上，持续2周。听到居住者"明白了为控制适当的二氧化碳浓度所要的通风频率"的感想

## 发现3 窗的开关

### ■ 时间带或气温变化引起的窗的开关

对通风来说窗户起着重要的作用。其开关现状如何一目了然。1天或1年的变化要用人工记录的话，在准确性、客观性方面会有难度。使用开窗宽度仪（图5）那样的测定装置，可以正确地掌握长时间的窗户开关情况，发现其特点。

从北海道到四国，在半年~1年之间对独栋住宅11户的主要居室的开放时间进行测定，月平均窗户开放时间[min/h]的日变化如图6所示，分为3种模式。通过其他分析了解窗户开关行为的主要影响要素，卧室受时间（早晨起床后或晚上入睡前）影响，起居室（LDK）受温度（20~30℃左右）影响。但实际上这关系到对居住者的生活模式或对私密性的认识、建筑设计以及内外环境等因素的复杂性。

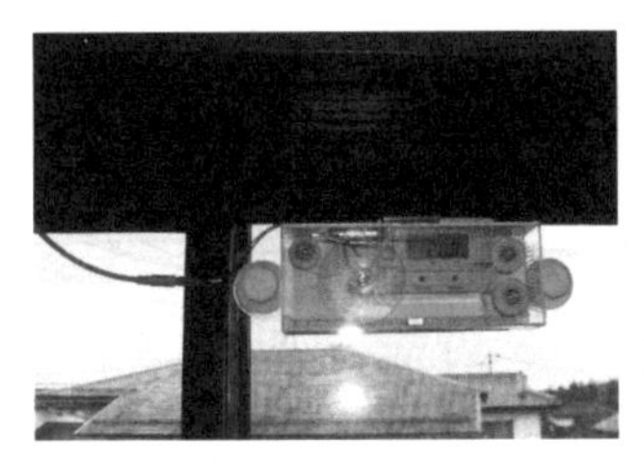

图5 窗户开启度测量仪
仪器安装在推拉窗室内侧窗上，将左边的绳子粘到另一侧（户外侧）伴随窗户的开与关，测量绳子变化的长短。（宫城学院女子大学林基哉教授开发）

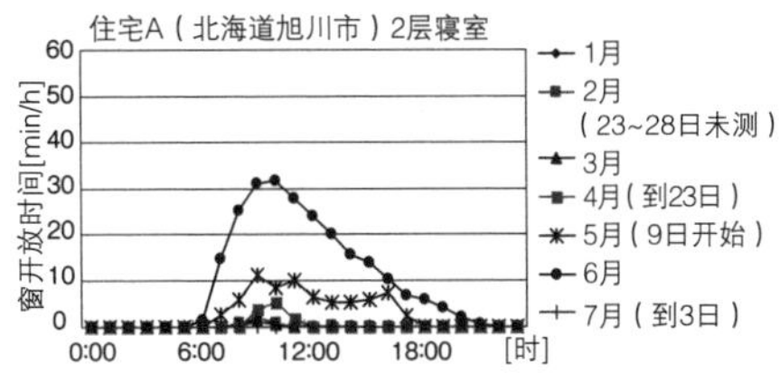


①单山型
在某个特定的时间内开放时间延长了。北海道或东北的住宅全年中，其他地区在冬天可以看到。

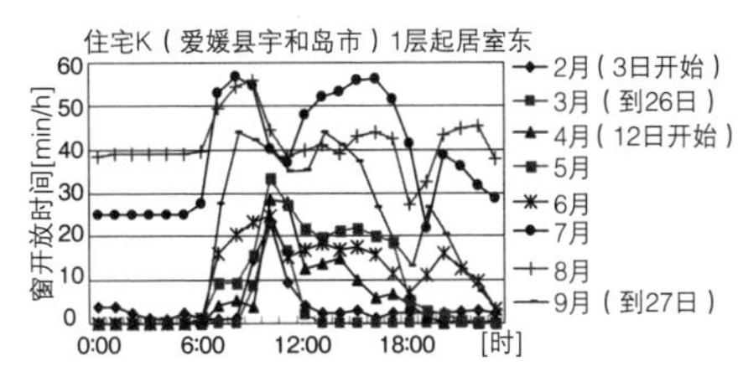


②双山型
清晨和傍晚开放时间长，白天开放时间短的山谷型。宫城县以南的住宅，在夏天可以看到。被认为是使用空调制冷等生活习惯造成的。

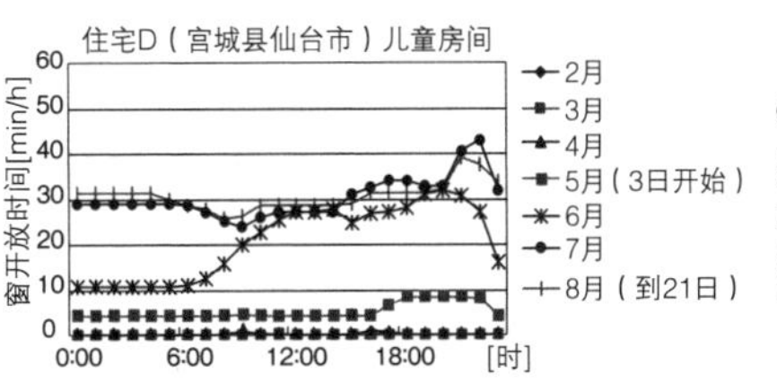


③平坦型
几乎所有的日子看不到变化，除卧室或儿童房间，客厅和储藏室这些白天没人的房间可以看到。

图6 窗开放时间的日变化
（出处：菅原正则、林基哉"关于独栋住宅的窗户开关行为特性的室温分析"《空气调和・卫生工学会大会学术讲演论文集》2007年）

### ☞ 室内空气的污染取决于人的行为。

**户外即使无风，只要开窗就可以自然通风。由于人的生活行为，室内空气被污染，希望通过以开窗为主的通风，积极进行室内空气的管理。**

**如不通风，室内空气将被污染。要确实维持清洁的空气环境，除了开窗通风，连续的机械通风也是必要的。通过通风路径的设计，可以控制热损失。**

## ■ 理解通风标准

室内空气污染物甲醛是由建材、家具等发散出来的。空气中甲醛浓度的升高，主要是增加了对眼睛、鼻子、喉咙的刺激作用，这已为人所知，甲醛也是病宅症候群的原因物质。在建筑规范中，2003年7月以后，限制了含甲醛建材的使用，禁止了白蚁灭治剂白蚁驱除剂-毒死蜱农药的使用。

要维持室内清洁的空气环境，需要时常保持适当的通风。如图7所示，要抑制建材等污染物的散发量，对居室进行通风就可以降低污染物浓度。如表1所示建筑规范中要求，住宅等居室的通风次数通过机械通风确保在0.5次/h以上。而且提示了按照SHASE-S102（空气调和・卫生工学会标准）的通风标准，各种污染物质达到容许浓度以下的通风量的方法。

$$n=\frac{V}{Ah}$$

$n$：每小时的通风次数[次/h]　$A$：居室的地面面积[m$^2$]
$V$：机械通风设备的有效通风量[m$^3$/h]　$h$：居室的顶棚高[m]

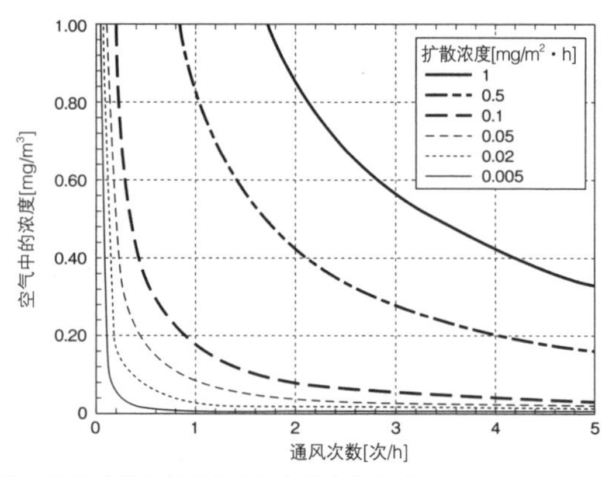


**图7　通风次数和甲醛在空气中浓度的关系**
（出处：日本建筑学会编《病宅百科词典》技报堂出版，2002年）

**表1　通风次数的要求**

| 居室的种类 | 通风次数 |
|---|---|
| 住宅等居室 | 0.5次/h以上 |
| 上述以外的居室 | 0.3次/h以上 |

即使未使用散发甲醛的建材，但由于家具等也会产生甲醛，原则上所有的建筑物都有义务安装机械通风设备（24小时通风系统）。

## ■ 有计划的通风需要确保建筑物的密闭性

为在必要的场所满足必要的通风量，需要从建筑物整体来考虑通风系统，有计划地进行设计。设计通风要求空气的流动，为使气流按设计要求流动，建筑的密闭性是不可缺少的，相当于缝隙面积（C值）应确保在2㎝²/㎡以下的密闭性。

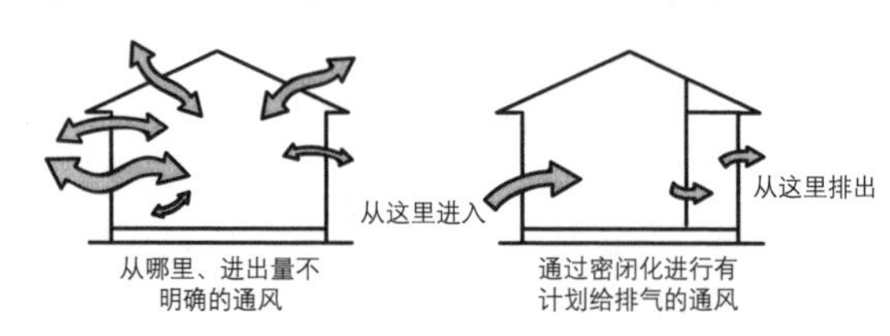


**图8　计划通风的必要性**

**图9　整体通风和局部通风**
（出处：加藤信介等《建筑环境工学 第2版》彰国社，2008年）



## ■ 设计通风路径

从去除室内污染物的观点，如图9所示，有全室内通风的整体通风，以及像厨房或浴室、厕所的换气扇那样，为不让特定污染物扩散而进行捕捉通风的局部通风。

从建筑的整体考虑通风设计时，需要明确空气的流动路径。图10显示了典型的通风路径种类，为通风获取新鲜户外空气的设计一般是按照居室→走廊→厨房/浴室/厕所的顺序进行的。特别是冬季通风时，为抑制通风引起的热损失，如图11那样利用热交换器也是有效的。

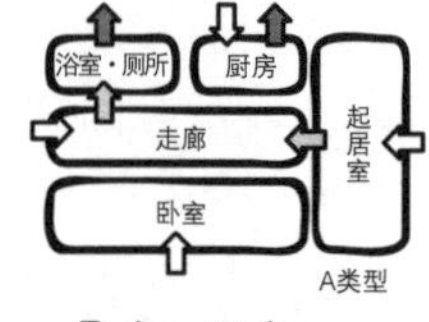


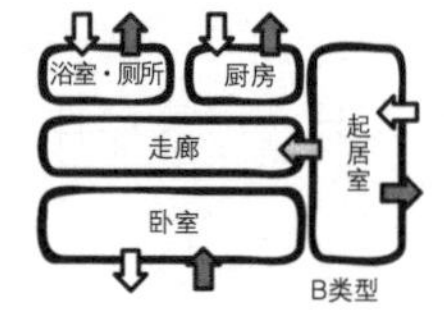

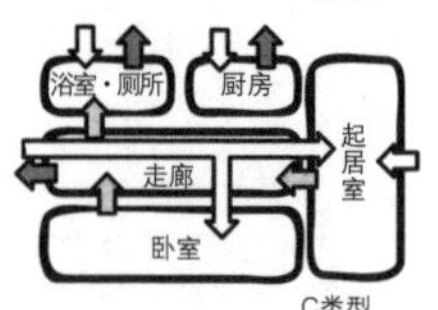


**图10　典型的通风路径类型**
由于厨房的排气量大，运转时间短，应使通风路径独立。
（图8、10的出处：本间义规《建筑技术》1997年7月）

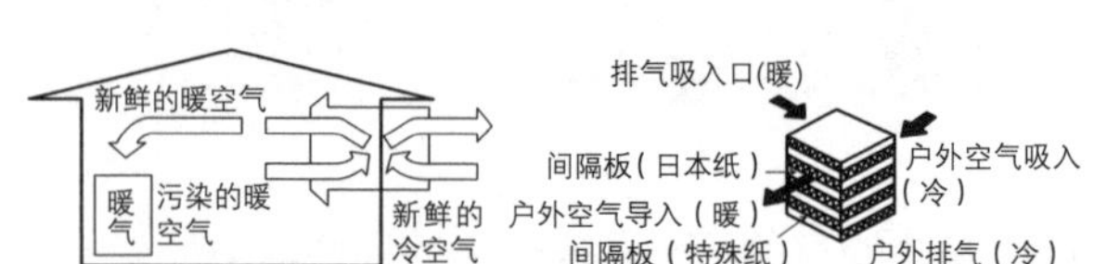


**图11　热交换器的结构**
（出处：家庭电器文化会编《节能住宅的采冷采暖和隔热材料》oumu公司，1978年）

## 营造1 机械通风系统

图12、13是典型的机械通风系统的示例。图12是强制给排气型（第1种）的通风系统，具有易于调整对各空间送气和排气的通风量平衡（27页）的优点。另外，由于并用热交换器，可以回收排气的热能，控制热损失。

图13是强制排气型（第3种）的通风系统。在走廊、浴室、壁柜等居室以外的空间可安装机械风扇进行排气。居室里设置送气口，可直接获取户外空气，但引入冬天的冷气有可能影响舒适性，需要考虑送气口的位置和形状。

## 营造2 利用自然能源的预热送气

热交换通风是通过回收排气的热转成送气，以降低热负荷，同时进行预热送气。除此以外，也有尝试使用自然能源用做预热送气的热源（图14）。

也应该注重预热送气中的“玄关遮光罩”（图15）的效果。根据热负荷计算软件“SMASH for Win.”对2层挑空的玄关遮光罩的冬季热环境特性和预热送气的可能性进行探讨的结果如图16。作为预热送气源时减低空调负荷的效果，可以预测不仅在寒冷地区的札幌，在温暖的仙台或东京也会有很大的效果。

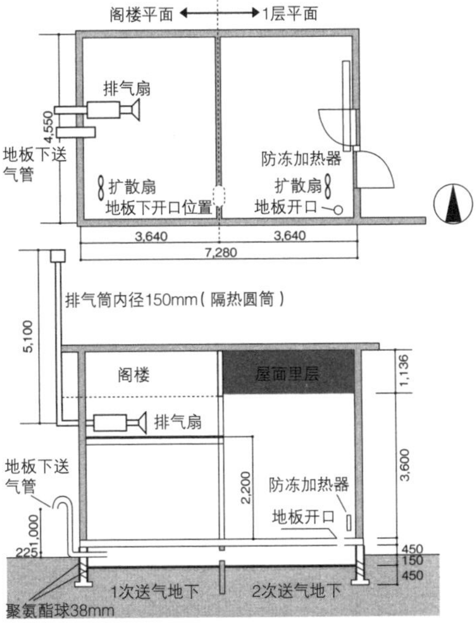

图14　利用地板下空间预热送气的实验住宅断面
（出处：福岛明等“关于利用基础隔热的地板下空间为户外冷空气预热送气的自然送气方式的实验性探讨，寒冷地区的被动式通风研究 之一”《日本建筑学会规划系论文集》第498号，1997年）

图15　玄关遮阳罩
设置在住宅的玄关等出入口，主要是用玻璃做成的温室状空间，从北海道到日本海一侧的东北地方这种设施有很多。本来的用途是作为门斗使用，也可作为户外用品或观赏植物等的堆放处或作业场地利用

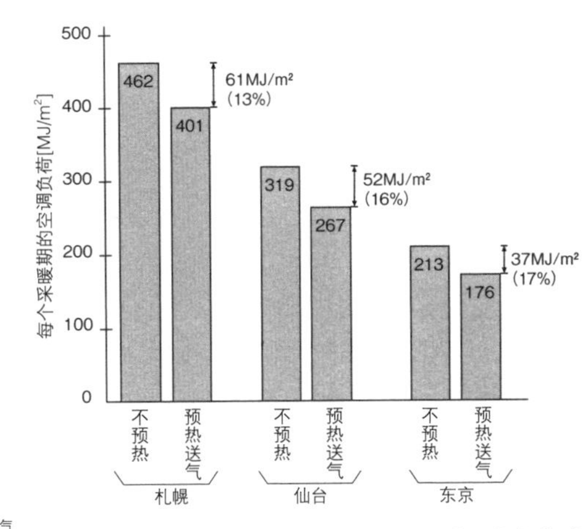


图16　利用玄关遮阳罩的预热送气获取热负荷减少的效果
关于采暖期的设定，札幌市9月25日~6月9日，仙台10月11日~5月16日，东京11月2日~4月22日（出处：菅原正则等“根据数值模拟的玄关遮阳罩内热环境预测和作为送气预热源的可能性探索 关于玄关遮阳罩有效利用的研究之三”《日本建筑学会大会学术讲演梗概集》D-1，2002年）

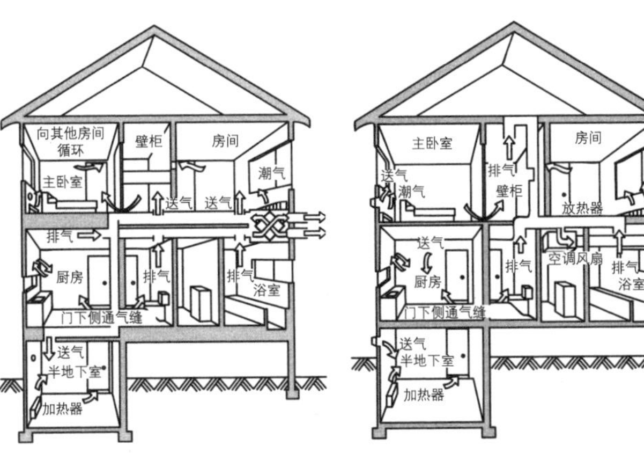


图12　第1种机械通风系统实例

图13　第3种机械通风系统实例
（图12、13的出处：日本建筑学会编《室内空气质量环境设计法》技报堂出版，2005年）

# 住宅的热性能

由于住宅的热性能不同，获得的温热环境也有很大不同。
发现因住宅的热性能不同带来的室内温热环境的差异，了解其重要性。

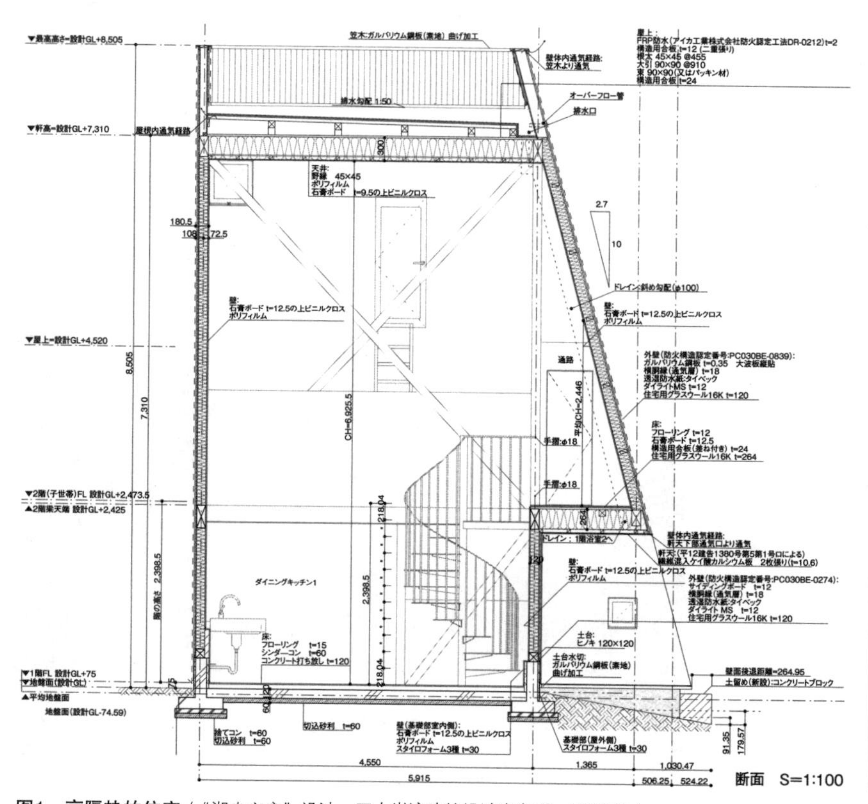


图1　高隔热的住宅（“湘南之家”设计：五十岚淳建筑设计事务所，2009年）

图2　外观（上）挑空空间（下）
高窗的开关使用链子

## 发现1 高隔热性能的影响

### ■ 获得外部影响小的室内环境

图1、2的住宅位于神奈川县（IV地区），该住宅采用16K的玻璃棉，顶棚里放300mm，墙里放120mm，相当于下一代节能标准的隔热标准Ⅱ地区（14页）以上的隔热性能。将开口部的面积控制在最小范围，并使用遮热高保温玻璃。

图3表示了夏季（2009年9月25日）的温度变化。全天的室温（地板上1200mm）在25~28℃，推测白天室内气温比室外低。另一方面，即使户外气温降到20℃以下，室内气温只会降到25℃，可以看出热难以潜逃的倾向。而冬季（2009年12月20日）的温度变化（图4）显示，室外气温最低1.5℃、最高11.3℃，比较低，使用暖气只在早晨和晚上2个小时左右，几乎在无采暖的情况下生活。即使在凌晨，室内的温度为16℃，空间内的温度差很小，形成非常均匀的温热环境。

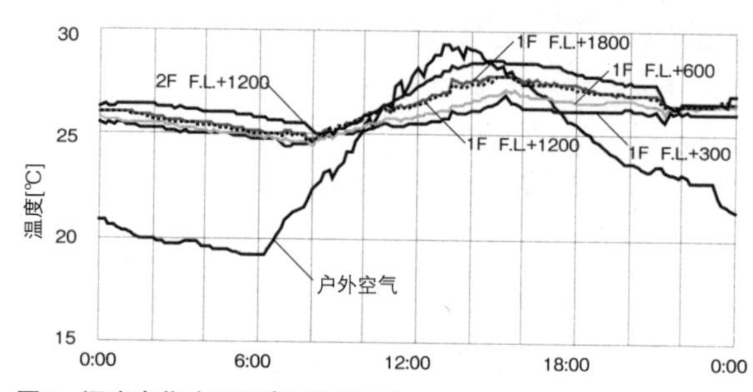


图3　温度变化（2009年9月25日）

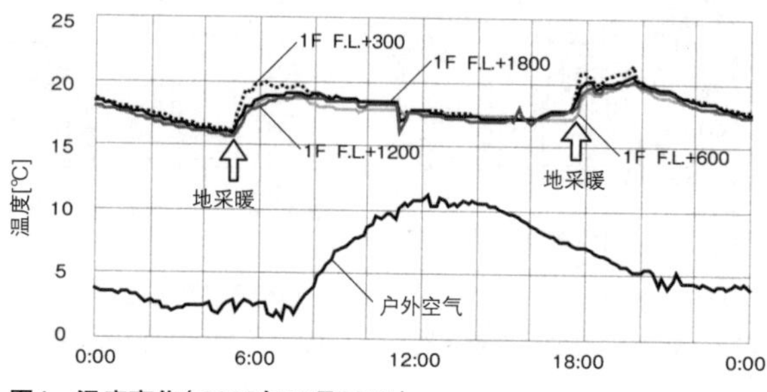


图4　温度变化（2009年12月20日）

**图5　测试主体结构的热容量对室内温热环境影响的实验楼**

（出处：筑山祐子等"关于利用足尺实验建筑ALC地板蓄热特性的研究"《日本建筑学会环境系论文集》648号、2010年、149～156页）

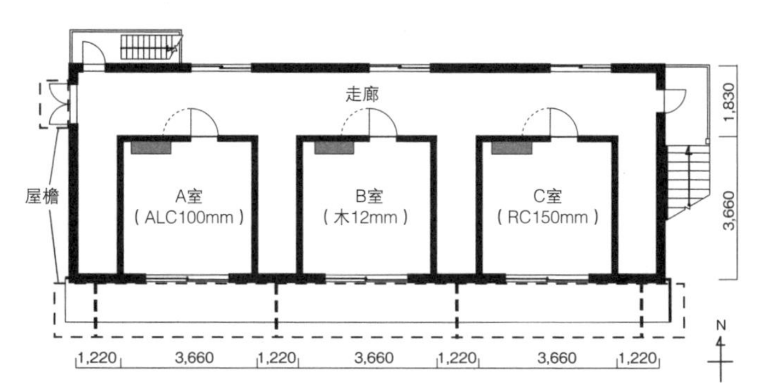


**图6　实验楼平面图（2层）**

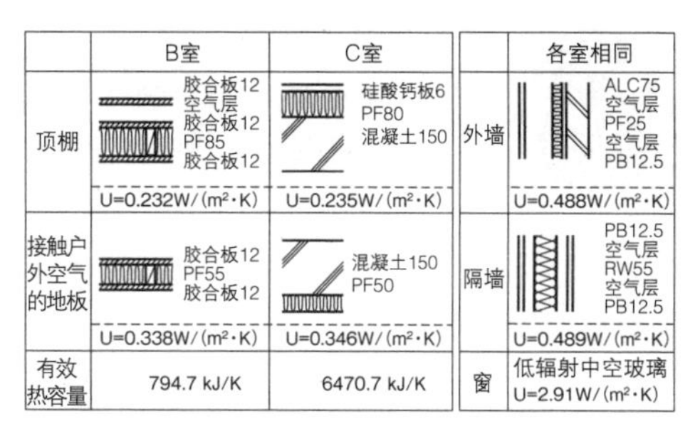

| | B室 | C室 | | 各室相同 |
|---|---|---|---|---|
| 顶棚 | 胶合板12 空气层 胶合板12 PF85 胶合板12<br>U=0.232W/(m²·K) | 硅酸钙板6 PF80 混凝土150<br>U=0.235W/(m²·K) | 外墙 | ALC75 空气层 PF25 空气层 PB12.5<br>U=0.488W/(m²·K) |
| 接触户外空气的地板 | 胶合板12 PF55 胶合板12<br>U=0.338W/(m²·K) | 混凝土150 PF50<br>U=0.346W/(m²·K) | 隔墙 | PB12.5 空气层 RW55 空气层 PB12.5<br>U=0.489W/(m²·K) |
| 有效热容量 | 794.7 kJ/K | 6470.7 kJ/K | 窗 | 低辐射中空玻璃<br>U=2.91W/(m²·K) |

**图7　实验楼顶棚、地板、墙的构成**

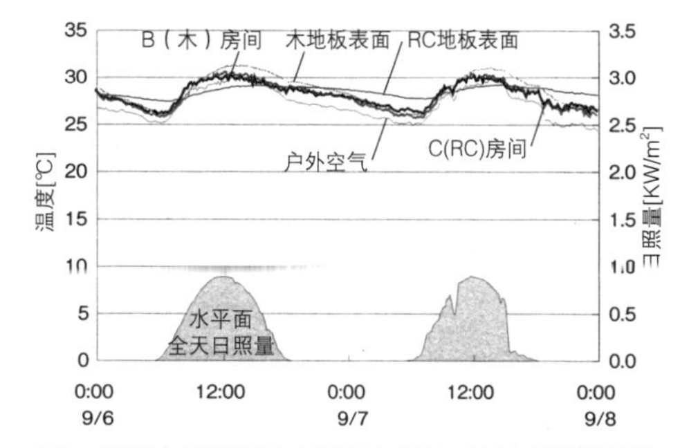


**图8　夏季自然通风时（2008年9月6~8日）的温度变化**

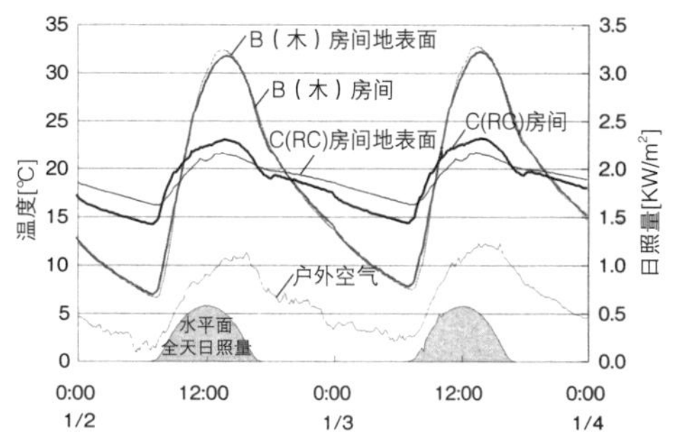


**图9　冬季直接采光蓄热时（2009年1月2~4日）的温度变化**

## 发现2 热容量对室内温热环境的影响

### ■ 由于热容量的大小不同，室内的温热环境会产生较大的差异

在静冈县（IV地区）为证明热容量对室内温热环境的影响，建造了实验楼（图5、6）。实验楼的主体结构是钢结构轻质发泡混凝土（ALC），实验楼由地面和顶棚分别采用3种不同材料（ALC、木、钢筋混凝土RC）的3个房间（图7）构成。各房间和东、西、北面的外墙之间用走廊间隔，实验楼的南面设置大窗户。

看一下夏季自然通风时（2008年9月6~8日）的温度变化（图8），由于窗户是敞开的，推测B（木）房间和C（钢筋混凝土RC）房间室内温度基本和户外温度相同，另一方面，地板表面温度B（木）房间的温度变化较大，C（RC）房间变化比较缓和。热容量大的房间可以较好地引入自然通风，白天地面温度比室温凉，可以舒适地度过。

通过观察冬季直接采光蓄热*时（2009年1月2~4日）的温度变化得知，B（木）房间和C（RC）房间的室温和地表面温度有很大差异。热容量小的B（木）房间受到较强的户外气温、日照的影响，白天达32℃，晚上气温骤降到7℃以下。另一方面，热容量大的C（RC）房间白天最高达23℃，夜间最低到14℃，室温变化缓慢，保持了稳定的温度。

*直接采光蓄热：把从窗户射入的太阳能存储在室内的地板和墙体内获得采暖效果的方法。

**☞ 高保温受户外气温的影响较小，大的热容量会使其影响产生差异。**

**在考虑保温性能和热容量平衡的基础上，设计舒适的室内温热环境。**

**要充分利用地区气候，实现舒适的室内环境需要懂得保温和蓄热的特性。**
**思考热性能的特性，考虑适合生活方式的热性能平衡。**

## ■ 保温工法及其特性

住宅有各种各样的形态和生产体制，保温工法的选择与这些有密切的关系。选择适合地区气候、生产形态、技术水平、设计的住宅形状的工法，根据各工法确保保温性能、保温厚度，营造舒适的居住环境是十分重要的。

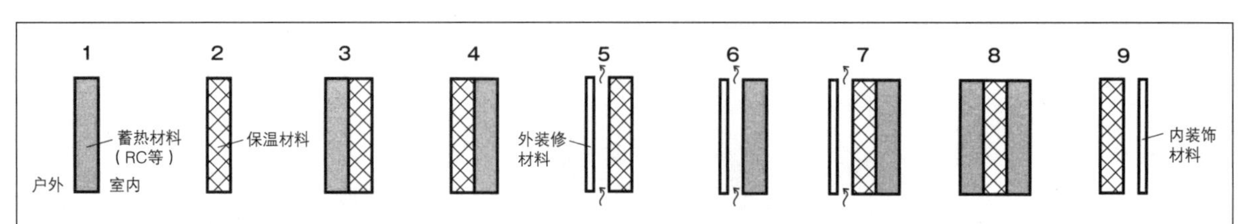


1. 蓄热墙。夏天的灼热、冬天的骤冷、结露等，热容量往往起副作用。
2. 保温墙。可以隔断夏天的热，冬天进行保温。
3. 内保温工法。由于蓄热材料在外侧，不能使用蓄热材料的热容量。由于不受热容量的影响，有冷暖空调的快速工作等优势。
4. 外保温工法。可以利用热容量进行蓄热、蓄冷。通过减小温度变化等，延长混凝土的寿命。
5. 通风工法。排出潮气防止结露，此外还有日照隔热的效果。
6. 有日照隔热效果，但由于保温性能低，难以期待保温效果。
7. 外保温通风工法。同时兼有4和5两项的优势。
8. 外侧蓄热材料的热容量推迟了日照或户外空气变化等外部影响，也有降低高峰用电的效果。内部的热容量可以蓄热蓄冷。
9. 外贴保温工法。有遮热效果的同时，还有防止内部结露的效果。容易维持保温、密闭性的连续性。

## ■ 蓄热部位的定义和热容量的计算

所谓蓄热部位是指具有有效热容量的部位。蓄热效果根据有无保温材料及材料的热性能而有所不同。下一代节能标准中，蓄热部位的热容量可以按以下范围进行计算，在表1中还标出了有效厚度。

① 房间最内侧的材料、保温材料及完全密闭空气层之间包含的材料。

② 有效厚度内的热容量[KJ/K]可以用容积比热[KJ/（$m^3$・K）]×蓄热部位的体积[$m^3$]求得。

**表1　住宅节能标准计算用材料的蓄热有效厚度和容积比热**

| 材料 | 有效厚度[m] | 容积比热[KJ/($m^3$・K)] |
|---|---|---|
| 混凝土 | | |
| 普通混凝土 | 0.20 | 2,013 |
| 轻质混凝土 | 0.07 | 1,871 |
| 发泡混凝土 | 0.07 | 1,289 |
| 木材 | | |
| 松树 | 0.03 | 1,624 |
| 杉木 | 0.03 | 783 |
| 丝柏 | 0.03 | 933 |
| 柳安 | 0.04 | 1,034 |
| 胶合板 | 0.03 | 1,113 |
| 抹灰工程材料 | | |
| 砂浆 | 0.12 | 2,306 |
| 灰浆 | 0.13 | 1,381 |
| 石膏板 | 0.70 | 2,030 |
| 土墙 | 0.17 | 1,327 |
| 石膏等 | | |
| 石膏板 | 0.06 | 854 |
| 发泡板 | 0.06 | 820 |
| 挠性球 | 0.12 | 1,302 |
| 木纤维水泥板 | 0.06 | 615 |
| 其他 | | |
| 面砖 | 0.12 | 2,612 |
| 橡胶地砖 | 0.11 | 1,390 |
| 亚麻油毡 | 0.15 | 1,959 |
| 榻榻米 | 0.02 | 260 |
| 地毯 | 0.01 | 318 |

（出处：《住宅的节能标准解说 3版》建筑环境・节能机构，2009年）

## ■ 蓄热部位及其特性

相对热容量大的户外空气变化，室温的变化比较缓和。由于日本较多的木结构住宅热容量小，通过附加热容量可以保持稳定的室内温度。在根据地区气候及居住方式、冷暖空调设计、建筑设计的基础上，研究开口部位置的同时研究蓄热部位是十分重要的。

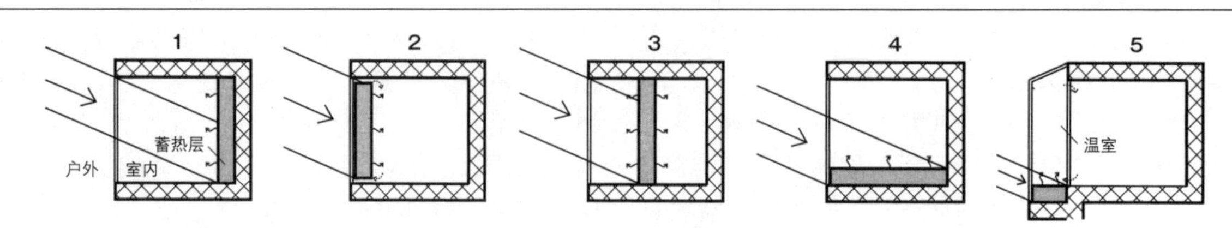


1. 直接型墙蓄热。上部设开口部，在日照射入的深处墙设蓄热层，需要考虑到如蓄热墙一侧放置家具，蓄热面积就会减少。
2. 间接型墙蓄热。在日照射入的开口部一侧设蓄热层。可以对从整个开口部射入的日照进行蓄热，另外，也有阻碍采光的可能性。
3. 混合型墙蓄热。用遮住空间的形式设置蓄热层。对深处的房间也可以供热。需要结合建筑设计进行综合考虑。
4. 直接型地面蓄热。下部设开口部，在地板下设蓄热层。需要考虑到如在地面放置家具或地毯，蓄热面积就会减少。
5. 温室型地面蓄热。在日照射入一侧设温室，在温室的地板下设蓄热层，使温室的空气保持在室温以上，可以高效获取热。

## 营造1 无采暖住宅

瑞典出身的Hans Gustaf Eek设计的“无采暖住宅（带露台住宅）”（图10）位于瑞典的哥德堡市近郊的林达斯。哥德堡市的气候与北海道的旭川市一样寒冷。由于是寒冷地带，如图11所示，在全面增加主体结构保温层的厚度、降低总传热系数的同时，开口部使用氩气填充中空玻璃和2层低辐射玻璃（low-E），相当于3层，大幅度减少热损失。

另外，为储存太阳能加大南侧开口部的面积，北侧窗的大小控制到最小范围。据报告，在2002年1月，最低气温降到零下20℃大寒流时，即使在无采暖的情况下，室内温度仍可以保持在20℃左右。

图10 “无采暖住宅”外观（设计：Hans Gustaf Eek）

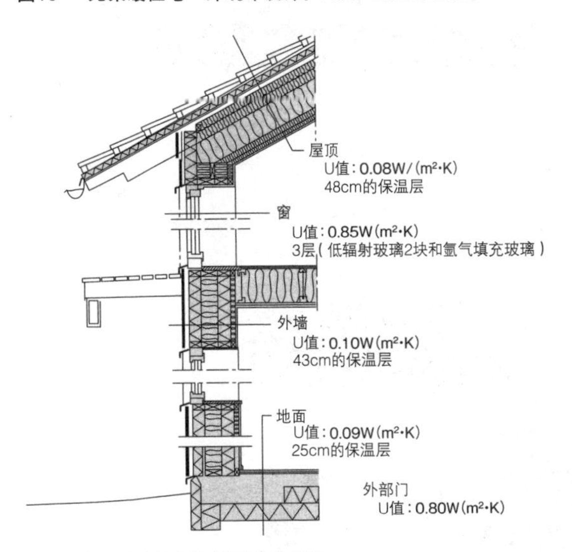


图11 “无采暖住宅”断面和热性能

## 营造2 下一代零能源住宅

说明下一代零能源住宅（图12）的示例。由于所在地为闷热地区，在提高保温性能的基础上，强化了夏季日照的遮蔽性及屋顶的隔热性、通风、排热性等，在保温密闭性好的120mm外墙板的外侧再附加100mm的高性能玻璃棉，减少外墙50%的热损失（图13①）。另外，在基础的内侧铺设隔热材料和蓄热材料（图13②），将屋顶收集到的太阳能送到地板下用于地暖。

另一方面，在闷热地区实施高隔热化时，对于在夏天引起的过热，处理方法是使用高性能遮热玻璃（图13③），并采用遮蔽日光效果好的、户外安装的百叶窗（13图④），可遮挡90%的太阳热能。

图12 下一代零能源住宅
（“建筑使用年限内$CO_2$负排放住宅龟山样板房”设计：三泽住宅+三泽住宅综合研究所）

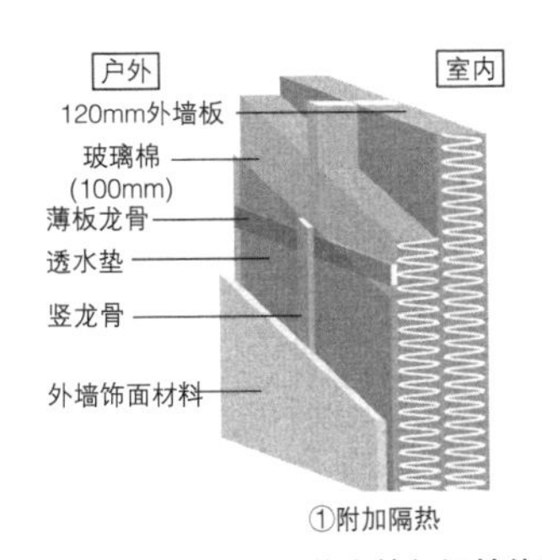


①附加隔热

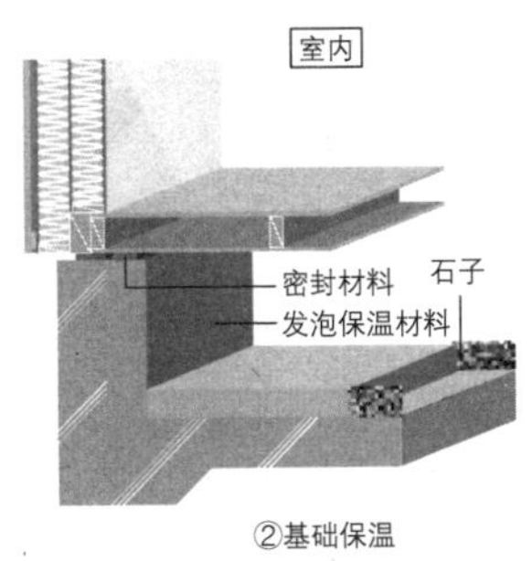


②基础保温

户外 室内
Low-E玻璃
Low-E玻璃
氩气填充玻璃
放干燥剂的支撑件
高品质双层垫

③高遮热玻璃

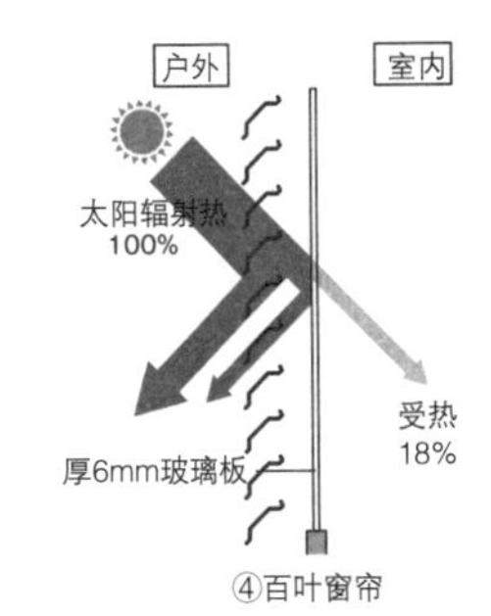


④百叶窗帘

图13 下一代零能源住宅的保温性能和日照遮蔽性能

# 窗的保温性能

窗的热潜逃是墙的4~10倍，是造成室内冷热程度的主要因素的薄弱部位。发现窗的弱点，了解其解决方法。

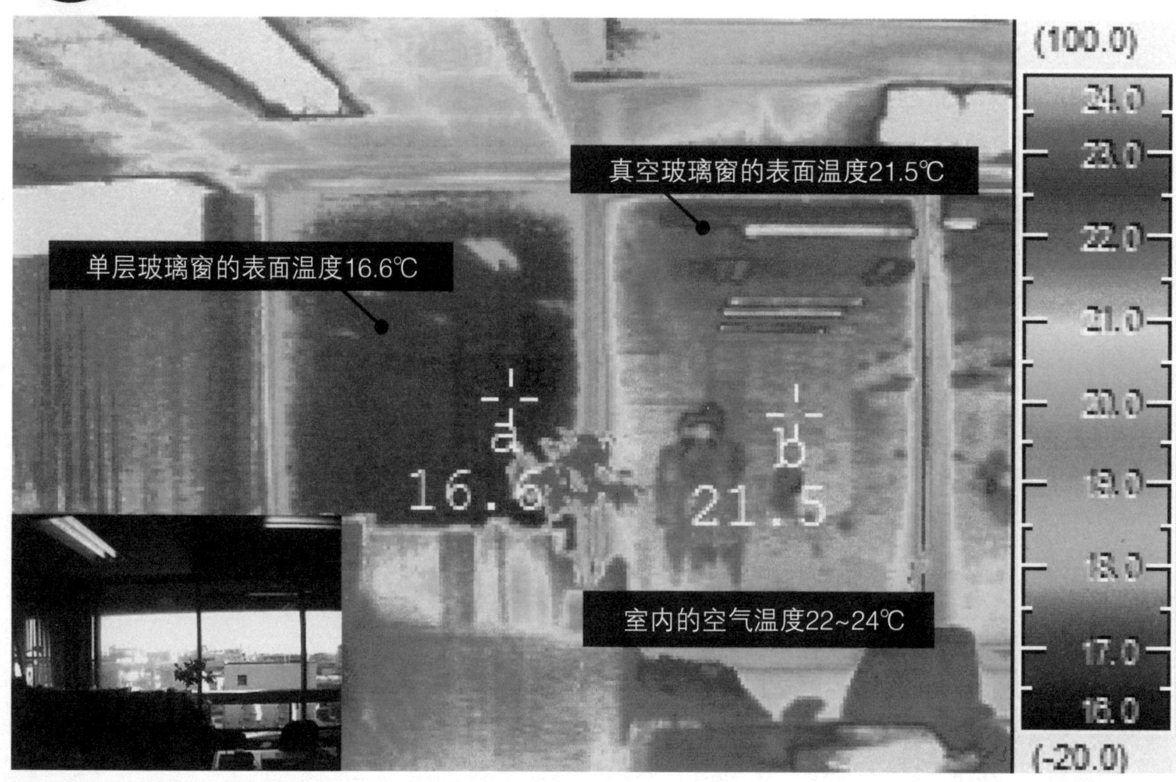


**图1　红外线辐射摄像头测定实例**

照片左侧（工程未竣工）的单层玻璃的温度比室温（22~24℃）低了6~8℃左右，与右侧的真空玻璃相差约5℃（测定地点：东京都三鹰市政府办公大楼 时间：2010年1月 / 户外气温：约10℃ / 测定：首都大学东京须永研究室）

## 发现1 冬季窗的寒冷

### ■ 单层（1块）玻璃热容易透过

图2是玻璃窗的热传导系数（构件热容易通过）和木结构外墙的热传导系数（热损失）隔热标准（1999年标准，Ⅳ地区）的比较。单层玻璃窗的热传导系数（热损失）相比于木结构外墙的标准值大10倍以上。图1是用红外线辐射摄像头比较的真空玻璃窗的热损失是单层玻璃的四分之一以下*。

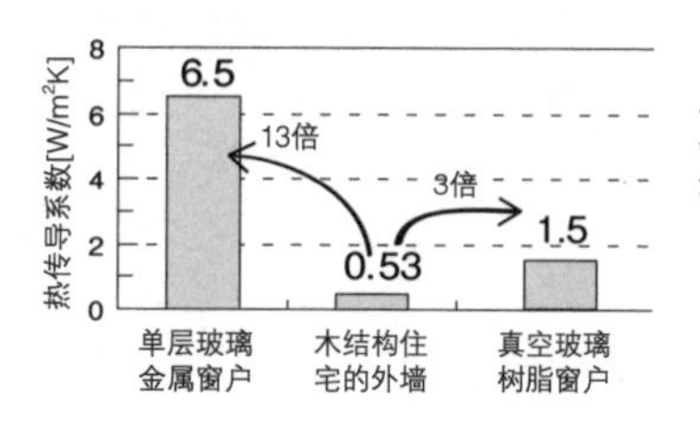


**图2　玻璃窗和外墙热传导系数的比较**

*用厂家产品目录手册值的计算值

### ■ 单层玻璃的表面温度降低

图3是在设定室内温度20℃、户外气温0℃情况下，玻璃窗表面温度的计算结果。单层玻璃的表面温度约6℃，较低，中空玻璃（空气层12mm）约14℃。这是形成冷风感及冷辐射的寒冷和结露的原因。如在玻璃内侧安装内含保温材料的保温内门（53页），可使室温和表面温度的差变为2℃以下。

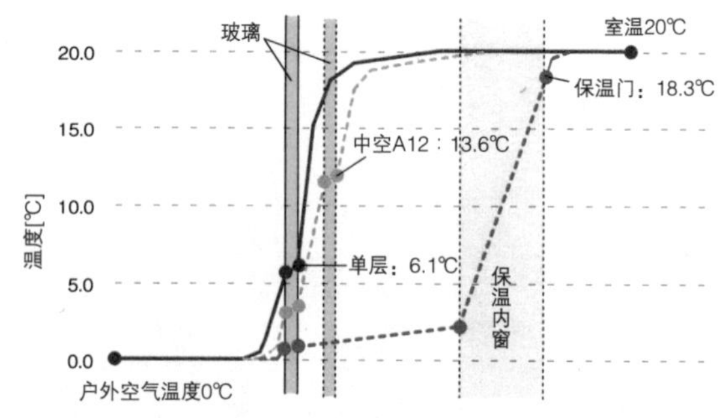


**图3　单层玻璃、中空玻璃、单层玻璃+保温内窗时的表面温度**

[计算条件]材料的厚度和热传导系数：玻璃3mm、0.8W/（m·k），保温门窗2cm，0.02w/（m·k），室内外的热转移系数9.3、23.3w/（$m^2$·k），空气层的热阻：（玻璃间距0.18mK/w，玻璃隔热窗户间距0.09mK/w）×厚度（cm）

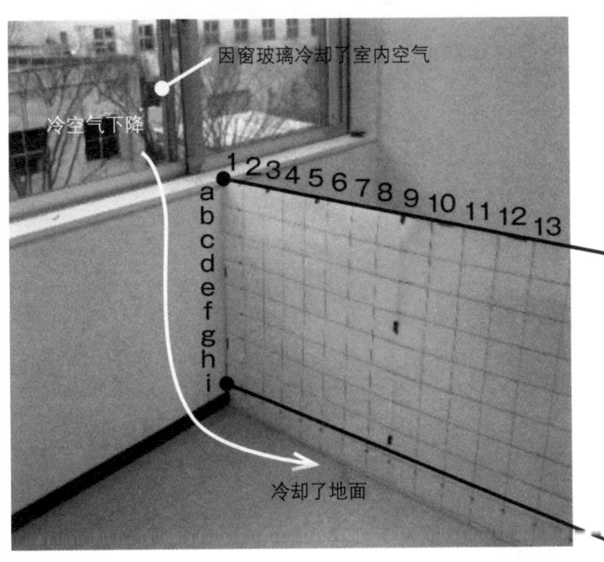


**图4　冷风感测定实验**
左：测定对象。下：辐射温度仪的测定结果，（出处：木村敏朗、增成和平、久和原裕辉、伊藤航介、山崎康平《首都大学东京“建筑环境演习”授课报告》2010年）。测定时使用辐射温度仪。

|  | 1 | 2 | 3 | 4 | 5 | 6 | 7 | 8 | 9 | 10 | 11 | 12 | 13 | 14 | 15 | 16 | 17 |
|---|---|---|---|---|---|---|---|---|---|---|---|---|---|---|---|---|---|
| a | 21.1 | 21.5 | 21.4 | 21.6 | 21.9 | 21.7 | 22.1 | 22.2 | 21.1 | 22.3 | 21.9 | 22.4 | 21.4 | 22.4 | 23.2 | 24.3 | 24.0 |
| b | 21.3 | 21.6 | 21.9 | 22.0 | 21.8 | 21.9 | 22.2 | 22.2 | 21.9 | 21.8 | 22.0 | 22.3 | 22.1 | 22.5 | 22.6 | 22.4 | 22.6 |
| c | 21.3 | 21.3 | 21.8 | 21.6 | 21.7 | 21.8 | 21.7 | 21.6 | 21.7 | 21.8 | 22.2 | 21.6 | 22.3 | 22.1 | 22.2 | 22.2 | 22.2 |
| d | 20.5 | 20.9 | 21.5 | 21.4 | 21.4 | 21.5 | 21.4 | 21.2 | 21.6 | 21.5 | 21.5 | 21.5 | 21.7 | 21.6 | 21.9 | 21.9 | 22.2 |
| e | 20.6 | 21.1 | 20.9 | 21.5 | 21.2 | 21.2 | 21.6 | 21.4 | 21.2 | 21.2 | 21.4 | 21.2 | 21.4 | 21.9 | 21.3 | 21.9 | 21.8 |
| f | 20.3 | 21.0 | 21.0 | 20.9 | 20.9 | 21.2 | 21.2 | 21.3 | 21.2 | 21.2 | 21.2 | 21.3 | 21.2 | 21.4 | 21.4 | 21.3 | 21.4 |
| g | 20.2 | 20.6 | 20.8 | 20.6 | 20.7 | 20.9 | 20.8 | 21.2 | 20.9 | 20.9 | 21.2 | 21.0 | 21.4 | 21.2 | 21.1 | 21.4 | 21.3 |
| h | 20.3 | 20.4 | 20.4 | 20.4 | 20.6 | 20.4 | 20.8 | 20.9 | 20.9 | 20.7 | 20.8 | 20.8 | 21.0 | 21.2 | 21.2 | 21.3 | 21.4 |
| i | 20.1 | 20.1 | 20.1 | 20.0 | 20.0 | 20.6 | 20.3 | 20.4 | 20.6 | 20.9 | 20.4 | 20.8 | 20.8 | 20.8 | 20.7 | 20.7 | 20.8 |
| j | 18.2 | 18.2 | 19.1 | 18.6 | 19.2 | 19.6 | 19.6 | 19.9 | 19.6 | 20.6 | 20.3 | 20.6 | 19.6 | 20.6 | 20.0 | 20.3 | 20.7 |

窗侧 ←→ 室内侧

**图5　2010年3月将单层玻璃换成真空玻璃的三鹰市政府办公楼**
单层玻璃只留了一块，设置了触摸真空玻璃和单层玻璃进行比较、体验的区域

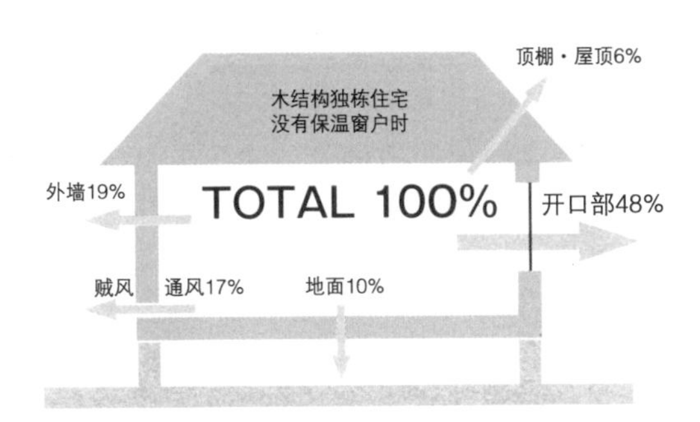


**图6　木结构住宅中，热潜逃部位和比例（冬天的情况下）**
1992年的新节能标准的情况下（东京）。出处：日本建材・住宅设备产业协会

## 发现2　窗周围的空气流动

### ■ 窗户的表面温度低，会产生冷风感现象

采用单层玻璃等热性能低的窗户，冬天表面温度就会低，在窗面空气被冷却。由于被冷却的空气比周围的空气温度低且重，形成下降，进而沿着地面流动。这个现象称冷风感。图4是将该冷风感现象进行可视化实验的结果。对窗下垂直安放的纸表面温度用辐射温度仪进行测试，对各温度用颜色区别。做这个实验时，尽管户外气温为16℃，较高，但冷风感现象还时有出现。

## 发现3　窗的热损失

### ■ 窗与墙、顶棚相比热更容易损失

图6表示了假设采用新节能标准（1992年标准）的住宅，其热损失部位和比例。得知跑漏热量（热损失）约一半是来自窗（开口部），窗是热最容易跑漏的部位。即如窗的保温性能差，使用冷暖气时能源的消耗量就大。办公楼等玻璃面积大的建筑热损失就会更大。

**☞ 玻璃窗是保温的薄弱环节。**

**单层玻璃窗热损失很大。特别是冬天，由于表面温度低的冷风感或冷辐射成为形成骤冷和结露的原因。有时从窗户潜逃的热达到建筑整体潜逃热损失的50%左右，窗的性能差能源消耗量就大。**

**了解改善和控制玻璃窗保温性能的薄弱点的方法，可以对节能或提高室内热环境发挥很大作用。探索舒适且能源消耗少的开口部设计。**

## ■ 玻璃、窗框要选择热性能好的产品

图7 是代表性的玻璃窗和保温内窗及木结构住宅外墙热传导的比较。与外墙相比，单层玻璃的热损失在10倍以上，中空玻璃因其种类不同，是5~9倍。真空玻璃、树脂窗框在3倍左右，另一方面，安装比玻璃廉价得多的保温窗框（酚醛泡沫保温材料20mm）的话，热传导系数低于1W/（㎡・k），接近木结构外墙标准值。图8表示窗玻璃及窗框性能和结露的关系。为防止结露，推荐选用木质或树脂窗框。

## ■ 通过附属物提高保温性能

玻璃窗内侧如安装填充保温材料的窗户，窗的室内侧表面温度就会接近室温，不会有因辐射造成的骤冷、冷风感。如图9、11所示，在安装折叠窗帘和保温内窗的情况下，比较室内的上下温度分布，保温内窗地面附近的气温上升，上下温差缩小，温热舒适度提高。

另一方面，纸隔扇只是1张薄纸，密闭性较差。窗帘或百叶窗也一样，特别是如长度较短，与地面之间产生缝隙时就会助长冷风感。使用套窗的话，由于户外空气从缝隙进入，套窗与玻璃之间接近户外温度，保温效果就会降低。

## ■ 设置空气循环型窗（Air Flow Window）

这是在办公楼等使用的方法，对削减空调能耗，提高舒适性有非常好的效果（图10）。详细参照89页。

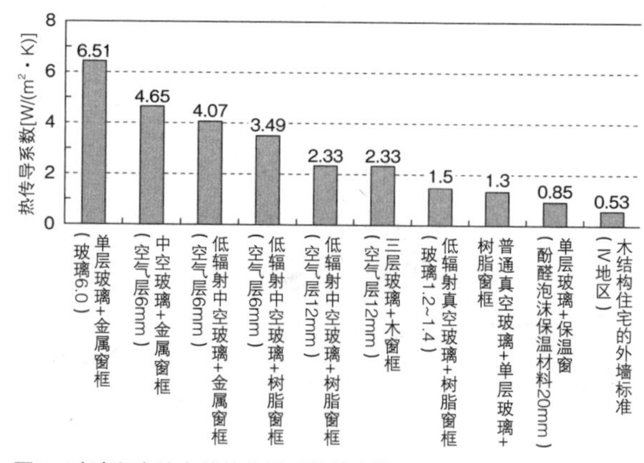


**图7　玻璃和窗结合的热传导系数的比较**
玻璃窗的性能因玻璃的层数、玻璃间的空气层、有无低辐射膜及窗框而不同（《住宅节能标准的解说 3版》[建筑环境・节能结构，2009年]及使用厂家产品目录手册值的计算值）

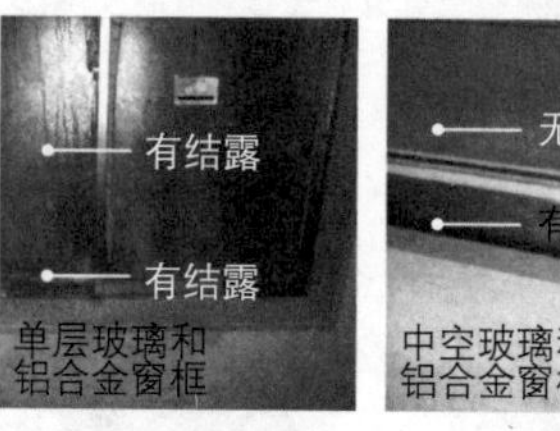


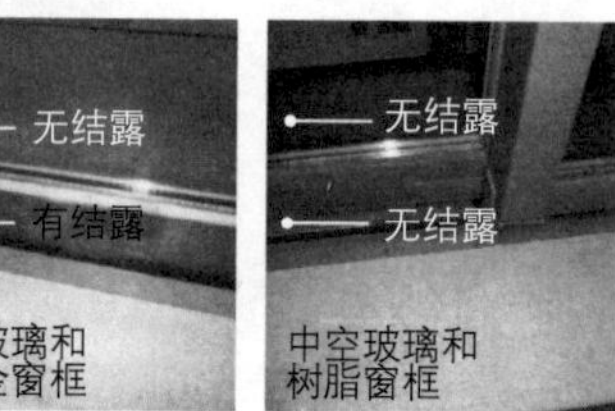


**图8　窗玻璃、窗框的种类和结露**
如保温性能不好，在冬天，玻璃表面或窗框被户外空气冷却到露点温度以下就开始结露。根据玻璃、窗框的性能其结露的方式也不同。结露是污垢或黑霉斑的温床，提高开口部的性能不仅能改善热环境，作为防止建筑老化的对策及确保人体健康也是十分重要的。（摄影地点：tostem公司的样板房 / 户外气温：10℃ / 室内温度：24℃ / 相对湿度：55%）

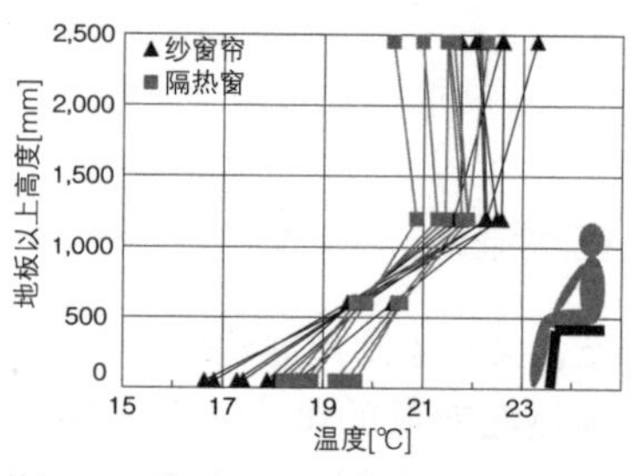


**图9　设置纱窗帘和保温内窗情况下的室内上下温度分布**
与纱窗帘相比较，在安装保温内窗的情况下，足下温度要高2℃，顶棚附近的温度要低1℃左右

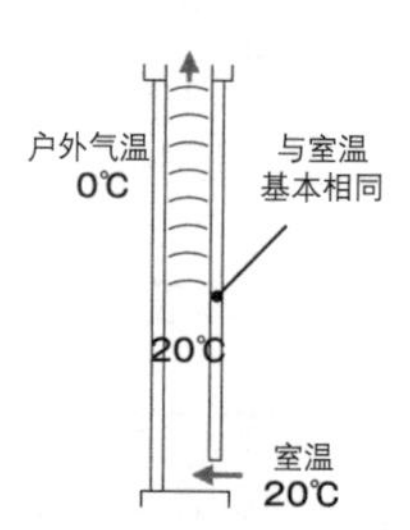


**图10　空气循环型窗的概念图**

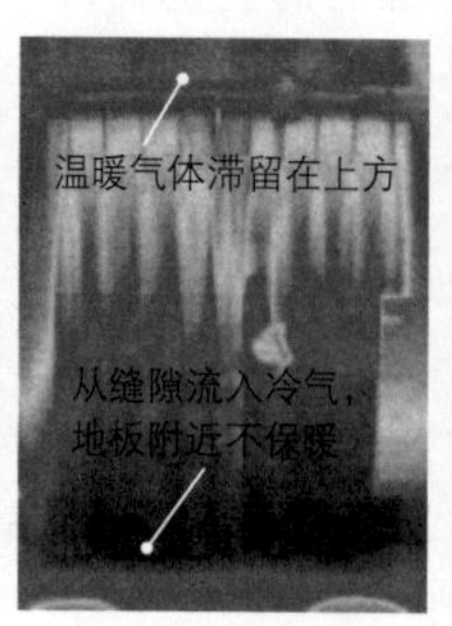

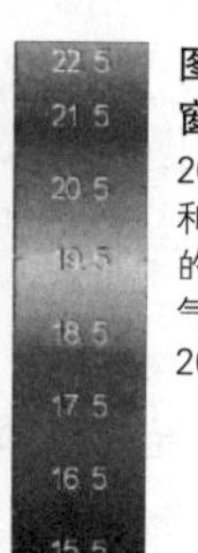


**图11　纱窗帘和保温内窗的热像图**
2009年2月7日（纱窗帘）和2月10日（保温内窗）的20时30分摄影（户外气温：约6℃ / 采暖设定：20℃）

## 营造1 双重窗

为提高已有单层玻璃窗的性能，不只是更换玻璃，安装双重窗具有良好的效果。在图12的实例中，在已有的单层玻璃、铝合金窗的内侧追加密闭性高的中空玻璃、木质窗框，双重窗户3层玻璃。其结果是热损失大幅下降，室内表面温度接近室温，不仅提高了舒适度，也实现了隔音性能的提高。

~居住者的反应~

"在窗的双重化基础上，外墙进行了全面的内保温，迄今令人烦恼的结露完全消失了，而且外部噪声也变小了，非常感激。"

图12 原有单层玻璃+铝合金窗框的内侧安装中空玻璃+木质窗的例子（"向岛的住宅" 设计：目白工作室 2006年）

## 营造2 保温内窗

要提高现有住宅开口部的性能，如图9、11那样使用填充酚醛泡沫等保温材料，设置保温内窗的话，价格低廉且效果好。保温内窗与套窗的使用方法相同，可使室内变暗。既可提高密闭性，也可防止结露、提高隔音性能。对新建建筑而言，如图13、14所示在提高开口部性能的同时，可将其作为设计要素之一采用。

图13 安装保温内窗的住宅
去掉保温材料，贴上日本纸后可以透光（"伊豆山之家" 设计：Urban Factory 藤江创，2008年）

~居住者的反应~

"冬天暖和很开心，冷风感没有了，脚底下及窗户周边也不冷了，比以前舒适了"（居住在安装保温内窗住宅的女性）。

"夏天采冷时也感觉效果很好"（安装了保温内窗的办公室使用者）。

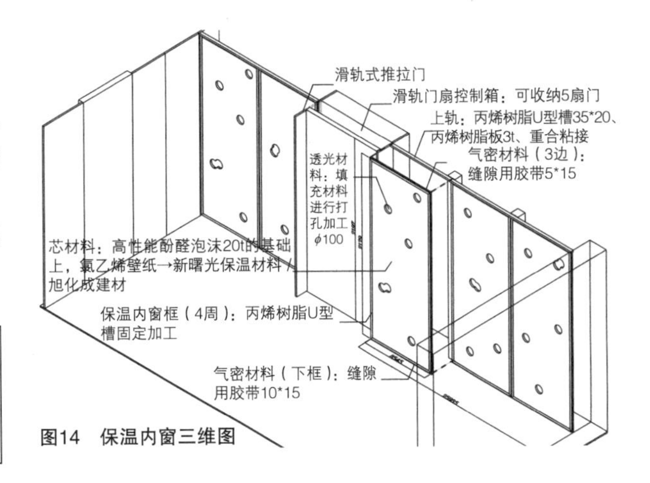


图14 保温内窗三维图

> **保温内窗，这里需要注意！**
>
> 在内侧使用中空玻璃等情况下，如直接接触直射日光，有使玻璃产生热破碎的可能。此外，关闭保温内窗时密闭性下降，有使结露恶化的可能，使用时应注意。

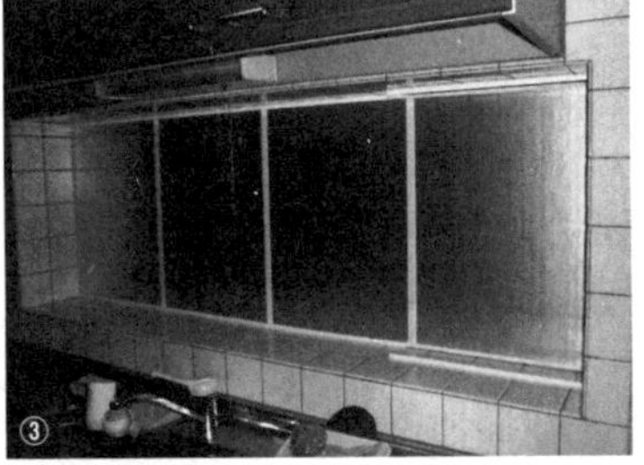
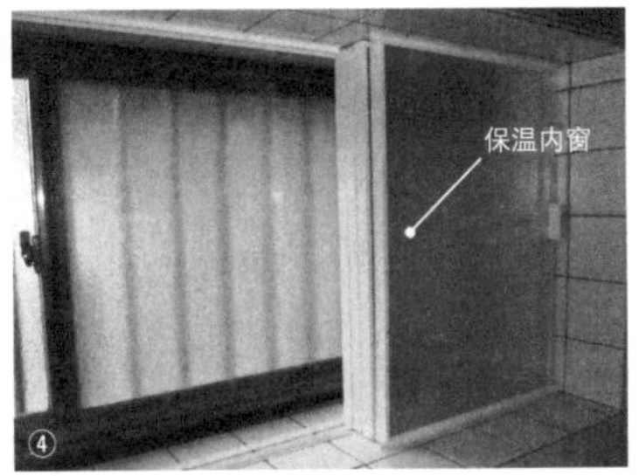


图15 既有窗的改造实例
①：保温内窗断面（将两表面贴铝板的酚醛泡沫保温材料塞入树脂框内）。②：保温内窗（垒砌式）的实例，左右导槽用尼龙搭链固定。上部1片如不放入，可确保一定程度的保温效果，还可以射入光线。③④：保温内窗"滑轨式"的例子，4扇门可重叠收纳

# 光的强与弱

来自太阳的自然光（日光）随着时间发生变化，其变化产生了光和影的推移。学习如何利用自然光的特点，营造与居住方式匹配的光环境。

**图1　使用日光照明的中学校舍改造实例**
校舍北侧设置的“光之道”（照片右下）不仅兼作走廊，而且作为授课、集会、学生的社交场所被利用。挑空部分的梁是原旧校舍时期的构件（“北海道寿都郡黑松内町立黑松内中学”设计：atelier-bnk.co.jp）

## 发现1　自然光是明亮的

### ■ 日光的照度是电灯光的200倍

白天，来自窗的自然光称“日光”，日光与几乎定量放光的电灯光不同，时刻都在变动。照度可以使用照度仪（121页）进行测定。室外的日光照度在阴天为10000勒克司（lx），晴天达100000lx，是灯光下室内照度（500lx左右）的200~2000倍。日光是强光，因此将大量的日光引入室内可能会诱发眩光，在夏天可能会产生过热*。但是日光可以说是实现生物气候设计的有效光资源。因此在采光中，应同时考虑使用遮蔽日照用的屏幕。

图1是将从校舍北侧的天窗进入的日光作为照明使用的中学实例。在这个校舍建设的地区，因夏天阴天多，所以采用天窗。

另一方面，也有夏季尽可能不引入日光，凉爽度日的古民宅的例子。这里不是用窗帘或门全部遮挡日光，而是适当引入日光，体现出伴随凉爽的明亮，通过光的弱化，获得照明和凉爽感（图2）。

*过热：指建筑内部热气滞留，使室温过度上升。

**图2　适当引入日光的夏季民宅（飞弹高山）**
为抑制大量的日光进入室内，使用竹帘进行调节，获取凉爽感

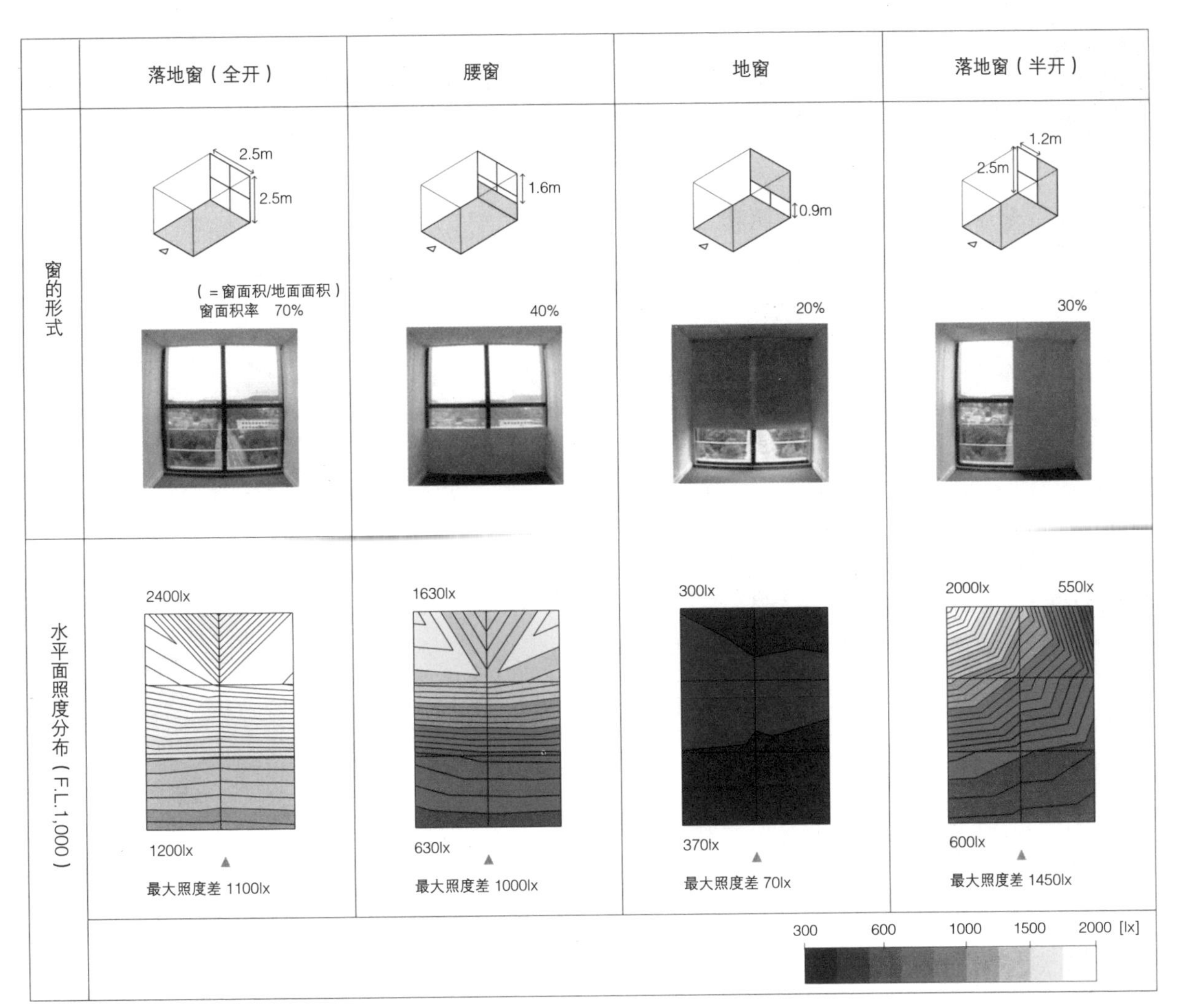


**图3 窗的形式和水平照度分布**

夏季晴天的上午面朝正东的实验室，从4种窗户进入的日光水平面照度（F.L1000）。墙、顶棚是白色的。水平面照度是在实验期间的累加平均。室内的家具摆放根据窗的形式有很大不同。（出处：宫川红子、齐藤雅也、那须圣“关于窗的形式对家具摆放影响的研究”《日本建筑学会大会学术讲演梗概集》E-1，2003年，1013~1014页）

## 发现2 窗和照度的关系

### ■ 依据窗的大小、位置，照度分布“光的斑”不同

窗的大小、位置不仅对室内的人来说是眺望，而且是决定光、热、空气、声音的进出、状态的要素。图3是基于4种窗的大小、位置的日光水平面的照度分布。日光的照度分布是不均匀分布的，时刻发生着变化。这与电灯光有着很大的差别。4种窗根据其大小、位置，其照度分布有很大差异。设置“落地窗（全开）”的室内水平面照度最大，其次是腰窗。窗面中央部位照度最大的是除直射光外还有顶棚和两侧的反射光。地窗整体上是低照度的，但坐在地上亮光才恰到好处。“落地窗（半开）”根据其形态形成照度分布。4种窗照度分布的不同，会对房间内人的明亮感、视觉舒适感带来很大影响，也是决定室内家具摆放的要素。

这样通过窗户的形态、季节或时刻的不同演绎着变化的光正是日光照明的魅力所在。但是如果窗的保温性能差，就会产生冷风感或过热，因此窗玻璃采用低辐射（low-E）玻璃等提高保温性，夏季使用外装置式百叶窗等结合适当的遮阳比较理想。

☞ **自然光（日光）具有变化的性质，作为室内照明可以进行充分利用。**

**要有效利用昼光的强弱，营造舒适的光环境，重要的是在考虑窗户采光方法的同时，也要考虑窗户的保温性能。**

**理解日光的特征以及居住者的生活与明亮感的关系，可以设计合适的光环境。营造不依靠自动控制系统，居住者可以自己调整，获得视觉的、温热快感的建筑。**

## ■ 在白天，普通的照明方法决定“明度”感。

利用日光照明的容许度因居住者白天的照明方法不同而不同。图4是受验者进入正在进行日光照明实验室（以下称日光室）时的明度感。如将白天引入日光度过时间长的“普通日光”群与点电灯度过时间长的“普通电灯”群分开，多数受验者感觉即使进入眼睛的光照度相同，“普通日光”群的明度感也比“普通电灯”群要亮。图5是刚进入日光室与入室3分钟后室内明度的容许度，得知在进行日光照明实验室中，“普通日光”群比“普通灯光”群的光环境容许度要大2倍。

生物气候建筑就是了解居住者对日光的感受，通过巧妙的设计得以实现。

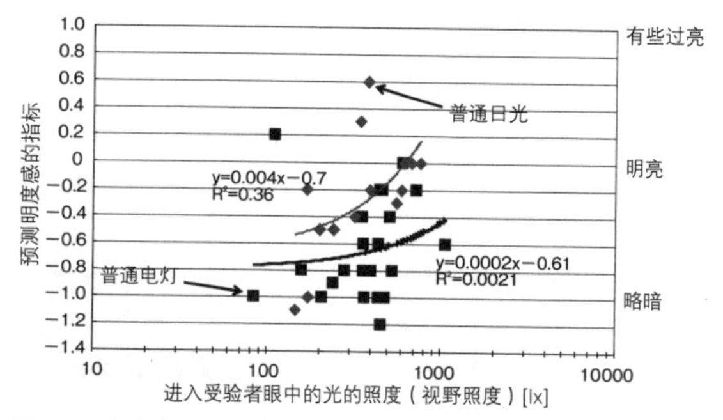


**图4　日光室中的明度感**

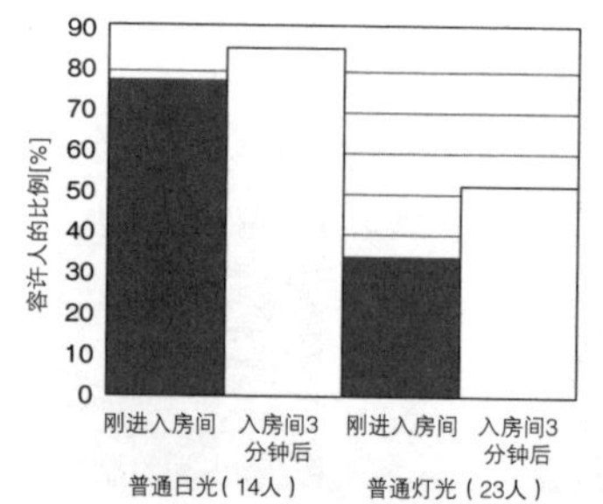


**图5　刚进入日光室及3分钟后的明度容许度**

图4、5的出处，齐藤雅也“关于人的温度感觉和环境调整行动的研究（之5：日光照明下人的明度感、温冷感和明度感的调整行动”《日本建筑学会大会学术讲演梗概集》D-2，2010年，33~34页）

## 营造 1　多面采光：两面采光

图6 是在图1（54页）介绍的中学教室内的场景。从教室的南北两侧向室内引入日光。在教室里，白天几乎不使用日光灯。强直射光从南面进入室内，眩光被百叶窗帘遮挡的同时，被顶棚面反射，从北面进入的天空光（18页）较弱且稳定。

百叶窗与窗帘不同，不仅遮挡日光，而且可以改变进入室内光的角度，使其朝顶棚照射。因此，教室内的学生适当调整百叶窗的角度，就可以感受时刻变化着的日光的强弱，使室内整体得到合适的明度。

**图6　南北两面采光的教室内部**

教室不开日光灯也完全可以确保授课时的明度。（北海道寿都郡黑松内町立黑松内中学）

## 营造 2　利用反射光：地窗

如传统建筑的茶室那样，有将地面反射光引入室内的地窗。图7是札幌市某设有地窗的住宅。根据窗面的方位，直射光进入的时间带如照片，窗户的光均衡地照射整个室内。另外，如图3（55页）的“地窗”所示，在直射光不射入的时间带，扩散光集中在房间中央，形成微亮的空间。冬季积雪时，从雪面反射的光很强，进入地窗的光比夏天还强。

**图7　有地窗的住宅**

地窗的光均匀地照射室内（“界川之家”设计：川人洋志　2001年）

## 营造3 巧妙设计屋檐的形状：反射架

如直接从窗接收来自太阳的自然光，窗边和室内深处的照度差就大，成为“均匀度”差的光环境。在办公室或学校等作业性高的用途建筑中，采用称为“反射架”的手法是比较有效的（图8~10）。（Light shelf）直译是“光架”，就是让来自天上的直射光和天空光照射在窗内侧的光架（物体）上面，反射的光通过顶棚形成再反射照亮室内的方法。在窗边发挥屋檐的作用，将柔和的光引入室内深处，可以提高光的均匀度。冬季太阳高度角低，直射光可以从光架下面的窗户进入。这时有必要考虑利用卷帘进行直射光的扩散等，包括居住者行为方面的设计。

## 营造4 由居住者自行调节：可动百叶窗

为有效利用日光作为室内照明，居住者主动的环境调整是必不可少的。近年采用日光照明系统的建筑在增加，但大部分是通过传感器读取室内外的照度，使百叶窗自动开闭。自动控制不仅前期投入大，有时其运行与居住者意愿相反，给居住者带来不快感。其解决实例中有德国柏林某办公楼的外立面（图11）。在双层表皮内部有日照遮蔽用的竖向百叶窗，使用者可以按自己的愿意进行开闭。这种百叶窗不仅可以调节采光，也可以通过其内侧双层表皮的烟囱效应兼有排放热气的作用（图12）。

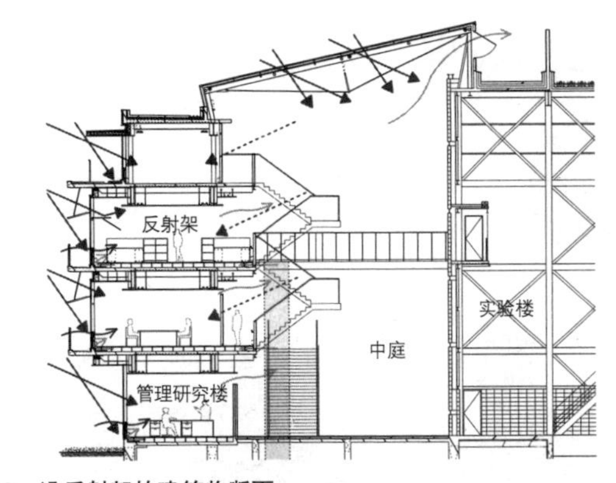


**图8 设反射架的建筑物断面**
（“北海道立北方建筑综合研究所”设计：工作室BUNKU，2002年）

**图9（左）有反射架的室内**
与双面采光并用的室内，不点灯也可以确保充分的明亮。在太阳高度降低的傍晚或冬季，使用者放下室内反射架下部的卷帘，可以很好地调整亮度。
**图10（下）南侧窗面的反射架**
反射架的外侧发挥屋檐的作用

**图11 使用者可自行调整的可动百叶窗**
面朝西侧的双层表皮内部有遮蔽日照用的竖向百叶窗。使用者可自由调整光和热的大小（“GSW总公司大楼”设计：Sauerbruch Hutton德国柏林）

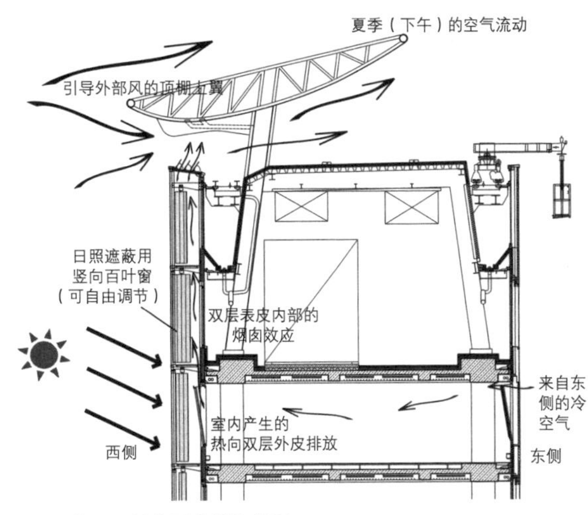


**图12 “GSW总公司大楼”断面**
双层表皮的顶部架设了模仿飞机机翼的屋顶。机翼将外部风引入双层表皮内，在机翼后方进行强力排气，增加了双层表皮顶棚的风速。双层表皮内部的烟囱效应，比没有机翼的上升气流的速度更快

# 遮阳的效果

夏天凉爽的住所。其第一步从安装遮阳装置开始。
这里介绍实感遮阳效果的实验方法，遮阳的设置方法及素材、实例。

**图1　使用塑料瓶确认遮阳效果**
把灯泡比作太阳，塑料瓶比作住宅，准备条件不同的塑料瓶，确认瓶内部温度变化的实验场景。各组确定记录员、操表员、温度测定员、灯泡管理员开始实验。事先预测温度变化十分重要

## 发现1　遮阳的效果

### ■ 遮阳控制室内温度的上升

通过采用遮阳装置遮挡日照，可以控制室内温度的上升。普通的遮阳，有窗帘等室内遮挡日照的装置；此外，还有日本自古使用的竹帘，挂在窗外遮挡日照的装置。

为发现上述两种遮阳效果的不同，使用塑料瓶制作遮阳的模型，进行测定温度的实验（图1）。根据结果得知，在窗的内侧设置遮阳与在外侧设置遮阳效果是不同的（图2）。

为降低空调制冷的能源消耗量，进一步提高室内环境的舒适性，需要理解遮阳的不同效果，以及遮蔽日照的适当方法。

**【实验】使用塑料瓶**
**确认不同的遮阳种类所产生的效果**
（东海大学高桥达准教授设计）

■ 准备的物品
350ml塑料瓶3个，竹帘、毛毡、纸、棒形温度计3根，橡胶盖3个，以及测定记录用纸、灯泡、插座、秒表。

■ 步骤1
用毛毡缠裹塑料瓶，看上去就像做了保温的住宅。制作3个模仿的样品①没有遮阳②在窗的内侧安装遮阳③在窗的外侧安装遮阳。

※用毛毡作为保温材料缠裹塑料瓶

■ 步骤2
以视为太阳的灯泡为中心，将3个塑料瓶等间距摆放，点亮灯泡，每3分钟测定一次，记录温度的变化。

■ 步骤3
从开始经过15分钟后关掉灯泡，每3分钟测定一次温度，30分钟后测定结束。将测定温度制成图表。

## 发现2 根据遮阳的设置地点其效果不同

### ■ 与内设的遮阳相比，外设的遮阳更凉爽。

根据塑料瓶的实验结果（图2），与内设的遮阳相比，外设的遮阳更能够控制温度的上升。同样的现象是否在实际的建筑环境中发生呢，只要通过热像装置确认测定结果（图3），就可得知与内设的遮阳相比，外设的遮阳温度更低。

在室内遮蔽日照，日照热就会被遮阳设备吸收，其热在室内散发，室内温度上升。而在室外设置百叶窗，将日照遮挡在室外，因被百叶窗吸收的热不能进入室内，与内设遮阳相比效果更好。为充分发掘外设遮阳的效果，在外设遮阳和窗之间留出一定的间隙，使遮阳中存储的热传递不到窗。

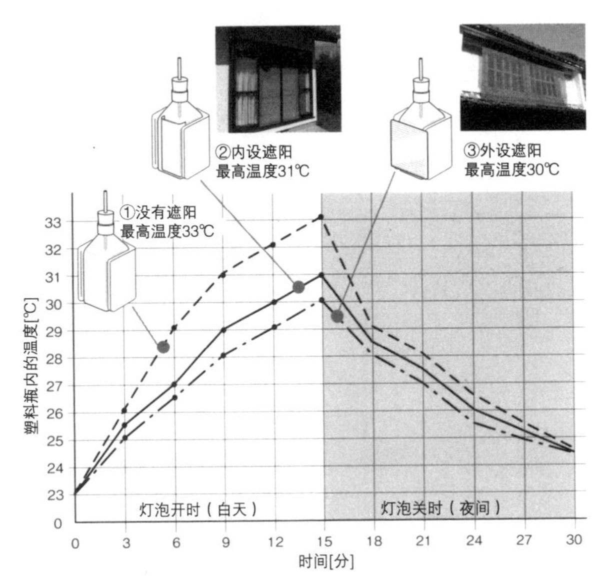


图2 塑料瓶实验（图1）测定结果

窗外看起来好像挂了帘子的③的温度上升不多。在内侧放入类似窗帘的纸遮阳②比外设遮阳的③温度要高，因为内侧的纸遮阳被烤热了，由于其热进入了室内，受其影响，温度上升

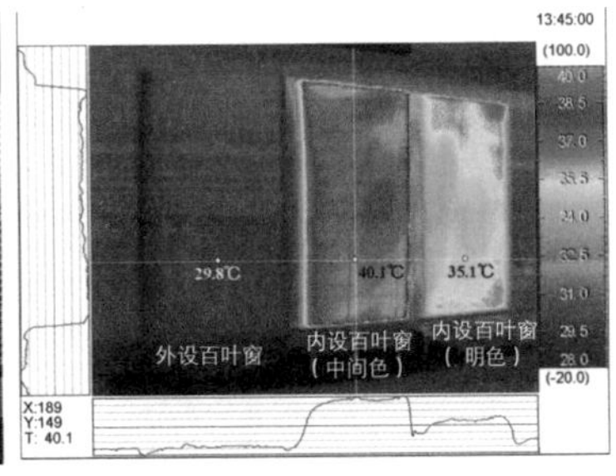


图3 开口部的3种遮阳（左）及热像图（右）

（实测评价：东京理科大学井上隆研究室）

## 发现3 遮阳的种类和组合的效果

### ■ 玻璃和遮阳的组合可以获得凉爽

有遮蔽日照性能的遮热型低辐射（Low-E）玻璃或在已有的玻璃面上贴热线反射膜效果都很好（图4）。所谓Low-E玻璃是因为在玻璃表面贴了作为热源能反射远红外线的特殊金属膜。

这种玻璃虽可以遮蔽热，但由于日光进入室内，必须调整眩光。这样的注意是必要的，通过对构成开口部周围的外设遮阳或玻璃、内设遮阳的组合，提高控制日照遮蔽量，抑制室内温度的上升，就能降低制冷空调的能源消耗量和提高室内环境的舒适度。

★

**安装外设遮阳室内会暗吗?**

遮阳往往被认为房间会变得黑暗，但实际上很多情况下照度是可以得到保证的，关于照度可参照18页。

**夏天可以用遮阳，冬天怎么办?**

难以抵御热的开口部，要综合考虑夏天可遮挡日照，冬天可防寒的方法（50页）。

**如何才能更为自然凉爽?**

种植苦瓜等植物遮阳是利用植物的繁殖特性的遮阳。其特点是具有蒸发冷却效果（62页）。

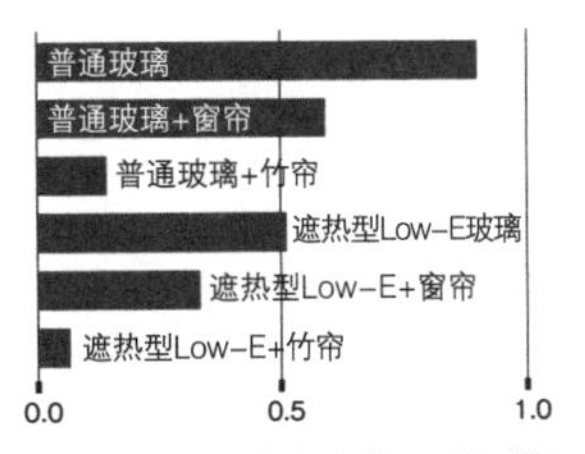


图4 通过玻璃的种类和遮阳的组合进行日照系数的比较

（出处：国土交通省国土技术政策综合研究所・独立行政法人建筑研究所监修《自立循环型住宅的设计导则》建筑环境、节能机构，2005年）

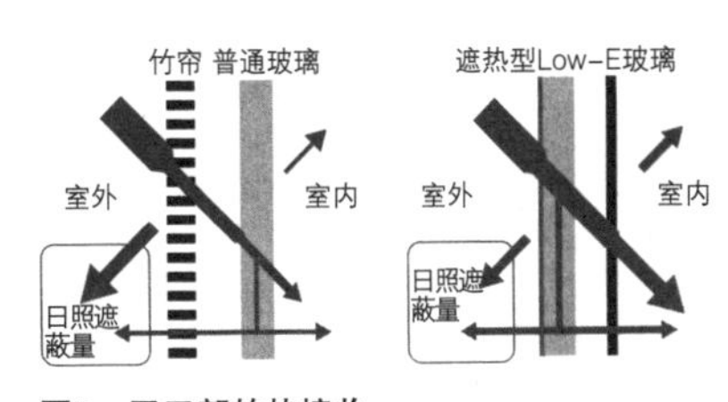


图5 开口部的热接收

### ☞ 日本传统的遮掩"竹帘"是凉爽度过夏天的有效装置。

**把遮阳安装在室内，吸收的太阳热，在室内放热，使得室内的温度升高，而如果把遮阳安装在室外，太阳热难以进入室内，防止了室温上升，在消减空调制冷能源消耗上效果显著。**

**理解太阳的日照角度和窗的位置，选择适当的遮阳就可以提高室内环境。在解读居住者生活方式的基础上选定遮阳方式，并根据日照时间带进行开闭，可以进一步提高舒适性。**

## ■ 日照遮蔽材料的形状和方位

源于日照开口部的受热量，因方位或季节而不同（20页）。为使开口部的外侧有效地遮蔽日照，重要的是根据太阳高度或方位角、纬度、方位，按季节读取日照的进入方向和角度，根据日照的遮蔽构件的大小或角度、开口部的设置方位决定相应的形状非常重要（图6）。

此外，如果安装可以开闭的遮阳，就可根据1天时间带的日照变化，调整光和热、风量，营造舒适的室内环境。

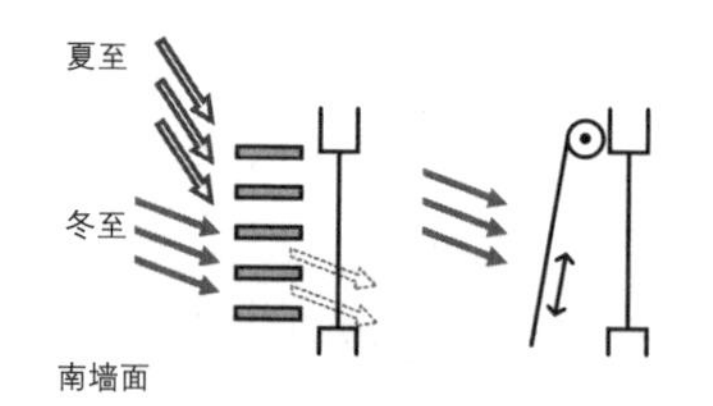


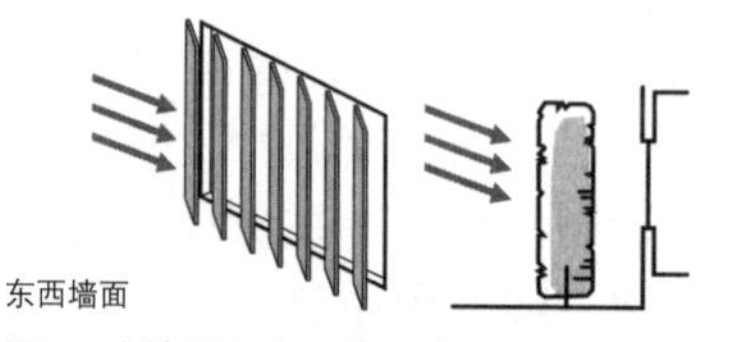


**图6　南墙面和东西墙面的日照射入角度**

## ■ 日照遮蔽的设计和居住方式

遮阳有作为建筑要素被设计的（屋檐、门窗、玻璃），以及居住者在入住后附加的东西（竹帘、植物遮阳）（表2）。在选定时要考虑基地的条件、安装成本和居住者的生活方式以及环境调整能力。

夏天有效利用遮阳的凉爽的居住方式（表1）。观察户外气温和室温，调节日照遮蔽和通风，引入夜间冷却等方法，对居住者进行居住环境教育也很必要。

**表1　有效利用遮阳“夏季居住方式”**

通过遮阳或窗的调节，遮蔽日照，引入夜间冷气的生活方式

| 时间带<br>部位 | 夜 | 白天 | 早晚 |
|---|---|---|---|
| 遮阳 | — | 有 | 有 |
| 窗 | 开 | 闭 | 开 |
| 室内 | 蓄冷 | 遮蔽阳光<br>利用凉气 | 遮蔽阳光<br>引入凉气 |

**表2　考虑部位、设置时间、生活方式的遮阳设计手法**

屋檐、门窗、玻璃

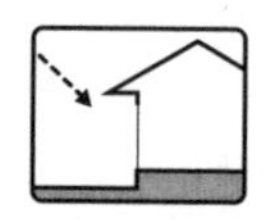

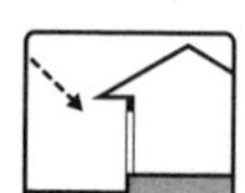

- 设计时作为建筑要素之一进行设计
- 在考虑利用者的特点、设施特点的基础上，综合考量维护管理方法。

竹帘、植物遮阳

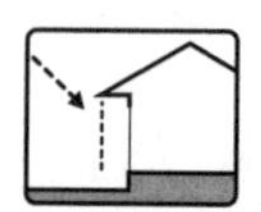

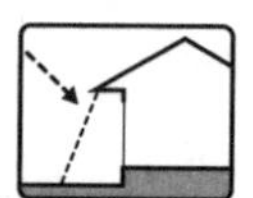

- 竣工后由居住者安装
- 设想好后安装，在进行安装挂钩或导轨设计时进行事前磋商。

● **屋檐**
在设计阶段需要考虑屋檐的挑出幅度。有后置的屋檐、遮阳棚等产品。

● **日照调整膜**
贴在玻璃上，可控制太阳能的流入量，降低制冷负荷。对提高原有窗性能效果也很好。但由于太阳光的射入，需要另行考虑防眩光的方法。

● **遮蔽型低辐射（Low-E）玻璃**
如成本容许，使用该产品可获得良好的效果。可考虑采用限定在日照遮蔽设计难以实施的地方或优先考虑眺望的地方。

● **日照遮蔽套窗、格子**
为获取夏季的夜间凉气，可选用带可动式百叶窗帘的环保型套窗产品。结合获取夏季夜间凉气考虑更为有效。

● **外设百叶窗**
有与竹帘相同的良好效果。能经受台风等日本环境的产品。需要考虑开口部宽度。

● **竹帘**
是日本传统的遮阳产品之一，其效果很好。夏季安装在窗前。可以安装在窗框上。竹帘吊挂用的五金件在市面上可以购置。

● **寒冷纱**
农业用的寒冷纱为白色的产品，单价便宜，材料自身柔软，容易安装。可像窗帘那样安装，也可以先固定在木棍上，再树立起来。

● **植物遮阳**
荔枝是有代表性的，夏季的浇水容易成为问题，因此建议采用灌水管或增加覆土提高保水力的方法。根据窗户的高度，也可以采用芦粟。

● **树木、篱笆墙**
南面使用落叶树，东西面使用常青的篱笆墙效果较好，树木及篱笆墙的生长高度要事先考虑好。

## 营造1 旋转式外置遮阳

为了耐久性和应对台风，在日本难以普及室外可动式遮阳。本案例中使用砖窑烧制的釉面砖现成品及使用网球网用的卷扬机制成（图7、8）。考虑市中心的狭窄条件，在控制周围视线的同时，将光和风引入室内，又可作为遮蔽调整夏季日照的建筑外皮而设计。

**~设计者的反响~**

“居住者要根据四季太阳的位置，人工调整遮阳角度。自古以来，住宅就不是完备的容器，而是在居住者日常参与下才有效的装置。在自然的营生上，居住者参加居住环境的整治，体验时光的推移作为信念。这个装置借助人体的动作向越发单纯的结构进化。”

## 营造2 根据太阳高度分别使用遮阳

擅长自己动手的环境工学者的工作室开口部案例（图9）。为遮蔽夏季的日照，开口部的外侧设置遮阳架，用木香蔷薇遮盖开口部，形成植物遮阳。为遮蔽太阳高度降低后的西晒，使用横拉式的遮阳窗。为获得花园的眺望使用大的FIX窗，同时结合太阳的高度巧妙使用遮阳。开口部或遮阳架、遮阳窗由居住者在解读环境的同时，自己动手进行制作。

## 营造3 成为采暖热源的遮阳

在案例（图10）中，对现有小学校舍进行生态改造时，为获取教室的采暖热源，兼用太阳能集热（水式）板作为开口部的遮阳檐。

太阳能集热板一般多安装在屋顶上，这里安装在教室南侧的抗震加固墙上。集热板可以兼做教室的遮阳檐，这样屋面可以得到有效利用。此外，由于学生经常看到，这也是进行遮阳效果及太阳能利用等知识的有效环境教育。

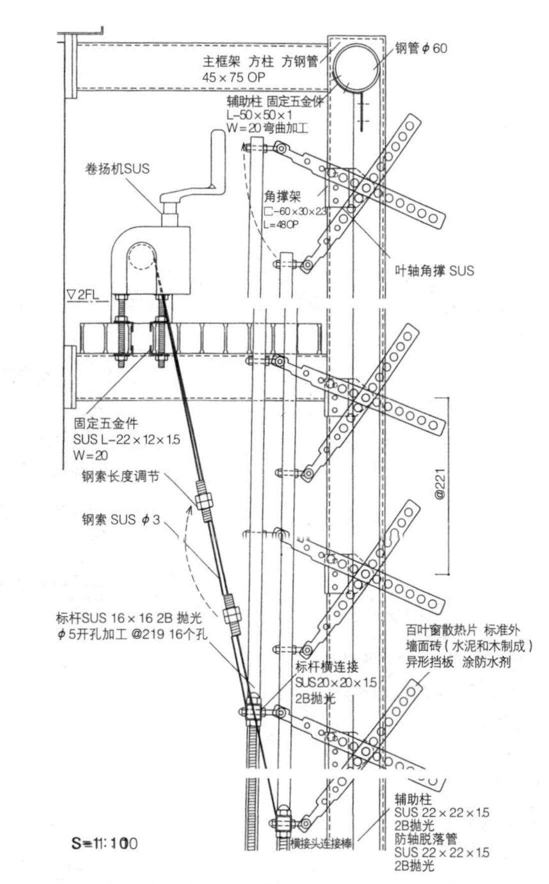


**图7 （左）旋转式外置遮阳环绕的住宅**

遮阳用连接杆移动（“1:100HOUSE” 设计：野田俊太郎，1999年）

**图8 （上）遮阳部断面细部**

（出处：《细部detail》174号，2007年）

**图9 根据季节对遮阳的区别使用**

右：夏天用植物遮阳遮蔽日照。左：西晒时用推拉遮阳窗遮阳（标准是隔热材料和聚碳酸酯板）。窗是木制窗框中空玻璃，外加玻璃由住户自行安装，作为3层中空玻璃使用（制作：林基哉）

**图10 既有小学校的生态型改造实例**

太阳能集热板兼遮阳檐（“群马县太田市中央小学” 设计：中村勉综合规划事务所，2010年）

# 水蒸发制造的凉爽

如房屋的隔热做得充分的话，通过水蒸发冷却作用，可以营造比周围温度低的部位。理解利用水蒸发冷却作用，使空气凉爽的方法。

**图1　植物遮阳和墙面绿化的表面温度**

上：阳台安装的竹帘和植物遮阳（苦瓜）的红外线摄像的热像图。相对竹帘表面温度36℃，苦瓜叶的表面温度仅为30℃（所在地东京都练马区 / 时间：2007年7月28日10:54 / 屋面室外气温32.5℃ / 测定：东海大学高桥研究室）。下：墙面绿化后的集合住宅"经营之杜"的红外线摄像的测定案例（所在地：东京都世田谷区 / 时间：2007年8月1日10:40 / 屋面室外气温30℃ / 测定：东海大学高桥研究室+TEAMNET公司 / 设计：巴设计工房 策划：TEAMNET公司，2000年）

## 发现1 蒸发冷却

### ■ 水蒸发时，其蒸发面的温度会下降

同样，比较一下安装在向阳处的竹帘和植物遮阳（苦瓜）的表面温度，植物遮阳约低6度（图1上）。由于植物在光合作用的过程中，吸收了土壤中的水分，使叶子背面形成蒸腾，汽化热被叶子吸收，这样就可以使叶子表面的温度比周围的气温低。另一方面，不具备水蒸发冷却功能的竹帘和卷帘，在吸收日照后温度升高，因此其表面温度不会降至植物遮阳那样低。

## 发现2 遮热与蒸发冷却的关系

### ■ 遮热是蒸发冷却的必要条件

通过观察用红外线辐射拍摄的有墙面绿化的集合住宅的热像图（图1下），得知在向阳处，植物表面温度由于吸收了日照热，上升到35℃。由于植物进行蒸腾，层叠叶群中最外侧的叶子吸收热量最大，叶子的表面温度并没有下降到屋面的室外气温（30℃）。越接近叶群的内侧层其遮热性越高（透过日照量衰减），建筑一侧的叶子表面温度就越低。

要通过蒸发冷却降低蒸发面的温度，需要遮蔽日照。

**图2　集合住宅“风之杜”的外观（左）和红外线摄像的热像图（右）**
（地点：东京都世田谷区 / 时间：2007年7月28日10:54 / 屋面室外气温：32℃ / 设计：HAN环境・建筑设计事务所 / 策划：TEAM NET公司，2006年）

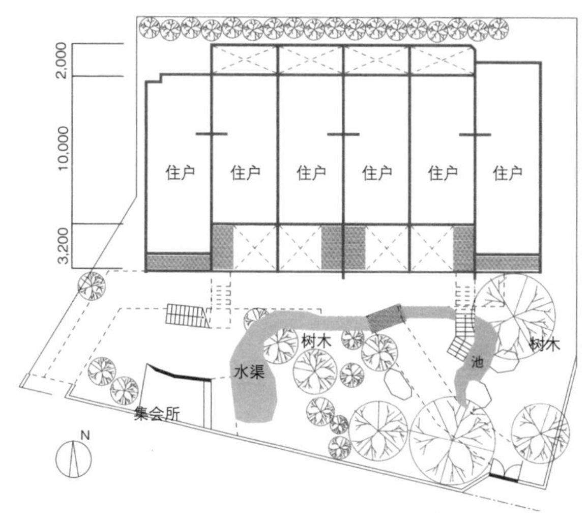


**图3　“风之杜”平面**

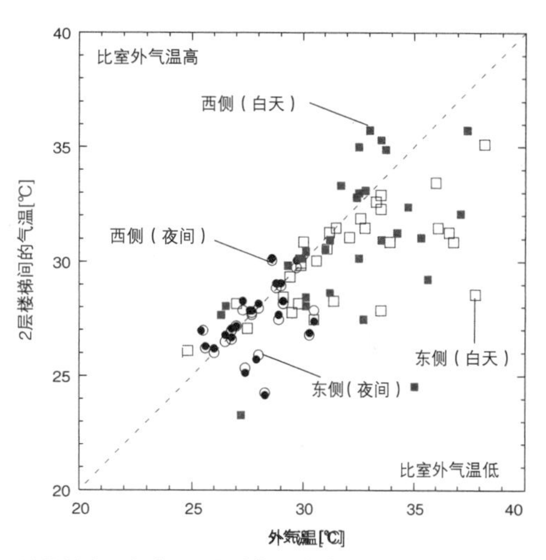


**图4　植物的有无与房屋周围空气温度的关系**
（图2、4测定：东海大学高桥研究室+TEAM NET公司）

## 发现3 植物的蒸发冷却效果

**■ 如在房屋的临近空间进行种植，可以抑制周围气温和地上物表面温度的上升。**

图3的集合住宅中，将被植物覆盖的东侧楼梯和没有被植物覆盖的西侧楼梯的气温和屋面的室外气温进行比较（图4），可以了解到没有被植物覆盖的西侧楼梯的气温无论白天、黑夜都比测定的屋面室外气温高。而被植物覆盖的东侧楼梯的气温无论白天、黑夜都比测定的屋面室外气温低。在绿荫下的东侧楼梯气温比屋面的室外气温低的原因不仅是树木对日照的遮挡，另外，叶群的蒸发冷却也是叶子、地面、外墙等变冷的原因。

由于蒸发冷却形成低温部，与此接触的空气也变成了低温，从而使室外空气保持在较低的温度上。房屋的临近外侧可以通过树木等创造蒸发冷却面。通风时，可以使引入室内的室外气温保持比较低的温度。另外，由于那些地上物和植物的表面温度下降，对外墙或窗的热辐射（再辐射）量减少，可以期待对室内热环境有很大的调整。

**☞ 通过水的蒸发冷却，可以营造比周围温度低的凉爽面。**

**通过接触这样的凉爽面，周围的空气也被冷却。重要的是要利用蒸发冷却产生的凉度，对日照热进行遮蔽。**

**利用蒸发冷却可以营造低温部位。**
**理解有效营造蒸发冷却面，在建筑内外创造夏季凉爽的方法。**

## ■ 相对湿度越低，蒸发水量越多，蒸发面的温度就越低。

若将空气的任意温湿度附在空气线图上，就可以解读湿球温度和露点温度（66页）等。湿球温度是进行充分通风时的蒸发面温度，意味着蒸发表面温度下降时的下限值。比如，室外气温（干球温度）为33℃，相对湿度为60%时，湿球温度为23.8℃，当相对湿度为50%时，降到22℃，相对湿度为40%时降到19.7℃。

由于湿度越低，湿球温度、蒸发面温度就越低，因此设计时应考虑蒸发面附近的充分通风，快速排除蒸发引起的水蒸气。

## ■ 湿面的去除热量是平均40W/m²，最大100W/m²（背阴处）

图6表示东京的室外气温、湿度、湿球温度及背阴处通过蒸发面蒸发的去除热量。使用的气象数据据说是110多年一遇的酷暑2010年的数据。设定去除热量是用湿面的综合热转换系数9W/㎡・K，再乘以室外气温和湿球温度的差进行验算的。

通过蒸发的去除热量在10~101W/㎡之间变化，该期间的平均值为41.5 W/㎡。比如，当中庭部分等有背阴处湿面时，那里平均近40W/㎡的热将被随时清除。即可以去除相当于平均每个人体所放的热约3㎡的热量。

另外，通过蒸发的去除热量以9月1日13时为最大。此时室外气温为34.6℃，相对湿度35%，湿球温度22.6℃。由于相对湿度低，湿球温度比室外气温也低12℃，即由于蒸发面温度（湿球温度）和周围空气温度（室外气温）差变大，去除热量也变大。

为利用去除热量数为10 W/㎡的蒸发冷却面的特性，有必要尽可能扩大其面积。比如可以在町屋（商住房）的窄院可以说是争取水池或土壤、种植等蒸发面的举措。

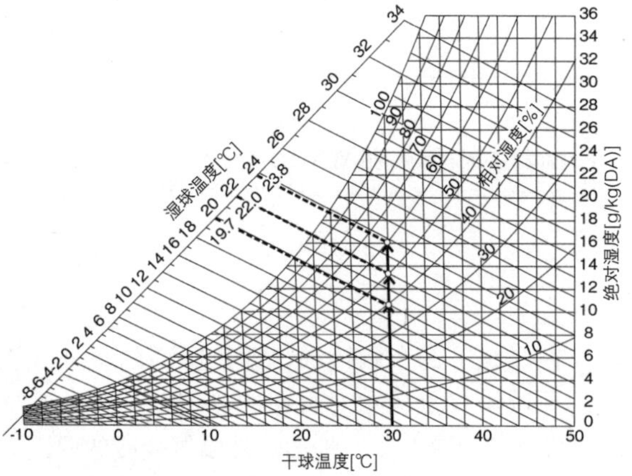

**图5　空气线图和湿球温度**
当室外气温为30℃，相对湿度为60%时，湿球温度为23.8℃，相对湿度降到50%为22.0℃，40%为19.7℃。湿度越低，蒸发面的温度就越低

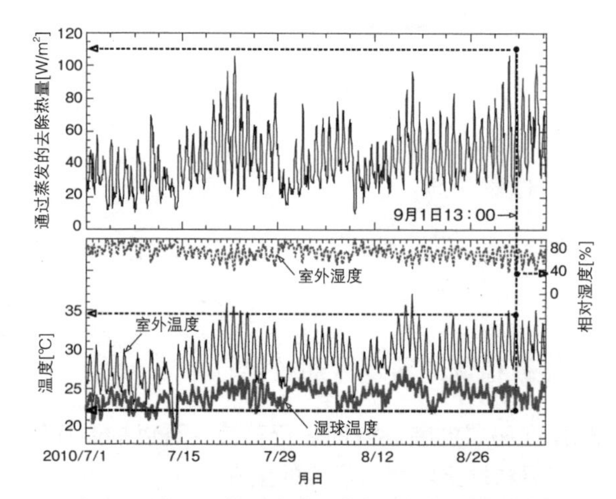


**图6　室外温湿度、湿球温度与背阴蒸发面的去除热量的关系**
通过蒸发的去除热量在10~101W/m²之间变化，通过蒸发的去除热量9月1日13时室外气温为34.6℃，相对湿度为35%，湿球温度为22.6℃。由于相对湿度低，湿球温度比室外气温低了12℃，当蒸发面温度（湿球温度）和周围空气温度（室外气温）差变大时，去除热量也达到最大

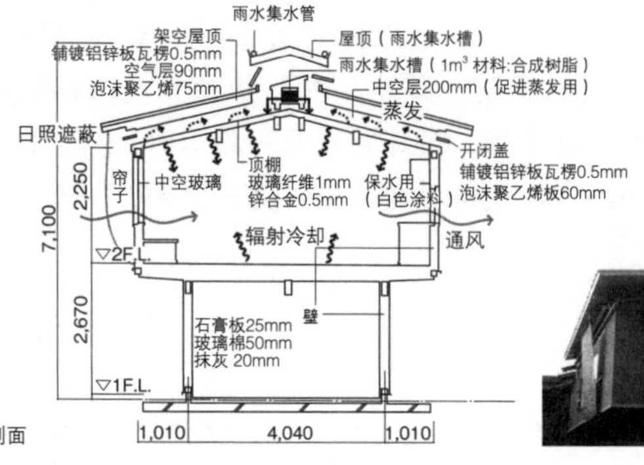

剖面 　　外观

**图7　引入双层屋面制冷系统的住宅（凉之家）**
在双层屋面进行隔热，用金属顶棚内面，持续地进行雨水的蒸发冷却，将顶棚辐射冷却与通风、日照遮蔽结合起来。（所在：东京都小金井市/设计：黑岩哲彦/凉房设计：高桥达+黑岩哲彦，1999年）

## 营造1 向双层屋顶的顶棚背面洒水

图7、8是在整体遮热的基础上，利用蒸发冷却进行顶棚辐射冷却的案例。将屋顶做成双重结构，下侧屋顶（顶棚）为依靠蒸发进行降温的大金属板，因此顶棚背面喷洒的雨水蒸发时，顶棚的表面温度比室内空气温度低几度，顶棚作为辐射冷却板发挥作用。顶棚背面发生的水蒸气通过中空层的自然通风被排出。

~居住者的反应~

"在双层屋顶的房间感到肩膀以上凉爽。""以前烹饪产生热时或完全没有风时不使用电风扇是很热的"（住在"凉之家"的妇女）

**图8 单层屋顶室内（上）和双层屋顶室内（下）的红外线热像图**

在单层屋顶的房间，顶棚与室外气温相同程度的温暖，而双层屋面的房间，通过顶棚背面的蒸发冷却，顶棚表面温度比室内空气温度低4~5℃（时间：2010年8月20日14:00 / 室外气温：31℃ / 测定：高桥达）

## 营造2 采用冷却塔主体的辐射冷却

冷却塔是用泵向塔内洒水的一部分，通过风扇吹入的室外气流进行蒸发的同时，对没能完全蒸发而落下的残余洒水进行冷却的装置，一般用于冷温水发生机的冷却。如能控制侵入冷却塔的热，就可以提供达到湿球温度的被冷却的冷水。

图9、10是在冷却塔中，用冷却到湿球温度程度的雨水来冷却蓄热槽内的冷水，该冷水流入顶棚、地面，进行辐射冷却在住宅中的尝试。在确保通风的情况下，利用百叶窗遮蔽日照，实现通过顶棚和地面的辐射冷却。

由于湿球温度比露点温度高，如室内的水蒸气发生量小，使用冷却塔的辐射冷却不会发生结露。

相对于风扇，空调用室外机进行热排放，采用冷却塔或双层屋面采冷系统的被动式冷却，由于排放的是水蒸气和潜热，所以不会助长热岛现象。

使用冷却塔进行辐射冷却方式是针对方案设计者兼业主"虽不喜欢采用空调制冷，但仅用被动式手法，热起来也受不了"，"不想引进结露容许型辐射制冷系统那样的大型机械设备"的诉求作出的回应。在设计中如采用主体辐射冷却时，重要的注意事项是防止由于混凝土等蓄冷造成主体表面结露。但是如果发生蒸发的空间和有辐射冷却面的室内空间的绝对湿度相等，就不必考虑结露的发生。相反，因去除热量小，需要大的辐射冷却面积。

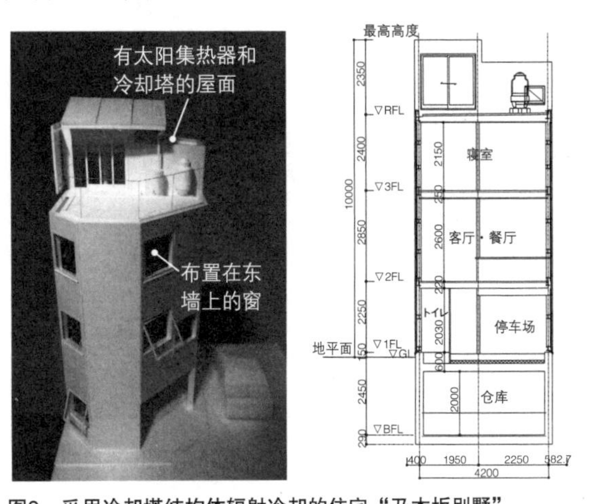


**图9 采用冷却塔结构体辐射冷却的住宅"乃木坂别墅"**

（装饰设计：岩冈龙夫、渡边 光 / 环境技术监修：高桥达 / 设备设计：ZO设计室，2011年）

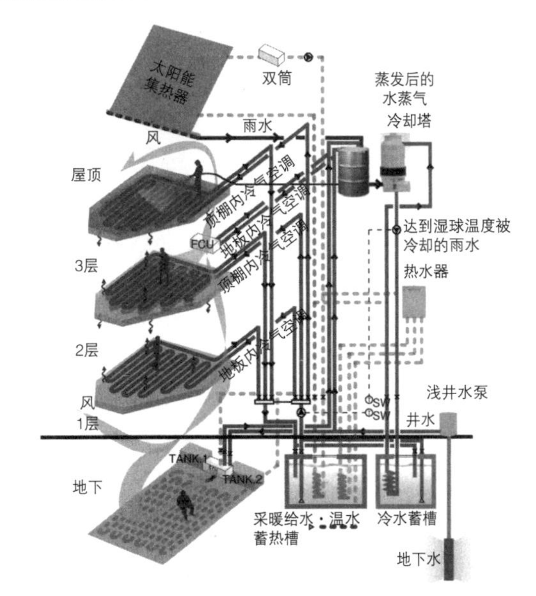


**图10 采用被冷却塔冷却后的雨水对顶棚、地面进行辐射冷却**

"乃木坂别墅"（图9）的屋面上设置太阳能集热板，收集的雨水储存在储水罐（水位不足时补充井水），通过冷却塔的蒸发冷却，达到冷却湿球温度之后供给埋设在各层地面或顶棚的管道，以便主体的辐射冷却。在地下1层高湿空气停滞，在3层屋顶会有高热负荷，在2层将井水作为冷源的风机盘管对室内空气进行冷却除湿。从太阳能集热板得到的温水用于热水和主体辐射采暖

# 空气中的水蒸气

空气中的水蒸气量（湿度）是影响人的温冷感及健康的重要因素。
了解水蒸气产生的场所和原因，掌握防止结露、保持适当湿度的方法。

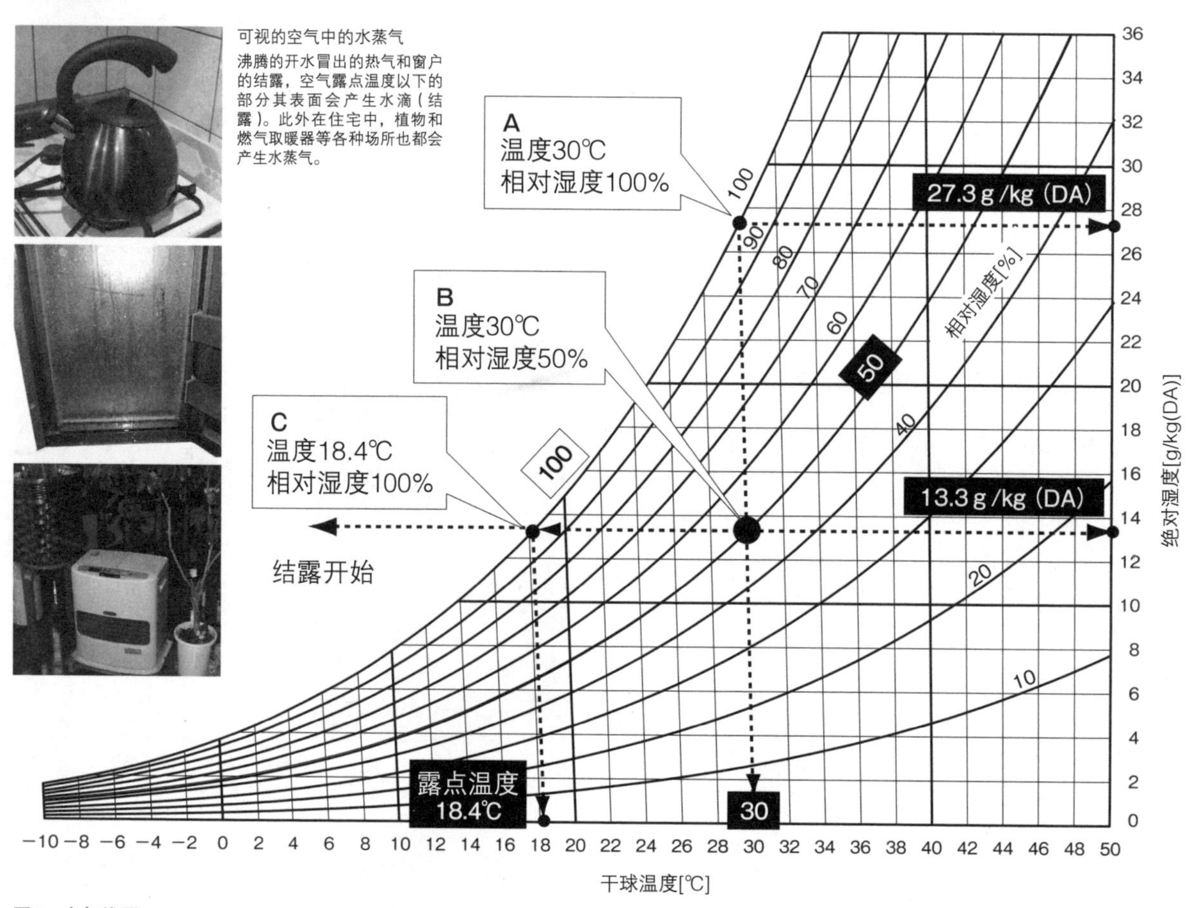


**图1　空气线图**
表示温度、相对湿度、绝对湿度（空气中包含的水蒸气量）的关系

## 发现1 空气中的水蒸气

### ■ 空气中的水蒸气量用相对湿度和绝对湿度表示

绝对湿度是完全不含水蒸气状态的空气（干燥空气）每公斤所含水蒸气的量（g），用[g/kg(DA)](或[g/gk1])*表示。

空气中能够包含的水蒸气量最大值（饱和绝对湿度），如图1温度越高值越大，对某温度的饱和绝对湿度，用百分比表示空气的绝对湿度叫相对湿度。

*g/kg（DA）称“重量绝对温度”，主要在建筑领域使用。也有使用容积绝对温度[g/m³]的。DA是[Dry Air（干空气）]的略称。

绝对湿度[g/kg(DA)]
=饱和绝对湿度[g/kg(DA)]×相对湿度[%]

### ■ 使用空气线图可以得知空气中的水蒸气量

从空气线图（图1）中可以解读空气的状态。比如，在温度30℃、相对湿度50%的空气中（图中B），包含着约13.3g/kg（DA）的水分。该空气的饱和绝对湿度在可以通过右轴了解相对湿度为100%的A点，是27.3g/kg（DA）。另外该空气降到约18.4℃（图中C）时，相对湿度为100%，再低于这个值水蒸气的一部分变成水珠显现出来。该相对湿度100%对应的温度称露点温度。空气中的水蒸气成为水珠显现的现象称结露。

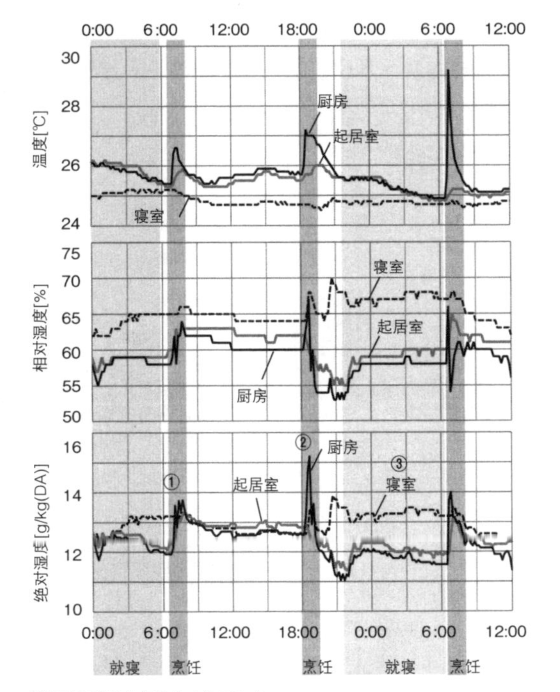


①伴随烹饪的水气发生（约200g）
（早晨）烹饪时间15分 / 烹饪物115g / 燃烧气体（城市燃气）85g
②伴随烹饪的水气发生（约470g）
（晚餐）烹饪时间30分 / 烹饪物300g / 燃烧气体（管道煤气）170g
③伴随睡眠的水气发生（约170g）
（人体）大人2人、小孩1人
・全部以《建筑规划原论Ⅲ》（渡边要 编，1965年）的数据为基础进行估算

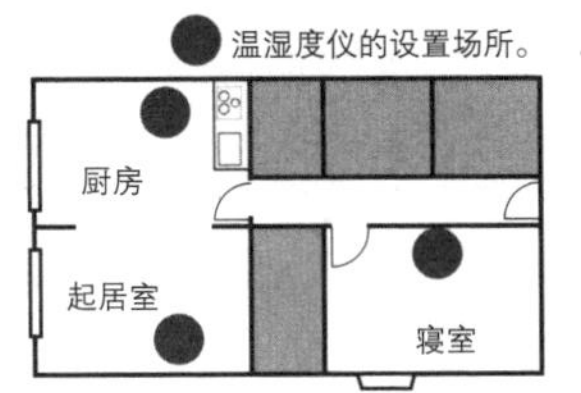


**图2 集合住宅起居室、寝室的温湿度变化**

观察生活行为与室温、相对湿度、绝对湿度的变化关系。仅从相对湿度很难了解空气中水蒸气的绝对量。从图1的关系求绝对湿度

**图3 霉斑的繁殖环境和日本的气候**

霉斑喜欢在高温多湿，气温25℃以上，相对湿度60%以上的环境中繁殖。由于日本夏季高温多湿，容易成为霉斑繁殖的环境。另一方面，在欧洲，冬天高湿，夏天低湿（出处：三浦定俊、佐野千绘、木川梨花《文化财保存环境学》朝仓书店，2004年。部分改绘）

| 人体 | 20℃ | 25℃ | 27℃ |
|---|---|---|---|
| 静坐 | 34g/h | 57g/h | 70g/h |
| 轻动作 | 63g/h | 92g/h | 105g/h |
| 中动作 | 146g/h | 201g/h | 222g/h |
| 就寝时 | 55g/h | 67g/h | 81g/h*1 |

*1 30℃的值

| 燃气 | 产生水气量 | 发热量 | 单位发热量的水气发生量[g/kJ] |
|---|---|---|---|
| 城市煤气（13A）*1 | 1740 g/m³ | 45 MJ/m³ | 0.039 |
| 液化石油气 *2 | 3300 g/m³ | 100 MJ/m³ | 0.033 |
| 煤油 | 1130 g/kg | 35 MJ/kg | 0.032 |

*1东京煤气公司（2010年） *2液化石油气为主

| 烹饪 | 燃气烹饪[g]（烹饪物/燃气） | 电磁炉烹饪[g] |
|---|---|---|
| 早餐 | 32／ 93 | 39 |
| 午餐 | 234／123 | 76 |
| 晚餐 | 844／370 | 660 |

主要内容：早餐（吐司、色拉）都是2人份
晚餐（米饭、油炸品、汤）。全部2人份

| 生活行为 | |
|---|---|
| 洗餐具（早、中、晚） | 91・68・295g |
| 炊事、洗碗碟 | 2600g/日 |
| 洗衣、干燥等（洗涤物1公斤） | 470g |
| 入浴 | 230g/回 |
| 入浴（浴槽热水面0.5m²） | 500～1000g/h |
| 入浴（淋浴5分钟） | 800g |
| 用抹布擦 | 8.3g/m²<br>13.6g/m² |
| 湿毛巾（毛巾） | 26g/h |
| 湿毛巾（浴巾） | 850g/h |

**表1 住宅中的水蒸气发生源**

（出处：西冈宏树、岩前笃“伴随生活的水蒸气发生量评价”《日本建筑学会学术讲演梗概集》D-2，2006年。《舒适的温热环境的机械装置》空气・调和卫生工学会2006年。渡边要编《建筑规划原论Ⅲ》丸善，1965年。日本建筑学会编《建筑设计资料集成 1环境》丸善 1978年）

## 发现2 生活中水蒸气的产生

### ■ 水蒸气的产生与生活行为相关

从表示集合住宅温湿度变化的绝对湿度的图（图2）中，可以看到在厨房进行烹饪时间带，随着温度上升绝对湿度也在上升，产生了水蒸气。随后隔壁房间的绝对湿度也上升，可以了解到厨房发生的水蒸气中没有被通风扇排出的那部分扩散到了隔壁房间。在夜间的寝室中，由于居住者的呼吸或发汗，其绝对湿度比其他房间高。在住宅中由于洗澡或洗衣等也会产生水蒸气。因此水蒸气的产生与生活行为有密切关系。比如1个4口之家1天要产生14 l水蒸气*。

*IEA Source book XIV. Vol. 1

### ■ 空气中的水蒸气会发生霉斑，影响舒适度。

日本的环境，气温高的夏季有着最适合霉斑繁殖的高湿度（图3）。为防治霉斑，需要减少室内60%以上的相对湿度的状态。

对人类来说，在一般常温下，相对湿度40%~60%是舒适的范围，20%以下的环境会带来不快感。特别是室外气温低的冬天，空气中的水气量非常少，用不产生水蒸气的空调进行采暖，室内容易过度干燥。过度干燥不仅会为戴隐形眼镜的角膜干燥症患者带来不快感，而且与过敏症的发生也有关系。另外，高温时，在湿度70%以上的空间作为工作环境是不适合的。

**☞ 在各种各样的生活场所中存在着水蒸气的发生源。**

**为确保舒适健康的住所，需要适当调整湿度。发现水蒸气的发生源，创造舒适的室内湿度环境。**

空气中水蒸气的一部分变成水滴呈现。结露将导致霉斑的发生及建筑耐久性的下降。对建筑进行合理设计，调整空气或材料中的水蒸气量，掌握防止发生结露的方法。

## ■ 了解结露产生的状况和场所

水蒸气在低温面形成水滴的现象称为结露。发生在建筑上的结露分为表面结露（66页图1）和内部结露（图5）。表面结露是指含有水蒸气的空气接触到比露点温度低的窗玻璃或墙、顶棚的表面，变成水滴附着在表面的现象。内部结露是指由于室内外的湿度差，通过墙体内部的水蒸气在墙内低温部分液化的现象。

结露根据季节发生的情况而不同。冬季型结露是由于室内空气被室外空气冷却，接触到露点温度以下的窗玻璃或墙表面所产生的现象。夏季型结露如图4所示，在夏季或梅雨季节，含有大量水蒸气的高湿室外空气被较低温度的地下或地下室等冷却所产生的现象。在贴付纤维质隔热材的墙体上，由于接触室外空气一面的通气层变得高温潮湿，在冷气空调的室内有结露的情况。

## ■ 利用隔热材料、防湿层、透气层防止结露

结露除导致霉斑或藻类的发生、污垢产生等以外，也是因受潮使得材料耐久性降低的原因。墙体内的隔热材料由于结露受潮，也会造成材料的导热率上升，导致隔热性能的下降。

图5中总结了防结露的方法。室内侧的表面结露应在墙体中放入隔热材料，采用低辐射中空玻璃或木质门窗、树脂门窗，甚至安装双层门窗等，提高隔热性能，使表面温度不低于露点温度，即可以防止结露（50页）。

另一方面，要防止冬季墙体的内部结露，需要阻止室内的水气不在墙体内的低温部位进行流通。隔热材料放在室内侧（内保温），应在隔热材料的室内侧（高温侧）设置不透水的防潮层防止结露。室外侧放保温材料（外保温），墙体内的温度难以降低，内部也不容易结露。墙体内设通气层，排出墙内的水蒸气对防止结露是有效的。有效的透气层厚度一般为12mm左右。

## ■ 防止冬季的干燥

由于住宅隔热气密化的进展，冬季室内感觉干燥（过分干燥）的情况不断增加，本来冬季室外空气的绝对湿度就较低（图6B），如经过通风排出室内空气，引入室外空气，室内的水分量自然就会减少。

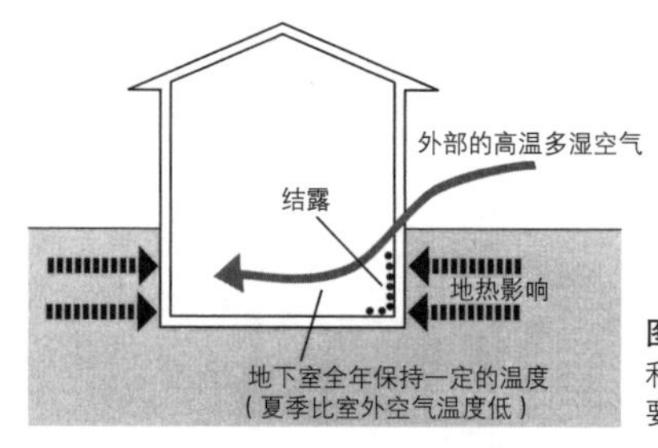


图4　地下室的结露
利用热容量的被动手法
要注意夏季型结露

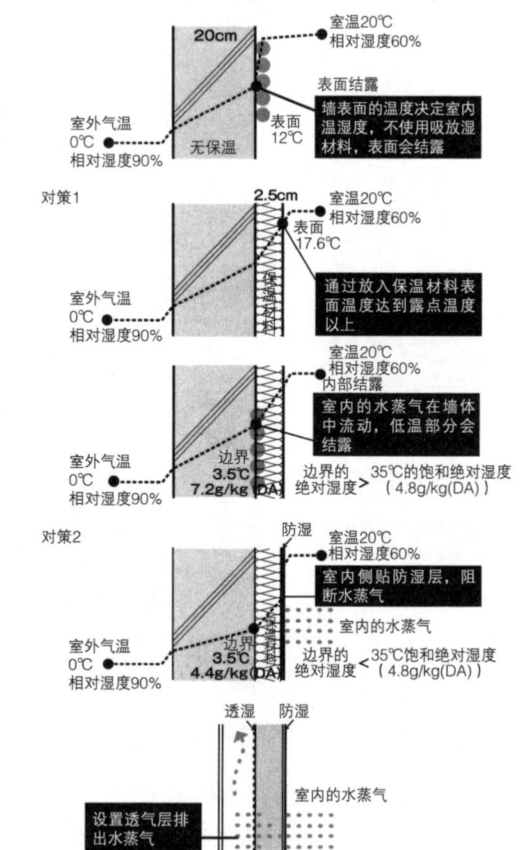


图5　避免表面结露和内部结露的策略

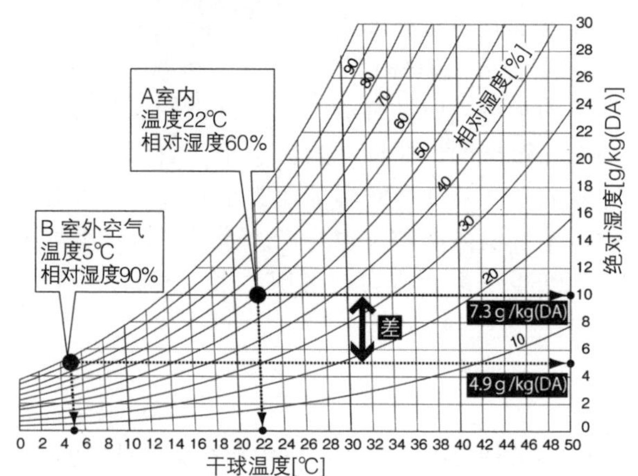


图6　冬季室内和室外空气的温湿度

此外，城市燃气或石油取暖器使用的减少，使室内产生的水蒸气大幅度减少，由于厨房及浴室等水蒸气的发生源通风性能的提高，室内水分不能滞留，也是干燥的原因。并且通过住宅的保温密闭化，维持室内的高温，其结果是相对湿度变得非常低。

为防止过干燥要积极进行加湿，气化式或超声波式的加湿器，由于水蒸气的蒸发，被加湿的空气温度降低，水蒸气容易滞留在房间的下部。此外，如采用加热式的方式，能源消耗量大。总之，重要的是借助暖器的暖气进行扩散。在隔热性能低的地方，成为低温部位，需要注意结露的发生。被定义为过干燥的湿度区，没有明确的标准。

## ■ 用能够吸收、释放水气的材料调整湿度。

建筑材料中有吸湿能力高的产品，称吸放湿材料，保水量很大程度依赖周围空气中的相对湿度，其关系用平衡含水曲线表示（图7）。根据材料不同可以调节的相对湿度和范围也不同，吸放湿材料的调湿能力可以通过与含水率的关系进行解读。在内装材料上使用吸放湿材料，在室内高湿（水蒸气量多）的情况下，吸收湿气，低湿时放湿，因此可以对室内的湿度进行调节（图8）。另外与室内空气接触的面积越大，调湿能力也越高。

## ■ 利用通风、除湿器排出空气中的水蒸气

冬季室外气温低，空气中的水蒸气量少。室内发生的水蒸气通过通风将室外的空气引入室内进行排放。另一方面，夏季或梅雨季节室外空气温度高，空气中的水蒸气量多。如进行通风，有时会增加室内的水蒸气量。这样的季节利用除湿器可有效降低水蒸气量。但要注意有时也会有由于机器的原因使室温上升的情况。

## 营造1 内墙装饰使用吸放湿材料

在室内装修上使用吸放湿性高的材料可控制室内相对湿度的变动。

土墙是吸放湿性高的材料，而且提高吸放湿性能的建材也出现了（图11）。

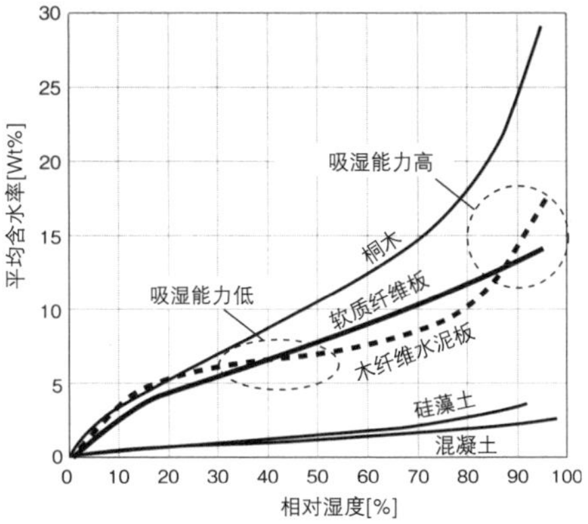

平均含水率[Wt%]
吸湿能力高
桐木
吸湿能力低
软质纤维板
木纤维水泥板
硅藻土
混凝土
相对湿度[%]

**图7 平均含水率曲线**

表示倾斜度越大相对湿度的调湿能力越高。木纤维水泥板在低湿域、高湿域都有较高的吸湿能力，而在中湿域吸湿能力较低。软质纤维板在广泛的相对湿度范围有调湿能力

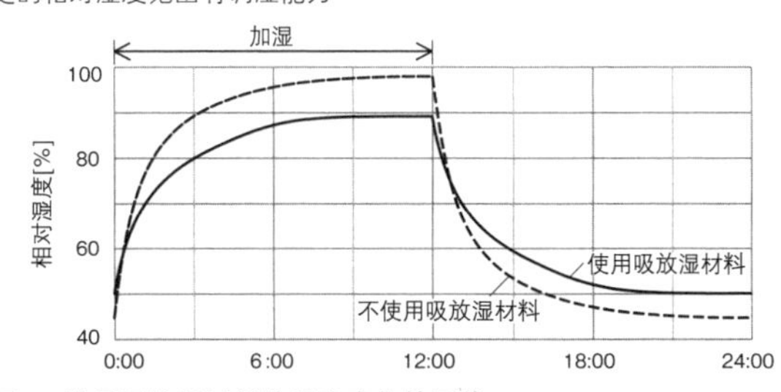


**图8 使用吸放湿材料的湿度变化的图像**

经常与湿度低的室外空气进行换气，仅从0:00 ～12：00加湿的情况下使用或不使用吸放湿材料所表示的其相对湿度变动。停止加湿，由于与室外空气进行换气，室内的水分量减少。不使用吸放湿材料的情况下，室内的水分量增加（0:00～12:00），相对湿度上升，干燥时（12:00～24:00）相对湿度降低，如使用吸放湿材料，相对湿度上升，下降程度会得到缓和

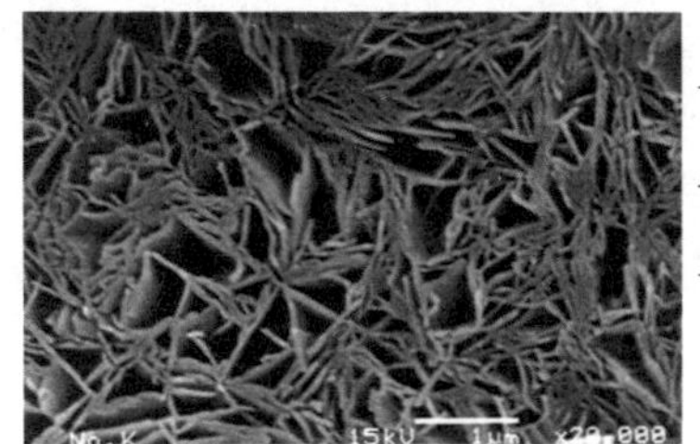

**图9 吸放湿材料（硅酸钙板）的电子显微镜照片**

黑的部分是空隙，白的部分是固体部分。包含这样的空隙越多的材料调湿能力就越高。另外，根据空隙的大小和量，可调整的相对湿度和绝对量将相应变化

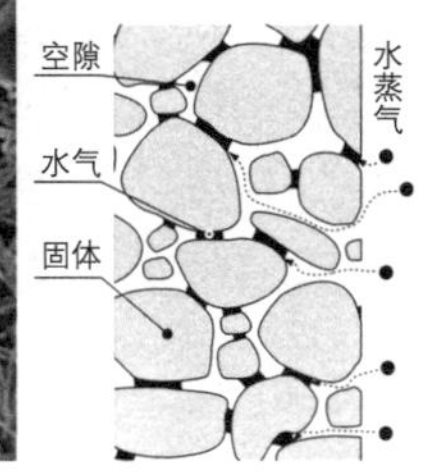


**图10 材料内水气流动情况**

水气滞留在材料内的细小空隙中

**图11 以白砂为主要成分的土墙改成日式房间施工的实例**

在装修材料上粉刷2~3次

# 村落的风

夏天的风是营造凉爽的重要元素。
了解看上去通风似乎不太好的较为密集的村落中也可以捕捉和利用的风。

**图1 捕捉村落中细窄小巷中的风**
2008年8月，熊本县天草市牛深町真浦·加世浦地区（调查：熊本县立大学辻原研究室+细井研究室）

## 发现1 小巷中风的流动

### ■ 贯通小巷的风的流向非常复杂

想要用眼睛观察并直观地把握小巷中复杂流动的风，可制作如图1的装置。使用该装置可以用眼睛观测到相同断面内的风在上下、左右流动的不同，还可以看到在断面内发生的漩涡。

我们经常使用的风向风速仪，有时也用来观测瞬间的值，但大多情况下观测被平均化的风。而且1台风向风速仪只能观测空间内的某一个点，难以同时观测多个点。因此很多东西用风向风速仪测难以捕捉得到。不是掌握被平均化的风，而是要掌握时刻变化的风。

而且要制作数台图1装置，有间隔地放在小巷中，对小巷整体的风穿行情况实现可视化。

**【实验】对穿行小巷的风进行可视化**

■ 准备的物品
聚丙烯做的绳子（比如捆扎东西的绳子）、透明胶带、保护用胶带等、西式衣架、编织网眼10×10cm左右的网（比如花用网）
■ 步骤1
聚丙烯绳子薄薄地撕开，做成小的吹片（图2左）。
■ 步骤2
将吹片尽可能在大的网面上挂满（图2右）。
■ 步骤3
将西式衣架在小巷中移动，捕捉风的动向（图1）。

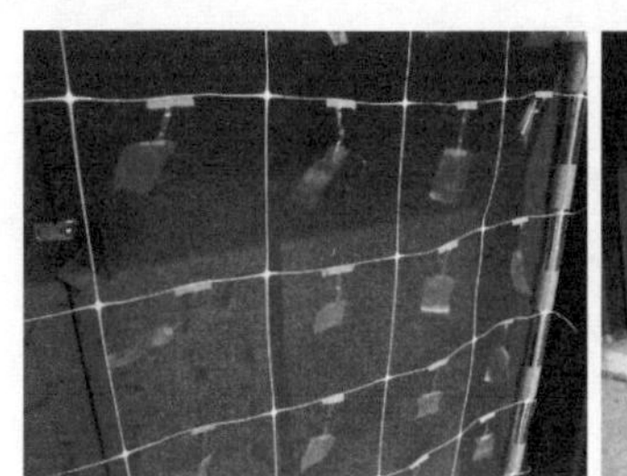

**图2 风的可视化装置**
左：聚丙烯小吹片 右：小吹片挂满衣架的样子（制作：辻原万规彦）

**图3　这是使用风幡对村落内的风向调查结果实例**
2005年8月3日13时40分~14时40分。从出发地点开始，采用图4的方法，一边移动一边调查风向（起名“识风”或“捕风”）。图中的解说是调查时记录的。此后的讨论中，如实刊登了应修改的解释部分。（出处：山本美沙、辻原万规彦等“村落内的小巷和空地对微气象的影响”《日本建筑学会九州支部研究报告》45号，457~460页，2006年）

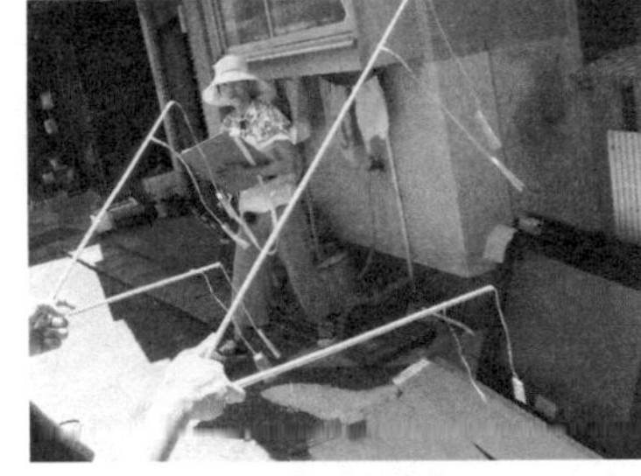

**图4　使用风幡一边移动把握风向**
使用风幡，乘风观测。这就是观测者与风一起移动的观测方法（2005年8月）

**图5　使用风幡的同时，通过多测点掌握风向**
在同时进行多测点观测时，掌握进出某空间的风的动向。这是观测者采取非移动方法（2006年8月）

## 发现2 村落内风的流动

### ■ 村落内风的流动类似拍打海岸的波浪

通过对形态复杂的、穿行村落内的自然风的流动进行可视化，掌握其详细情况很难。但即使简单的方法，反复进行认真的调查，还是可以看到村落内风的流动情况（图3）。

村落内的风向不是只朝一个方向，其活动类似拍打海岸的波浪，在短时间内只是简单的往返，随着时间的推移，可以感受到涨潮或退潮。这个涨潮和退潮的方向相当于风的主风向。就像海的波浪一时看不到相同的状态一样，村落内的风也在时刻改变其状况。而且有时村落内的各处会产生“漩涡”。

观测风活动的方法有两种，经常使用的方法如图5所示，观测者停留在一点观测的方法，利用风向风速仪进行观测就是这种方法。另一种方法是如图4所示，观测者与风一起移动的方法，也有利用气球或烟雾的方法。尽管后者难以将该结果数字化或数值化，但这是直观易懂的方法。将两者很好结合起来，可以设法捕捉到时刻变化的非恒定的风，而不是平均化的风。

### ☞ 村落的风复杂地活动。

**在把握风的活动中，有通过某个断面观测风的方法和与风一起移动观测风的方法。将两者很好地结合起来，可以捕捉到时刻复杂变化而非恒定的风。**

**了解风的路径原理，夏天就会感到凉爽，冬天可以防寒。**
**如用街区尺度来考虑，可以缓解热岛现象，如用建筑尺度来考虑，可以节省能源。**

## ■ 局部的风的活动

在我们日常体验的地区尺度中，作为受地形等影响的特征性风的活动，海陆风和山谷风是广为人知的（图6、7）。

在沿海地区，白天有从海面向陆地（海风），夜间由陆地向海面（陆地风）吹的风。

在山区，白天有由山谷向山上（谷风）、夜间有由山上向山谷吹的风（山风）。

## ■ 掌握风的路径原理/使风能够畅通无阻地通行。

根据季节或时间带，风的路径、方向或强度有很大变化。利用70、71页介绍的风幡的方法、各种风向风速仪或数值模拟、风洞试验等了解风的路径。

如了解了风的路径，在街区尺度上，可以为缓解热岛现象发挥作用，在建筑尺度上，可以对空调等利用进行控制，为节能发挥作用。

## ■ 采用千变万化的风

实际风的变化更为复杂，看上去似乎主风向是固定的，但运用风幡测定的方法进行详细观测（图1～5），得知风也有从主风向以外的方向吹过来的。要有效引入时刻变化的风，营造夏季的凉爽，就要在居住方式上有效利用。但要注意夏季室外空气是高温、高湿。

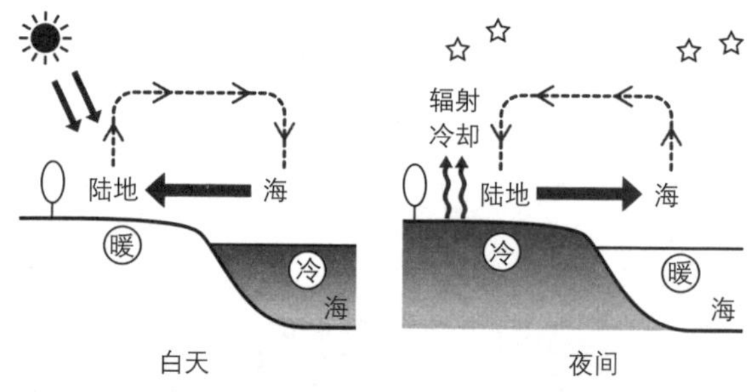


**图6　海陆风的形态**
白天因日照的影响，陆地的温度比海面温度高，夜晚则相反，因辐射冷却的影响，海面温度比陆地的温度低。在海陆风交换的早晨的无风状态称ASANAGI，傍晚的无风状态称YOUNAGI

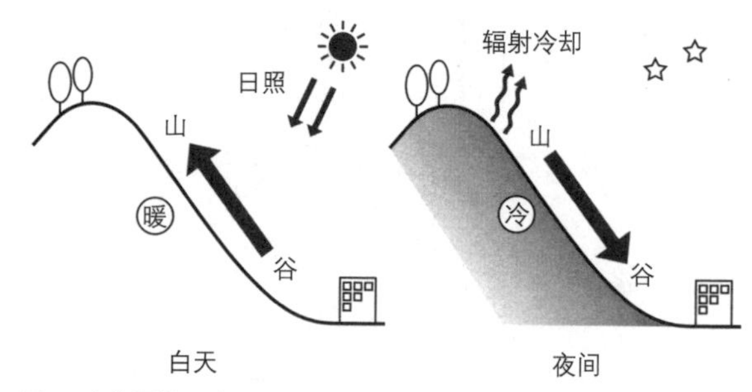


**图7　山谷风的形态**
白天因日照的影响，山坡面被温暖，夜间相反，辐射冷却的影响，山坡面被冷却。要注意海陆风、山谷风不是每天一起发生的，只有在一定的条件下才会发生（图6、7参考：日本气象学会编《新教养的气象学》朝仓书店，1998年）

## 营造1　寻找凉爽地方纳凉的人们

在密集的渔村村落，小巷穿插于各个方向。在这样密集的村落，以熊本为首的九州地区被称为“背户轮”，而且熊本县天草市牛深町真浦、加世浦地区中，也不乏有名字的小巷（图10），比如，风能够贯通的小巷称为“火越町”（出自：牛深海彩馆渔业史料馆的展示板）。

即使在同一村落中，有通风很好又凉爽的地方，也有通风不好时常高温的地方。前者应为村落中自古建造住宅的场所或以后围海造地的沿海地区，后者应为早期围海造地形成的村落的中央部。

在村落生活的人们，了解风经常通过的场所，对其进行了巧妙的利用（图8）。

**图8　寻找凉爽场所乘凉**
左：熊本县天草市牛深町真浦地区。夏天的下午在通风好的小巷乘凉的人们。下：加世浦地区。村落中通风最好的地点之一，修建了休息所，村落的人们聚集于此

**图9　熊本县天草市牛深町真浦、加世浦地区的玄关位置**
箭头表示从玄关进入室内的方向（2005年8月，调查：熊本县立大学辻原研究室+有明工业高等专科学校加藤浩司研究室）

**图10　穿插在密集渔村村落的小巷**
上：鳞次栉比的联排民宅。熊本县天草市牛深町真浦地区。
右：即使是小巷的宽度，也是很好的“道路”，人们在通行

## 营造2　从小巷采集风

根据以真浦、加世浦地区为对象进行的熊本县立大学辻原研究室+细井研究室的调查，来自上空的风经过村落的空地，被分配到各小巷。进而，风从狭窄的小巷向宽阔的街巷集中，穿过小巷。

由于小巷的形状复杂，各住宅玄关的朝向毫无规则可循。根据走访调查，据说“考虑到背户轮风的路径，玄关设置在道路一侧”（图9、10）。

另外，“在后门和玄关安装纱窗，形成过堂风”等，有着将穿过村落内的风引入和排出室内的生活智慧。

## 营造3　从四面八方采集风

即使主风向不确定，为采集从四面八方吹来的风，即使与隔壁住户相邻接，而且面朝狭窄的小巷，也设有多个开口部（图12）。即使风向无规则地变化，通过面朝各方向的开口部的巧妙开闭，也可以有效地采集风。

如开口部的面积过大，受室外空气的影响会大，当室外高温时，相反室内温度有上升的可能，因此需要注意开口部不要过大。

**图11　利用小巷的风**
巧妙地利用贯通小巷的背户轮风，享受风的凉爽。风铃的声音也是利用小巷风的生活智慧之一

**图12　采集穿梭于小巷的各个方向的风**
许多住宅开设以玄关为首的开口部面朝前面的狭窄小巷。过路人可以窥视家中情况。玄关安装推拉门和纱窗。与隔壁住宅之间的间隔仅有几十公分，面对这么窄的间隔也设置了开口部

# 雪国的住宅和生活形态

雪国浓缩了为度过严冬的生活智慧和形态。
了解融雪的机制，每一地区雪质的不同，发现雪国住宅的生活形态。

**图1 3种坡度的屋顶融雪性能实验**
庭院中摆了模仿15°、30°、45°坡度砂面钢板屋顶的模型，为了把握坡度不同的融雪特性，每天早晨同一时刻进行降雪深度和积雪深度的记录和拍摄，各照片的上部表示了观察日期和雪量（降雪/积雪）（“面南15°、30°、45°坡度的无落雪模型屋顶的融雪性能实验”2008年/所在：新潟县长冈市/实验：新潟工科大学建筑学科教授深泽大辅）

## 发现1 屋顶的坡度

### ■ 雪融量因屋顶的坡度而不同

对雪国人们而言，处理屋顶雪是非常重要的课题，对屋顶积雪不予处理，屋顶就会有坍塌的危险，不可搁置不管，而在处理屋顶积雪的过程中，事故和纠纷很多。如果能在屋顶载雪的情况下减少其荷重是雪国人们生活和精神的幸福。

屋顶积雪的滑动条件，取决于雪的质量及屋顶表面的阻力平衡，为了不使屋顶的积雪落下，只要考虑屋顶的坡度和静止摩擦阻力即可。在3种坡度的屋顶融雪性试验（图1）中，为提高静止摩擦阻力，将坡度为15°、30°、45°的屋顶铺上砂面钢板（图2），根据观察记录，屋顶设坡度，可以排去融雪水，相比地面积雪，屋顶积雪能更快地融化，此外图3显示坡度为45°的屋顶融雪最快。

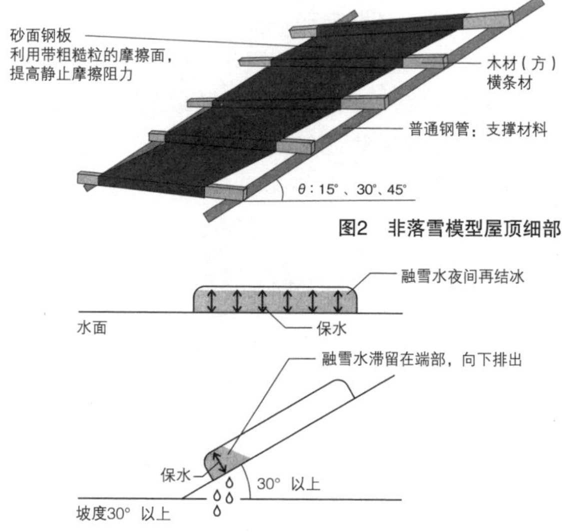


**图2 非落雪模型屋顶细部**

**图3 坡度与融雪水的关系**
没有坡度时，底部融雪水通过毛细管现象被吸上，在保水的状态下夜间被冻结。当坡度达到30°以上时，由于表面张力失衡，融雪水排出，可加速融雪

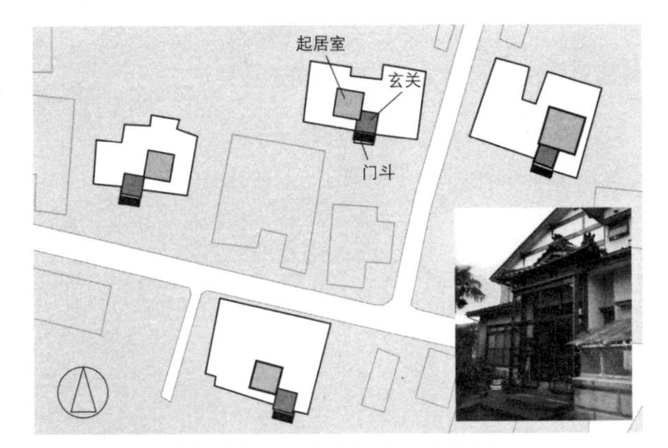


**图4　积雪地区的门斗布置（新潟县长冈市富岛町）**

玄关很多设置在南侧。这样的设计在冬季积雪时阳光照射的南侧容易确保进入住宅的入口

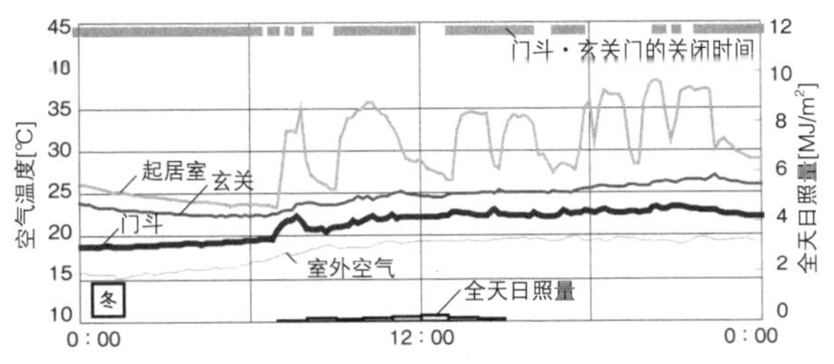


**图5　冬季门斗的热环境**

（新潟县长冈市/2009年12月11日）

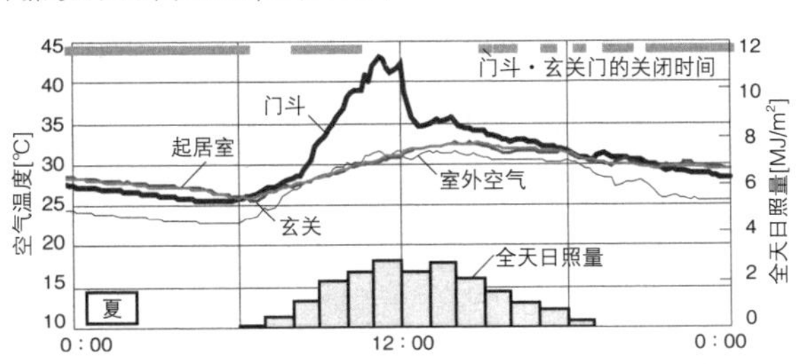


**图6　夏季门斗的热环境**

（新潟县长冈市/2009年8月2日）

**不同地区雪的重量和积雪特性的不同**

新雪通过压实和烧结变成“实雪”，经过融解和冻结演变成“粗粒积雪”。

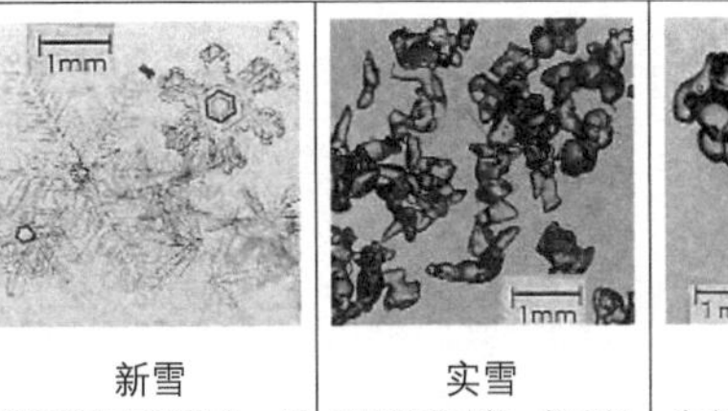

| 新雪 | 实雪 | 粗粒积雪 |
|---|---|---|
| 降雪的结晶形不变。包括雨夹雪、霰 | 呈圆形的冰粒，粒子相互成网眼状连接 | 含水的粗大圆粒冰，或是雪再冻结后的大圆颗粒的连接体 |

**雪的名称和雪质**

（出处：日本雪冰学会“积雪・雪崩分类”1998年）

新雪的比重（下左），北海道和东北北部的雪较轻，在0.1以下，经常会被风刮走。另一方面，在温暖的北陆地区，雪的含水量较高，在0.2左右，很少被风刮走。另外，由于气温上升或连续降雪（雨），降雪后的雪经过反复压实烧结和变态，成为0.3~0.6的比重。干雪寒冷地区雪质的变化较小，湿雪温暖地区的雪质变化较大，如右下图表示的降雪厚度和积雪厚度的关系。而且，比重0.7以上是空气无法通过的冰。

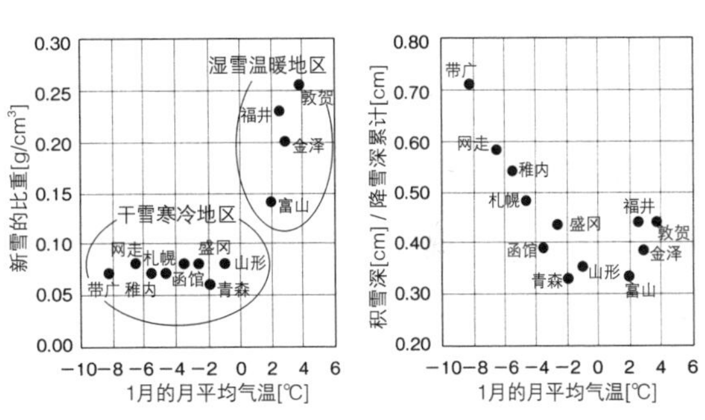


**地区的气温和新雪的比重　　地区的气温和降雪・积雪深度的比例**

（出处：日本建筑学会《建筑教材　雪、寒冷和生活Ⅰ创想篇》彰国社、1995年）

## 发现2　雪国玄关的巧妙设计

### ■ 积雪地区的缓冲空间

由于积雪地区在冬季不能利用室外空间，在室外进行作业的许多用具需要搬入住宅内。作为取而代之的场所，有玄关前的门斗、围绕居室的回廊等，作为内和外之间的缓冲空间而发展起来。这样形成的缓冲空间不仅作为工具的堆放场，也作为与来访者进行交流的场所被利用。

新潟县长冈市在南侧设置带门斗玄关的情况很多（图4）。在阳光照射的南侧，雪的融化很快，容易确保进入室内的入口畅通。而且，在玄关前设置门斗，在积雪期间可以避免把雪带到室内。

### ■ 门斗保护家和家人规避冬季的寒冷

图5表示冬季门斗的温热环境。日照少的时候，门斗的气温大体在室外气温和室温之间，成为阻止室外的寒冷侵入室内的缓冲空间。日照多的时候，可以作为阳光房使用。

图6表示夏季的门斗温热环境。该地区的很多门斗是玻璃（或树脂）建造的，是可以开放的。南侧的门斗如把窗户关闭会产生高温，所以应尽可能打开窗户改善室内温热环境。

**☞ 雪国由于地区不同，雪质和积雪情况也不同，需要有居住方式的对策。**

**要建造适合雪国的建筑，需要掌握每个地区不同的雪的特性，继承和发展迄今培育的良好居住方式的智慧。**

**要舒适地度过雪国的严冬，需要了解雪的性质及雪国的生活方式，并利用这些知识。考虑雪国的生物气候设计。**

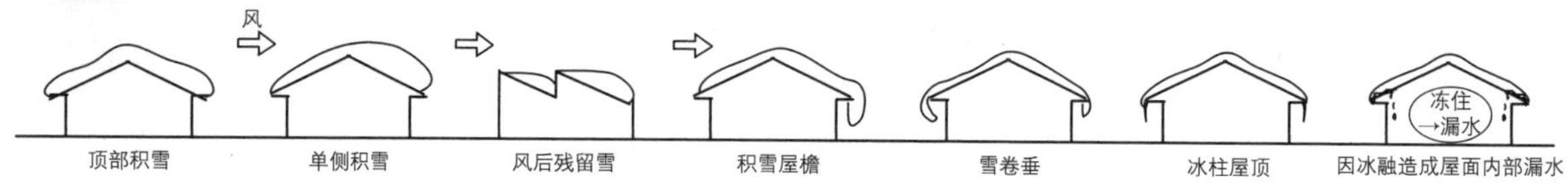


**图7 屋顶的积雪和变化**

（图7、8的出处：《建筑教材 雪和寒冷和生活Ⅰ构思篇》彰国社，1995年。部分改绘）

## ■ 屋顶的积雪

屋顶的积雪和其变化有“顶部积雪”“单侧积雪”“风后残留雪”“积雪屋檐”“雪卷垂屋顶”“冰柱屋顶”等现象（图7）。如放任这些现象，会因雪荷载造成一些部位的变形、损坏，雪的滑落或檐口雪冰的坠落引起的损害，甚至有因雪荷载造成房屋倒塌的危险。在积雪地区为保护住居，需要对屋顶积雪进行处理。

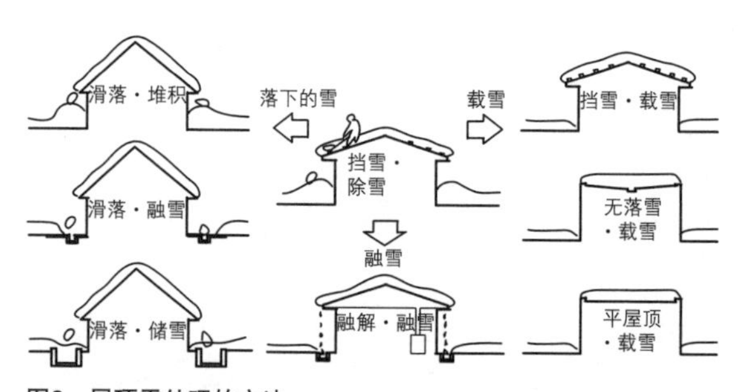


**图8 屋顶雪处理的方法**

## ■ 屋顶雪的处理

屋顶雪的处理方法有“滑落”“融雪”“载雪”3种方法（图8、表1）。重要的是根据各地区的不同雪质和雪质变化，以及地理条件、屋顶形状等，考虑变化的积雪形态进行设计。

**表1 屋顶雪处理的特征**

| | 落雪方式 | 融雪方式 | 载雪方式 |
|---|---|---|---|
| 概要 | 陡坡屋顶，应使用易滑的材料，让雪自然滑落 | 使用能源、生活余热融化屋顶雪 | 加强住宅的结构以承载积雪的负荷 |
| 基地条件 | 适合基地较宽裕的情况 | 适宜基地较小的情况 | |
| 成本 | 不需要处理费用（屋顶材料、油漆等需要维护） | 融雪装置的安装费用及电热费等运营费用、设备更换费用 | 为提高结构强度的建设费增大了运营成本，不需要设备更换费 |
| 居住环境（住户内） | 1层的居室被雪掩埋，采光不好。落雪声音烦心 | 温水式等锅炉（煤油）的燃烧声烦心 | 需要考虑墙或柱的位置，房间的平面布置 |
| 其他 | 需要考虑防止落雪引起的事故 | 因使用能源，增加环境负荷 | 需要考虑融雪水的再冻结 |

## ■ 要考虑适合雪质的屋顶材料

在积雪地区，一直采用适合该地区雪质的屋顶覆盖材料（图9）。由于寒冷地区容易发生“屋面内部漏水”（图7），屋顶不能使用“瓦片”，而使用金属板。在屋顶除雪次数少，没有“屋面内部漏水”担心的地区，继续沿用耐久性好，富有传统屋顶景观的粘土瓦。

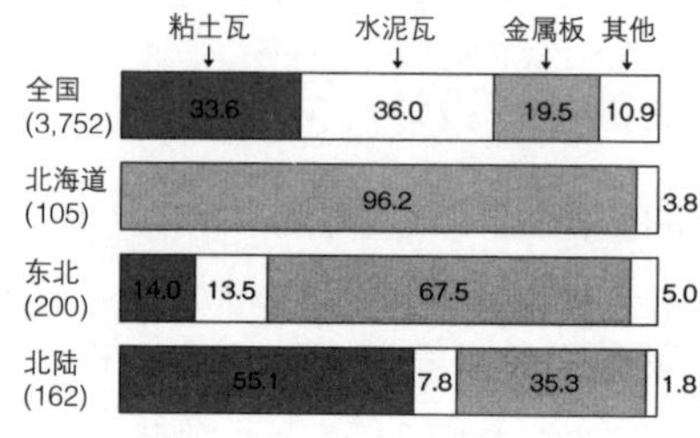


**图9 屋顶铺设材料和地区的关系**

国内的屋顶铺设材料的7成是粘土瓦、水泥瓦，干雪寒冷地区北海道的屋顶材料绝大部分是金属材料。湿雪温暖地区的粘土瓦占5成（图9、10的出处：住宅金融支援机构“平屋顶35住宅规格现状调查报告”2007年）

## ■ 考虑适合雪质的屋顶形状

为应对各地区不同的雪质、积雪环境，各地区采用了各种屋顶形状（图10）。在干雪寒冷地区（77页“各地区雪的重量和积雪特性的不同”）的北海道，多采用无落雪（M）型屋顶，其构造是将屋顶上的融雪通过建筑内部设置的雨水管排出。由于雪较轻，容易发生被风刮走的现象，另外，也是考虑防止室外寒冷空气造成“冰柱”和“屋面内部漏水”等情况的手法。另一方面在湿雪型的温暖地区，为防止雪荷载损坏屋顶，居住者常常进行屋顶除雪或做防雪篱笆。需要考虑将坡屋顶的山墙侧作玄关，确保冬季的出入，防止因屋顶雪的落下造成事故。

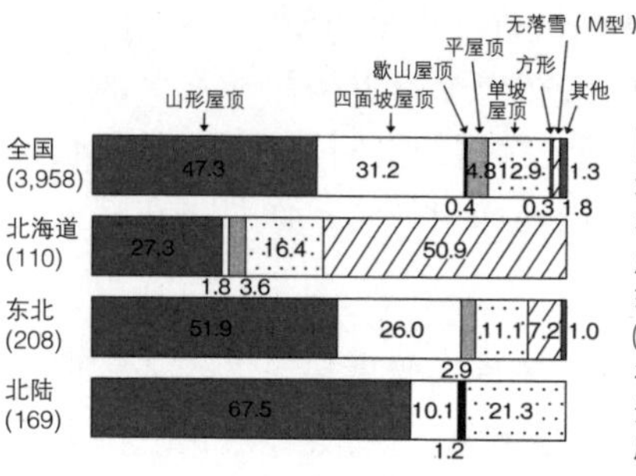


**图10 屋顶形状和地区的关系**

在全国山形屋顶占3成。北海道山形屋顶较少，无落雪屋顶（M）型占5成以上。在北陆地区山形屋顶近7成，其次是单坡屋顶居多

## 营造1 金字塔型屋顶（载雪型）

从地面爬上高3m以上的积雪屋面，进行扫雪是不容易的。另外将雪扫下来，会增加建筑周围的积雪，即使进入初春还会留有残雪。为让雪国的人们从除雪的危险中摆脱出来，过上幸福的生活，创想出金字塔型屋顶（图11）的方案。

在北陆地区，白天的气温大多数在2℃以上，屋顶积雪会自然融解，到夜间屋顶表面的融水再次冻结，形成难以融解的冰层，恶性循环周而复始。如能阻止融雪水的二次冻结，迅速进行排水，载雪型的屋顶上就可以自然融雪。

金字塔型屋顶的住宅是为了不除雪，促进其产生“雪窝（雪面形成的自然现象。水的通路）”而建造的。让屋顶的积雪层形成空隙，通过让其变成不稳定结构来促进融雪。

~居住者的反应~

“1996年竣工以来，积雪厚度有时超过2m（2011年），没有进行过屋顶除雪作业。因为建造时设定积雪厚度为3m以上，所以冬季也可以放心地生活”。

图11 金字塔型屋顶（新潟县长冈市）
（设计：深津大辅，1996年）

## 营造2 被防风林环抱的茅草屋顶的民宅

在暴风雪较多的地区，为防止寒气和风后滞留雪，居住者设置防风林（私家树林）或私家院落设置板条或茅草捆做的栅栏等防雪设施。强风遇到墙会产生乱气流，但用稀疏的植物栅栏使风适当通过，可以防止乱气流，这样风速可以减低5成（图14）。利用该墙重厚的特性，通过对冬季的主风向侧实施相应对策，可以抵御暴风，保护整个宅邸。

图12 被防风林（私家树林）环抱的茅草屋顶的民宅（岩手县花卷市矢泽）

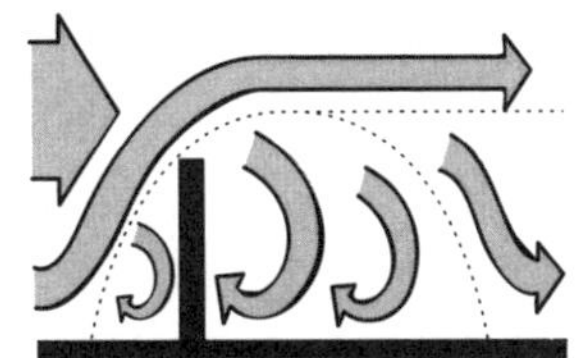

图13 碰到墙引起的乱气流

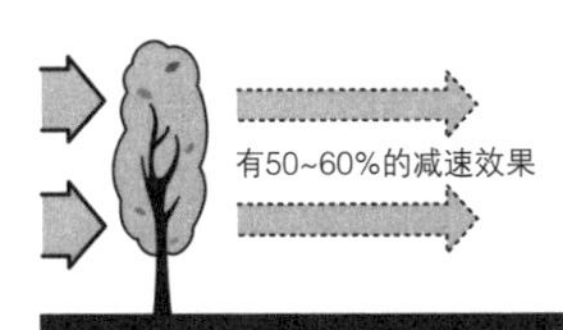


图14 用稀疏的树篱笆防止乱气流
（图13、14的出处：《建筑知识》1996年3月号。部分改绘）

## 营造3 作为户外通道的缓冲领域

在积雪地区独特的街景中有称komise（津轻地区）的通道，是商住住宅的外廊檐下的空间连成的檐廊（北陆地区）（图15、16）。不仅有面向街道的屋檐，院落内的主屋和仓库，也用屋顶或屋檐连接，也有建造不积雪的户外通道。另外，根据积雪的厚度建造挡雪围墙，防止由于雪的堆积使通道变窄。通过这些户外通道的建设，确保了降雪、积雪时可以行走的通道。

~使用者的反应~

“行走时可不必担心脚底的雪或融雪用的洒水。由于屋檐高度较低，吹进来的雪少了，下雪时也不用撑伞，太好了”。（有檐廊的商店街的使用者）

图15 避雪檐廊（新潟县长冈市）
[特征]
- 在私有地设置的私有财产
- 出挑屋檐形式
- 规格：石板路、挡雪栅栏、隔窗、格子
- 使用用途：长凳、收纳、花盆（植物等）堆积场、广告牌

图16 避雪檐廊的模式图（新潟县高田市）
（出处：上田笃“生活空间的专题论文7-高田・雪国”《SD》1973年1月号）

# 型和形的看法、读法和生物气候设计

宿谷昌则

## 为什么自相似的长方形是美的

准备A4尺寸的纸和尺子，量一下纸的短边和长边的长度。短边是21.0cm，长边是29.7cm，显然是个尾数不整的数字。尾数20cm和30cm不是很好吗，为什么呢？这个长方形和形状之间隐藏着什么特殊性质——型呢？

通过对A4尺寸纸的折叠，可以得知其短边的对折，形成同样尺寸的小长方形，两个小长方形就构成了A4。这个长方形的尺寸叫A5。A5和A4形状是相同的。2张A4尺寸纸的长边合起来就成了A3。A3也和A4的形状是相同的。不管是折叠或展开呈现的形状都是同样的。从这种形状所看到的关系称做“自相似”。

图1表示的是由A4向A3，接着向A2，再向A1扩展，直到A0的全部形状。A0的面积是$1m^2$。就是这样决定的。这个尾数好。若以此为基础，形状不变，即所谓保存关系的逻辑用算式进行表现，就可以知道当A4尺寸纸的短边如图1所示，仅用2和其平方根的组合表示就可以得知。对该公式进行具体地计算，还可以知道其值为0.21022……m，这与开头阐述的测定值相同。

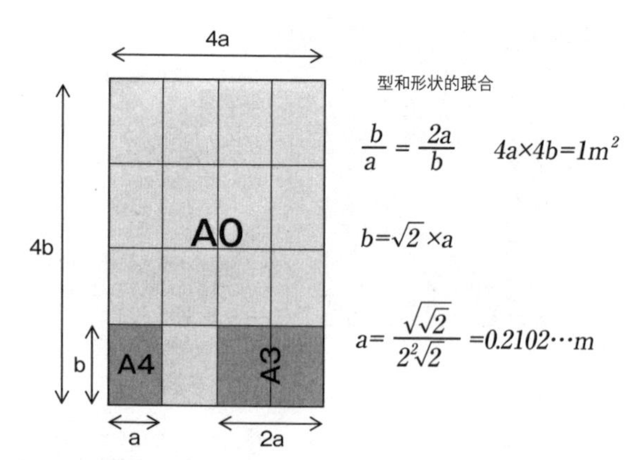


**图1　自相似的长方形**

2张A4尺寸的纸就是A 3，2张A3尺寸的纸就是A2，以此类推扩大尺寸直到A0。A0为$1m^2$，如果能注意到其形状的保存性（不变性），就能发现它全部是以2的平方根的形式出现

长方形的长边和短边的比有无限的组合。其中唯有长边/短边=$\sqrt{2}$的形状呈现出自相似的关系。A4、A3等是赋予这个形的名称。站在复印机前按下扩大或缩小的键，显示最大放大倍率是141%，最小缩小倍率71%，这意味着放大$\sqrt{2}$倍，缩小（$\sqrt{2}$）/2倍。

由此得知，平时不经意使用的纸张的形中潜藏着以上那样的型，而且重新观察可以发现，A4尺寸的纸越看越美，这是因为这个形伴随着图1显示的型的美。

## “读”型和“看”形

A开的长方形的形“看”就可知道。图1以列出公式的方式来认识是逻辑，因此形可以用“看”来表现，与此相对应，型可以用“读”来表达。

就形而言无论是一维、二维，还是三维都是在空间展开中看，“看”是视觉的，是有光的，其速度是自然界中可能速度的上限。与我们日常体验到的速度相比，几乎是无限大的速度，所以“看”是瞬间的，可以说时间几乎处于静止的状态。

对此，“读”型只有在可以体验到的时间流动中才有可能。一般“读”的对象是文章。而读本文的读者的头脑中，读者自己的日语声音即使不发出也一定会默读。那只不过是因为会讲日语，想想为什么能讲呢，就会发现说是先于听的。

我们大人无一例外都是从婴儿到幼儿期间在无意中听着父母、兄弟、姐妹的讲话成长起来的，等我们有了意识时就已经会讲话了。根据人脑所具备的系统，从程序开始考虑，显然“读”与听觉有联系。如图1显示的那样建立公式展开的逻辑，伴随时间流动过程的动作，也可以说是听觉性的。

即“看”是空间的、视觉的，“读”是时间的、听觉的。

“读”文章是因为有“看”的对象的文字群，读文章“明白”了是因为“看”和“读”结合的成果。

## 形的设计和型的设计

本书的主题生物气候设计，是指对建筑形态和外皮的设计与对居住者而言的建筑内部的环境设计相整合所采取的行动。可以说前者是“形的设计”，后者是“型的设计”。

请看图2。这里绘制的住宅的断面是表示可以“看”的“形”。其内部实现了居住者的日常环境，表现了根据该住宅所具有的形态和外皮的性质的独特行为，其实例见图2中描写室温变化的情况。这样的室内环境状态不适合“看”，而需要“读”。居住者根据环境的活动，感觉和感知到明亮、温暖、凉爽。同样这也是“读”的对象。

对建筑进行形的观赏和型的解读是生物气候设计的关键。当形和型的美相重叠时，应该发现的不仅是虚荣的设计，而是有实质内容的设计。

这并不意味着特殊的设计。如稍微关注一下我们的身体，就会明白这个道理。比如，心脏、血管、血液全部是有形的，看看人体解剖图就可以明白。其形中有血液的“循环”，包括大脑的整个神经系统也是这样的。在形上体现的是“心”的型。

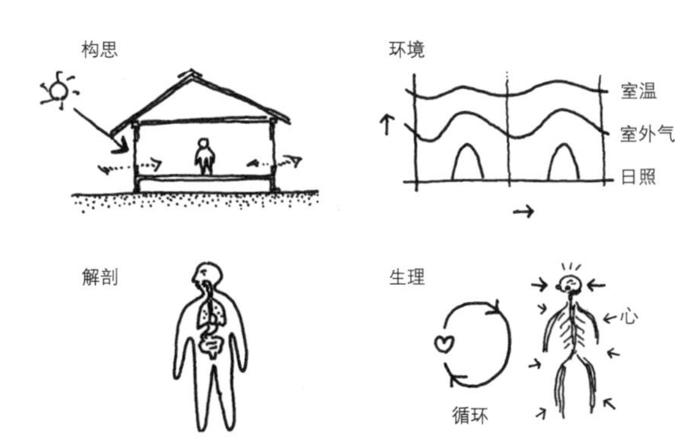


**图2　形和型的关系**

设计一方面要考虑形，另一方面要考虑型，设计的对象必定有2方面，形和型。建筑的形中必然呈现出内部环境活动的型，我们人体中不仅只有脸、胳膊、脚还有对应内脏形的型

研究人体形（结构）的是解剖学（形态学），研究型（功能）的是生理学，但人的内在自然正因为有这两方面，才能清晰。自然界中形与型同时并存，模仿这些自然就是设计的本质。列奥纳多·达·芬奇热心于解剖也源于此。

在人的外在自然和内在自然之间如何构成建筑外皮？在包括人在内的自然形和型中发现再构成的做法就是生物环境设计。

# 生物气候设计的谱系

## 借鉴历史和典型案例，在今后生物气候设计中加以创造。

本章由回溯历史的年表，各年代有代表性的建筑中采用生物气候设计技术的介绍，以及历史的视角和面向未来趋势的介绍等栏目构成。
通过本章了解生物气候设计从过去走向未来的发展动向，思考今后的生物气候设计。

# 生物气候设计的谱系

1700 1800 1850 1900 1950 1955 1960 1965 1970

考虑气候、环境的技术及形态，为适应时代的要求，进行了各种尝试，积累的成果连续不断地成为新建筑的基础。纵观技术进步的足迹和国内外的社会形势交替重叠，以及生物气候设计的历史变迁。

凡例
■□建筑物（■日本　□海外）
◆技术·产品
◎思潮·会议
○理论·法则
◇书籍·文献
●法律制度·规划

## 建筑

■听竹居（藤井厚二1928）
■Domo Multangla（山越邦彦1936）
■土浦龟城宅邸（土浦龟城1935）
□ Frederick C.Robie House（Frank Lloyd Wright 1909）
□卫奇塔住宅（B. 富勒-1944）
□Yimuburu别墅（Le Corbusier1922）
□tropicalhouse（J•Prouve 1951）
■日土小学（松村正恒 1958）
■NCR大厦（吉村顺三 1962）
■轻井泽山庄（吉村顺三 1962）
■小型装配式房屋（大和房屋工业1959）
□ Siedlung Halen（工作室5 1961）（R..Banham, 1965）
■札幌之家·自宅（上远野彻1968）
积水房屋M1■（大野胜彦+积水化学工业1970）
Arcosanti的实验城市□（Paolo Soleri 1970）

## 照明

◆煤气灯的开发（William Murdoch 1792）
◆换气式煤气灯的开发（Penams 1860）
◆白炽灯的发明（T. 爱迪生1879）
◆荧光灯的开发（1938）

## 采暖

◆取暖炉的开发（B.富兰克林1760~）
◆放热器的开发（J.瓦特1784）
◆暖风取暖器的上市（利用人力产生气流）（1821~）
○发表“采暖和通风的原理”（Thomas Tredgold 1824）
◆利用铸铁蒸汽式取暖放热器的上市（1860~1870）
◆顶棚热辐射板的开发（A.H.baka1931）
◆辐射取暖设计法确立（A.Colmar等1938）
◆电气式地板采暖的上市（1960~）

## 制冷

◆醚冷媒冷冻机的开发（1834~1871）
◆空气冷媒冷冻机的上市（1845~1862）
◆空调机的开发（Willis Carrier 1904）
◆离心冷冻机的上市（Willis Carrier 1922）
◆氨冷媒冷冻机的开发（1927）
◆空调定义的发表（Willis Carrier 1949）
◆日本·吸收式冷冻机的开发（1960~）
空冷式热泵用螺杆冷冻机的上市（1970~）◆
地区中央空调上市（1971~）◆

## 建材、建筑系统

◆蒸汽机的开发（J·瓦特1765）
◇通风理论和实际图说（David Boswell Reid 1844）
◇《住居和通风》（Max Josef von Pettenkofer 1858）
◇通风和采暖的原理（J.S.biringusu1884）
◎德国·玻璃纤维的工业化（1917~）
◎铝合金门窗的普及（1951~）
◆太阳能电池的发明（贝尔研究所1954）
◆红外线吸收平板玻璃的开发（1957）
○必要换气量的提倡（C.P.Yaglou1936）
◆中空玻璃的开发（1954）
◆空气调节式窗的上市（1962~）
◎玻璃纤维的普及（1965~）
◆红外线防辐射玻璃的开发（1966）
浮法玻璃的开发（1969）◆

1700 1800 1850 1900 1950 1955 1960 1965 1970

## 科学、社会「世界」

○热传导方程式（Jean Baptiste Joseph Fourier 1822）
◇《火的动力》（Sadi Carnot 1824）
○熵增大法则（Clapeyron Kelvin Clausius等1830~1865）
○电磁诱导法则（Michael Faraday 1831）
○能源保存定律（M.H焦耳等1840~1860）
○电磁方程式（J.C.Maxwell 1864）
○自由能源（J.W吉布斯1876）
○斯忒藩-玻尔兹曼定律（Stefan-Boltzmann 1879~1884）
○建筑研究国际协议会（CIB）（1953）
○白天人工照明（PSALI）发表（R.G. Hopkinson等1963）
◇《Design With Climate》（V.Olgyay1963）
◇《宇宙飞船地球号驾驶指南》（Richard Buckminster Fuller 1963）
《作为环境的建筑》（R. Banham 1969）◇

## 科学、社会「日本」

《日本房屋说自抄》（森林太郎[欧外]1888）◇
《家屋结构和卫生》（清水钉吉1892）◇
《建筑学卫生的要旨》（森林太郎[欧外]1893）◇
○照明学会成立（1916）
○采暖冷藏学会（现在的空调·卫生工学会）成立（1917）
◇《衣食住的卫生学》（藤原九十郎1926）
◇《日本的住宅》（藤井厚二 1928）
◇《阴翳的礼赞》（谷崎润一郎1933）
◇《凉味数题》（寺田寅彦1933）
◇《高等建筑学 第13卷 建筑规划原理》（渡边要等1934）
◇《风土》（和辻哲郎1935）
◇《建筑保健工学》（伊藤正文1938）
●日本太阳能协会成立（1961）
●日本建筑学会·环境工学委员会成立（1963）
环境厅成立（1971）●
《空调手册》◇（井上宇市1967）

■参考文献：空气调和·卫生工学会《空气调和·卫生设备技术史》1991年，节能建筑导则编辑委员会编《节能建筑导则 INVISIBLE FLOW》建筑环境·节能结构，1997年/彰国社编《利用自然能源的被动式建筑设计手法百科词典 新订版》彰国社，2000年 / 日本建筑学会编《系列地球环境建筑·入门篇 地球环境建筑的推荐》彰国社，2002年/日本建筑学会编《系列地球环境建筑·专业篇2 资源·能源和建筑》彰国社，2002年 /《SD评论—2004》鹿岛出版会，2004年 / 宿谷昌则“建筑环境体系的历史表”

1975 1980 1985 1990 1995 2000 2005 2010

■木村太阳能住宅（木村建一1973）
■荒谷登自宅（荒谷登 1978）
■热力住宅的第一部分（今里隆+叶山成三1979）
■名护市政府大楼（象设计集团1981）
■筑波之家I（小玉祐一郎1984）
■阿品土谷医院（奥村昭雄+野泽正光1988）
■相摸原的住宅（野泽正光1992）
■NEXT21世纪（大阪燃气21世纪建设委员会1993）
■东京煤气港北NT大厦（日建设计1996）
■深泽环境共生住宅（岩村和夫等1997）
■地球的卵（永田昌民等2004）
■明日之家（小泉雅生等2004）
■北方建筑综合研究室（Atelier BNK设计事务所等2002）
■太阳能住宅SⅢ型（三泽住宅公司1980）
■大和房屋太阳能DH-1（大和房屋工业1977）
■PH-21型（积水房屋1982）
■ACROS 福冈（日本设计1995）
■可持续设计研究院（积水住宅2006）
■Hybrid-Z零能源住宅（三泽住宅1998）
■环境光房（大和房屋工业2000）
■EL·SOLANA（松下住宅2003）
□Simpson-Lee House（Glenn Murcutt 1994）
□金碧美术馆（LOUIS KAHN 1972）
□Commerz银行（Norman Foster 1997）
□雷根斯堡的住宅（T. Herzog 1979）
□Tjibaou文化中心（Renzo Piano 1998）
□卡塞尔生态住宅小区（岩村和夫，A.Minke等1984）
□BedZED Beddington零能源开发（B.Dunster 2002）
□德国能源公司RWE AG的总公司大楼（C.Ingenhoven 1997）
□空间区域河内模型（小嶋一浩等2003）

---

◎利用直射日光的思考（1978~）
◆白色LED灯的开发（1996）
要求自觉限制白炽灯的生产、销售（2007）◆

---

◎被动式系统的提倡（A.鲍威尔1973）
◎被动式采暖的试行（1976~）
◆温水地暖（1975~）
◆水集热太阳能系统的上市（1977~）
◆空气集热太阳能系统的上市（1979~）
◆数字显示温度计（热敏电阻式）的上市（1980左右~）

---

◎被动式制冷空调的试行（1980~）
◆楼房用冰蓄热方式出现（1980~）
◆单体冷暖组合空调的上市（1981~）

---

◎混合通风的试行（1995~）
◆多层热辐射玻璃的开发（1981）
◆低辐射多层玻璃（Low-E玻璃）的开发（1983）
◆高遮蔽性能热线辐射玻璃的开发（1986）
◆高遮热隔热多层玻璃的开发（1992）
◆日照控制玻璃的开发（1994）
◆真空玻璃的开发（1997）

1975 1980 1985 1990 1995 2000 2005 2010

◎第一次石油危机（1972）
◎第二次石油危机（1979）
◎环境和开发的世界委员会报告书《我们共同的未来》（1987）
◎联合国人类环境会议·斯德哥尔摩宣言（1972）
◎地球首脑里昂宣言（1992）
◎被动式太阳能国际会议（1976）
◎COP3京都议定书（日本1997）
◎被动式制冷专家会议（1980、1981）
◎Green Building Challenge（加拿大1998）
●贝尔格莱德宣言（1975）
◇地球白皮书（L.布朗1992）
●评价工具“LEED”（美国1996）
◎第一次PLEA国际会议（1982）
●评价工具“BEPAC”（加拿大1993）
◇罗马俱乐部“成长的极限”（D.H.梅多斯等1972）
●评价工具“BREEAM”（英国1990）

---

●节能法制定（1979）
●住宅节能标准的修订（1992）
●住宅节能基准告示（1980）
●文部省生态学校建设方针（1996）
●新能源综合开发机构（NEDO）的成立（1980）
●生态住宅认定制度的制定（1998）
●性能标准“PAL/CEC”的引入（1980）
●AIJ“地球环境·建筑宪章”（2001）
●评价工具「CASBEE」（日本2001~）
●被动式太阳能房屋推进协议会的成立（1986）
●地球变暖对策推进大纲（2002）
◎第一次石油危机（1973）
◎新阳光计划（1993）
●居室机械通风设备的义务化（2003）
◎阳光计划的开始（1974）
◎太阳能发电补助制度（1994~）
◎第二次石油危机（1979）
●住宅节能标准全面修订（1999）
◎Moon light计划的开始（1978）
日本建筑学会·生物气候设计WG成立（2001，小委员会成立2005）●
◎日本及日本建筑学会被动式设计活动的开始（1975）
◇《探求与自然共生建筑》（宿谷昌则1999）
◇《为利用自然能源的被动式建筑设计手法百科词典》（彰国社编1983、2000新订）

COLUMN 1

# 建筑规划原理的谱系和建构

堀越哲美

## ■ “造家卫生”的诞生

回顾和整理明治至昭和初期，从造家卫生学到建筑规划原理建构的谱系。可以认为明治21年（1888）对日本建筑规划原理而言是值得纪念的日子。那是中村达太郎就任帝国大学教授，森林太郎（又名森鸥外）结束在德国的卫生学课程回国之年，也是藤井厚二在广岛县福山市出生之年。建筑卫生学领域相关著作、论文等是以这一年为界开始正式发表的。其开端是森林太郎的《日本房屋说》，接着是《陆军卫生教程》。明治25年（1892）清水钉吉的《房屋构造和卫生》付梓出版。

造家卫生的用语最初出现在森林太郎的明治26年（1893）《造家卫生的要旨》一书。然而，从明治末期以后到大正末期之间，除远藤椿吉外，相关论文和著作极少。但是，大正5年（1916）照明学会设立，大正6年（1917）暖气冷藏协会（现在的空气调和、卫生工学会），大正8年（1919）大原社会问题研究所（现在的劳动科学研究所）等以及室内环境相关的团体相继成立。大正12年（1923）在京都大学医学系卫生学教室开始发行《国民卫生》杂志。建筑卫生学、规划原理相关的论文有了急剧增加。

## ■ 规划原理的建构

昭和元年（1926）以藤原九十郎的《衣食住的卫生学》，昭和2年（1927）佐藤功一、木村孝一郎的《住宅平面设计》为开端，发表了一系列建筑卫生、建筑设计相关的著作，在该学术领域提出冠以各种名称的建议的同时，尝试了规划原理作为学问的体系化。特别是在昭和9年（1934），渡边要、长仓谦介等的《高等建筑学第13卷规划原理》可以说是首次被冠以该名称的。与环境规划事项一起，也囊括了门窗、家具、平面布置等内容。昭和13年（1938）山口仪三郎的《建筑规划、原理各论》付梓出版。书中包括了室内环境、人体工学、房间布局、防灾、装饰设计和设计手法等，并对这些内容进行解说。这反映了当时人们已经意识到建筑设计，据说也进行了作为设计手法的环境研究。

还有，大学研究人员去海外留学，增加了对新领域的介绍和海外论文的翻译机会。在独创的室内气候相关的研究中，《国民卫生》刊载的藤井厚二的“有关我国住宅改善的研究”一文被认为是开其先河。酿成了此后与其他论文汇总而成的著作《日本的住宅》研究成果。不得不说，这是在藤井厚二与京都大学卫生学研究室间的密切合作中孕育而生的，同时来自户田正三为首的卫生学者们的影响也是很大的。藤井厚二也是设计师，他的思想是要给建筑设计以理论根据——科学论据。而且值得庆幸的是其研究以居住环境和卫生为研究对象的领域就在我们身边。这个时期正像大正11年（1922）佐野利器的科学立国论所主张的“科学必须作为立国国策”言论那样，正值合理主义、科学主义的时代背景下，也是受其影响。到昭和11年（1936），由于前田敏男前往满洲，开始了建筑传热学的理论化研究，为建筑引入物理方面的理论起到了重要的作用。昭和13年（1938），作为前辈的藤井去世，作为建筑卫生学研究的东部据点的国立公众卫生院成立了，伊藤正文创刊了《建筑保健工学》刊物。作为人的生理、气象、地貌的相互关系所要求的人工环境的构筑就是建筑，这一论点具有独创性。

## ■ 建筑规划原理的时代划分

在著作、论文和研究人员的思想和意识的基础上尝试了时代划分。用图1来表示。在近代建筑学引进的过程中，以西洋的见地为基础，卫生学者主导的时代为第1时代。建筑师做设计，着眼点放在解决其中的课题，作为研究在卫生学层面不可能成为主角。《国民卫生》的出版，藤井的研究成果发表的阶段为第2时代。这个时代是作为建筑设计的基础理论，原理的萌芽时期。也是建筑学者、建筑师敲开了卫生学、医学的门，进行互相交流的时期。也可认为是建筑师、学者一起进行设计实践的时期。并且，也是卫生学者正式进行建筑卫生研究的时代。其次，卫生学偏向免疫学、细菌学方向，日本建筑师、学者独自发表有关规划原理日本独创成果增加了，这个时期为第3时代。卫生学者的建筑研究锐减，卫生学知识不能直接与建筑学结合。但是，在海外留学和前辈的引导下，新一代研究人员成长起来，推进了建筑的独自研究和技术开发。这也是从卫生学中独立出来，规划原理的构筑时期。这个时代还是暖通空调、电灯照明领域向建筑转移的时期。针对国立大学的研究人员几乎都是作为建筑设计基础的所谓“原理”领域的研究人员，而设备领域则是被引入到早稻田大学的。据推测是大泽一郎等海外留学的关系。并且，迎来了战后以前田敏男为源头的理论体系的确立和实验手法的成立，成为独立于建筑设计并接近于设备的时期，这个时期为第4时代。被视为经典的佐藤鉴的《建筑环境学》，木村幸一郎的《建筑规划原理》，渡边要的《建筑规划原理1》，前田敏男的《建筑学大系 8 声、光、热、空气、颜色》，渡边要的《建筑规划原理 I II III》等一系列书籍相继出版了。但是，昭和38年（1963）日本建筑学会成立了环境工学委员会，同时成为“规划原理”转向“建筑环境工学”的开端。


参考文献

*1　佐藤鉴《我的回想和环境工学的成长》，佐藤鉴老师古稀的祝贺实行委员会，1975年。

*2　中村泰人“环境物理学的历史”《新建筑学体系 环境物理》彰国社，1984年。

*3　日本建筑学会环境工学技术史小委员会“日本建筑学会环境工学技术史小委员会报告”《建筑杂志》99卷1227号，1984年，43～48页。

*4　藤井厚二《日本的住宅》岩波书店，1928年。

*5　堀越哲美 · 堀越英嗣“考虑藤井厚二的体感温度的建筑气候设计的理论和住宅设计”《日本建筑学会规划系论文报告集册》368号，1988年，38～42页。

*6　前田敏男的“向前辈询问建筑环境工学的源流，——我和空调 · 卫生的关系—”《空气调和 · 卫生工学》59卷11号，1985年，1092～1093页。


**第1时代**

☐近代建筑学引进过程的原理　明治期
☐造家卫生——德国卫生学的历史
☐佩藤科费尔（Max Josef von Pettenkofer）——森林太郎
☐建筑设计 作为设计问题的建筑卫生——曾根达藏、前田松韵、武田五一、中村达太郎

**第2时代**

☐日本建筑学的成立、稳定　大正9年（1920）~
☐来自卫生学的信息，共同“国民卫生”的作用
☐海外留学——大泽一郎、佐藤武夫、平山嵩
☐作为建筑设计理论依据的规划原理——堀越三郎、藤井厚二

**第3时代**

☐规划原理的形成　昭和10年（1935）~
☐偏向卫生学的免疫、细菌学
☐独立研究成果的出现——木村幸一郎、渡边要、川岛定雄、佐藤鉴、前田敏男、谷口吉郎、十代田三郎、伊藤正文
☐对机器设备、电灯照明等建筑设备的认识

**第4时代**

☐规划原理的确立　战后
☐理论的体系化　偏向建筑物理学——前田敏男
☐实验手法的确立和物性值的测定

图1　建筑规划原理的发展和时代划分

# 利用温差

**夏季，屋顶内的空气由于受到日照形成比户外空气还热的高温。“听竹居”在屋顶内、顶棚、地板附近适当地设置了空气的出口和入口，利用温差制造空气流动，迅速排出室内的热气，获得凉爽，这是夏季友好住宅的目标。**

## 听竹居 1928年

设计：藤井厚二
地址：京都府　大山崎町
占地面积：约12000坪（每坪3.333m²）
总建筑面积：173m²
结构 · 规模：木结构 · 平房

1920年代，面对引进欧美风格，和洋折中（日式和西洋结合）住宅的普及，主张确立与日本固有环境相协调的建筑风格的信念中，实施的一系列实验住宅群中的五号实验住宅。也是藤井厚二的私宅。

## 窗

### 导气筒 · 导气口❶

西侧坡面地下埋设的导气筒的室外空气导入口，用坡面阻挡沿淀河吹来的风，穿过树林导入含有冷气的空气。被引入的空气通过导气筒时被地下的温度所冷却，利用约300mm的地板高差通过埋设的导气口引入室内。

右：为使榻榻米的席地而坐和铺地板的垂足而坐的视线平视，利用327mm的高差设置了导气口。

### 空气的出口 · 入口❷

通过在建筑物的下方设置空气的入口，在上方设置出口，制造空气的流动。

左：在外廊的地板附近设有户外空气的导入口。上：是地板下侧通气窗。地板下的空气，通过通风筒被抽到屋顶内进行通风

### 排气口 · 通气筒❸

顶棚有将室内空气引入屋顶内的排气口。通气筒纵向将地下和屋顶内串通起来，用地板下的潮湿空气冷却屋顶内空气。

右：外廊的顶棚有开闭式的通气口。夏天将其打开引入空气，冬天关闭，使向屋顶内的空气流动停止

从顶棚面的排气口将室内空气引入屋顶内，从屋顶山墙面设置的屋顶通风窗排出。户外空气通过地板附近的开口部，或设置在地下的导气筒相连的导气口经过地下热冷却后引入室内。这个就是所谓的制冷管。尝试把地板下和顶棚内用通气筒进行纵向连接，用地下的湿冷空气来冷却屋顶内部。

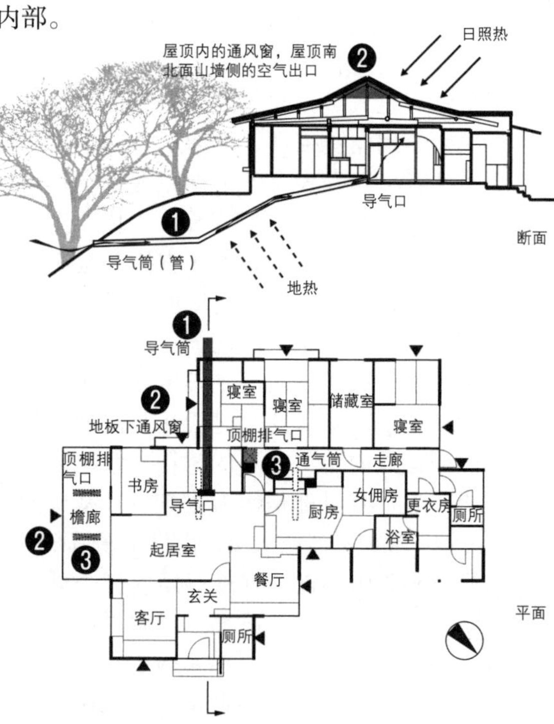


**利用空气的温差进行通风的结构**

所谓“温差通风”是利用室内外的空气压差的通风方法，依靠室内外的空气温差和开口部的高度。通过这个方法，即使无风时也可以对室内的空气进行通风，获得凉爽（26页）。

1.室内的暖空气因密度很小且轻而上升。

2.上部暖空气和室外的空气产生压差。

3.由于压差，暖空气从室内的上方开口部流出室外，室内为负压，新鲜的户外空气从下方开口部进入室内。

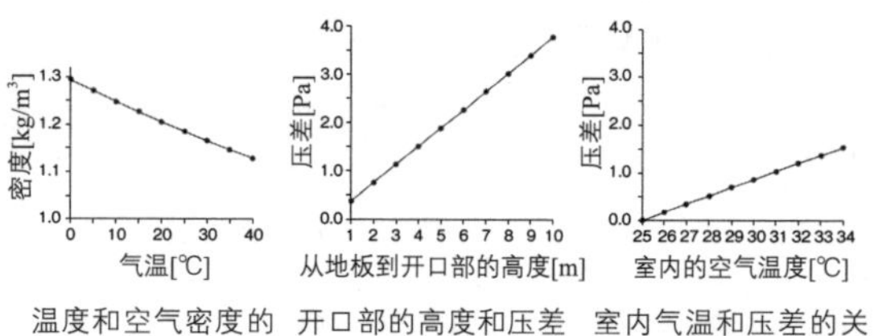


温度和空气密度的关系

开口部的高度和压差的关系（室内35℃室外25℃恒定）

室内气温和压差的关系（25℃恒温开口部的高度4.5m）

# 循环利用能源和物质

**利用菜园和化粪池系统，将生活产生的废弃物作为燃料或堆肥进行充分利用。另外，考虑房间采光的平面设计，通过屋顶太阳能热水供应系统等对太阳能的利用，使住宅具有循环利用热能和物质的系统。**

## Domo Multangla
## 1936年

设计：山越邦彦
地址：东京都 杉並区
占地面积：约600坪
结构 · 规模：木结构 · 2层

Domo Multangla是世界语，意为多用途住宅，建筑师山越邦彦继设计私宅“Domo Dinamika（动力学的住宅）”之后，设计了经济学者林要的住宅。追求的目标是使用太阳能，将垃圾或人粪生成燃料（沼气），菜园使用厨余垃圾生成的肥料，以及雨水利用等多用途利用自然能源，对城市生活者来说是方便的自给自足的住宅。

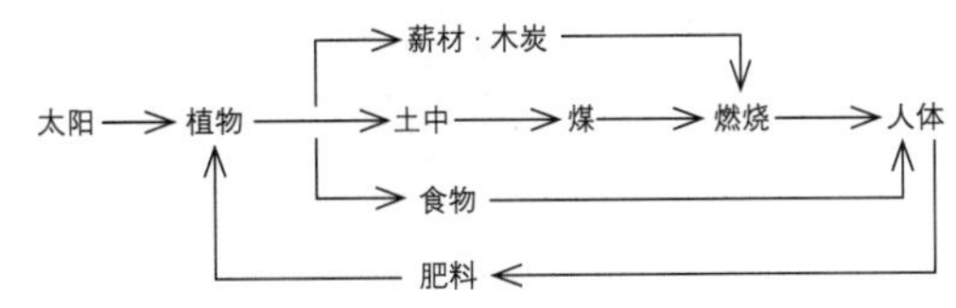


**山越考虑的以太阳能作为能源的循环系统的一个案例**

从食物到使用化石燃料的暖气，我们始终处于以太阳为能源的循环之中，该图说明该循环的链越多，能源越能得到充分利用的原理。（出处：“Domo Multangla 多用途住宅”《住宅》1940年 7月号，47页）

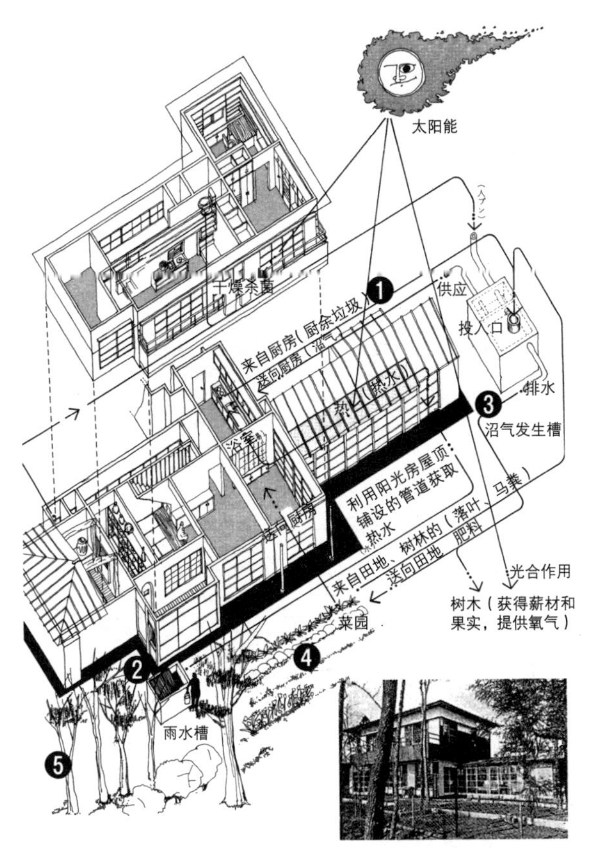


透视图和南侧外观。不建日照不好的房间，卧室全部朝南布置，房屋呈细长型。为有效使用能源，在太阳能集热的阳光房附近，布置浴室和厨房。（出处：《建筑文化》1974年10月号）

### 流动、循环的设计

地球接受太阳的日照，在地球上进行各种有生命的活动，将生成的热抛向宇宙空间，维持着生命得以生存的热环境。在这样大的流动过程中，有建造和拆除建筑等物质循环，水循环、大气循环，人攫取、排泄食物循环等，有形的或无形的各种循环链。所谓考虑可持续性的建筑形态、可持续性设计就是具有这样的流动和循环的现象，在这个过程中考虑更好地整合建筑。

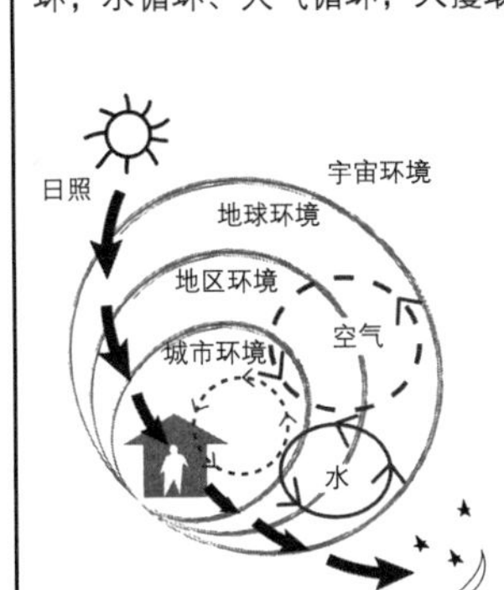


地球环境系统

（参考：宿谷昌则编著《辐射本能和环境理论》井上书院、2010年、242页、图4.0.1。部分改绘）

## 屋顶

### 太阳热的利用❶

设想把玻璃作为太阳热的吸收面，在玻璃的阳光房屋顶上铺设管道，获取温水。

## 雨水

### 雨水的利用❷

用混凝土的雨水槽存储雨水，用于防火等紧急情况，以及洗衣、洗浴。

## 土

### 污物和厨余垃圾的燃料化❸

用沼气发生槽处理人粪和厨余垃圾，使其产生沼气，作为厨房燃料使用。沼气发生槽的废水作为肥料，供应给菜园和树木，产出食物或薪材（燃料），利用这些尝试构筑燃料化的循环系统。

### 菜园❹

建议不要建成类似过去仅供观赏的院子，应建立合理的循环计划，将生活垃圾作为肥料，生产食物的“生产型院子”。

### 杂木林❺

生产燃料，其落叶作为堆肥的原料使用。作为循环链发挥作用，同时起到保护田园美景和防风林的作用。

# 通风

**教室和走廊之间有中庭，面朝河的一侧和中庭侧室外的位置设置两个开口部。通过这两侧的开口部，风和自然光进入教室。位于自然丰富的地方，利用自然风和光的木结构的小学校。**

## 日土小学校（东校舍）1958年

设计：松村正恒
地址：爱媛县　八幡浜市
占地面积：3533m²
建筑面积：715.17m²
总建筑面积：428.19m²
结构·规模：木结构·2层

为引入光和风，空间构成是拥有水渠的中庭，和对屋檐或窗户引入的光和风可进行微调的系统。教室有地窗和通气窗，可以形成由下而上的气流活动。面朝河川的开口部，通过大屋檐或百叶窗调整日照，运用上部窗的磨砂玻璃获取漫射光。

左：教室内部的情况。1950年代，因为当时电力供应不足，尝试将自然光引入教室内，不依靠灯光照明。设置中庭，考虑在全国建设若干两面有开口部的教室。爱媛县八幡浜市政府建设科所属的松村先生设计的日土小学校是该尝试的一个例子。

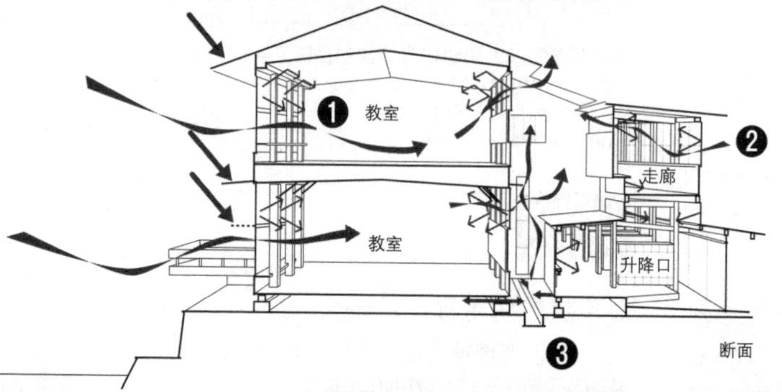

## 窗

### 面向中庭和河川的教室的窗❶

成为风的进出口。上部的窗户采用磨砂玻璃，建造倾斜的顶棚，将自然光分散后引入室内。

面向中庭的教室开口部，但是当磨砂玻璃在亮度上升时，会有眩光

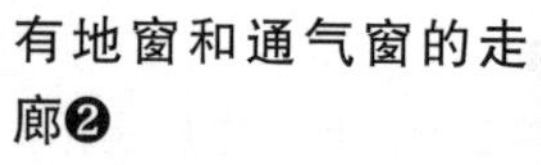

### 有地窗和通气窗的走廊❷

设置高度不同的开口部，进行通风。

面向中庭有地窗和通气窗的走廊

### 有水渠的中庭❸

中庭和校舍的地板下是贯通的，地板下的风可以纵横流动，在无风时，通过水渠冷却地板下的空气，利用与上部的温差形成上升气流。

二层挑檐可以遮挡日照，一层的小檐和百叶窗可以调整日照

### 利用风进行换气的系统

所谓“风力通风”是利用风撞到有窗户的墙面所产生的室内外的压差进行通风的方法。面上产生的压力是依靠风压系数和风速，风压系数是根据建筑物的形状进行实验后求得。风上侧是压缩力在工作，风下侧和侧面是张力在工作。如在风上侧和风下侧两边设置窗户，就可以利用空气的推力和张力，使大量风通过，在保持室内空气清洁的同时，获取凉爽（图1，26页）。

因开口部位置的不同，室内的风道会发生变化。通风的目的是将室内的污染物质迅速地排到室外。因此重要的是巧妙设置窗的位置，以便进行大范围的通风（图2）。

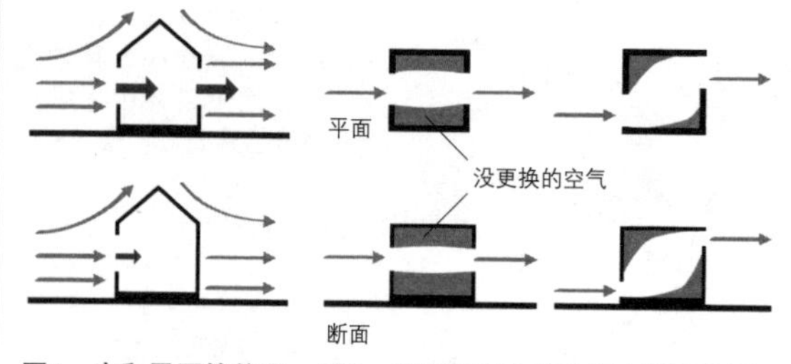


图1　窗和风压的关系　图2　根据窗和位置的室内通风范围

# 利用排热

**将外墙2层玻璃间的间隙作为室内空调的空气通道进行利用，逐渐减少窗周围空调所需的能源，也可以改善温热环境。日本首栋采用现已司空见惯的“双层外皮”的办公大楼。**

## NCR大楼（现日本财团）1962年

设计：吉村顺三
地址：东京都港区
占地面积：2247.9㎡　建筑面积：1591.5㎡
总建筑面积：19329㎡
结构·规模：钢结构钢筋混凝土结构，地下4层、地上8层

由于基地被三面道路所围绕，所以三面都设计成正面，现为日本财团所有，基本上还是使用当时的空调系统。

两层玻璃之间设置的人勉强通过的间隙的外墙，成为将室内空气的排气部分送向屋顶排气扇的通风窗，形成空调机和建筑物一体化的空调系统。室内侧的窗户与兼做吸入室内空气的窗框下竖缝形成一体，其下面的窗户利用了自然通风，保养时为保证人可以进入双层外皮内侧，精细地安排了各种功能。

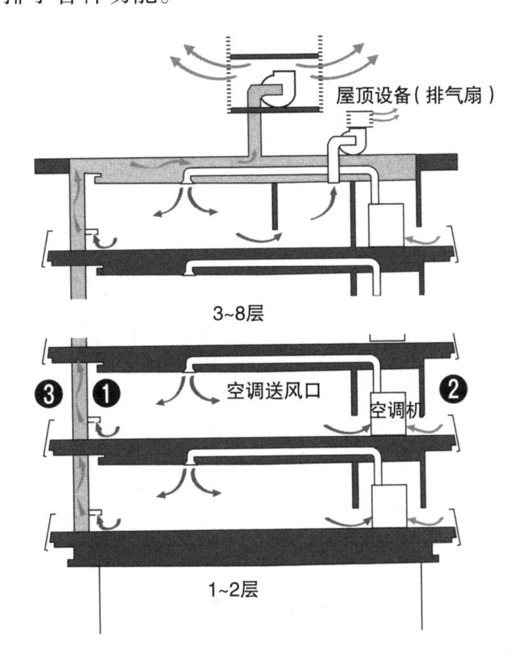

NCR（日本财团）大楼的双层外皮系统。各层的空调机将吸入的新鲜空气的温度进行调节后从顶棚的送风口送向室内，室内空气的排气部分在双层外皮内上升，通过最上层的顶棚通道，由设置在屋顶的排气扇排出。

## 窗

### 室内空气的吸入口❶

用于环境调整后的室内空气是从下框的消音箱进入双层外皮内，由双层外皮之间的空隙上升，从屋顶的排气扇排出。

和窗户一体的有竖缝的双层外皮

### 室外空气的导入❷

从各层设置的空调机获取新鲜空气，调节温度后送入室内。

自然通风用的单侧推拉兼外凸窗下窗

### 防红外线吸收玻璃❸

室内侧使用普通玻璃，3~8层楼的外侧使用防红外线玻璃。夏季使用防红外线玻璃遮挡日照，通过排出室内空气，防止表面温度的上升。冬季即使室外气温在零度，通过的是室内排放空气，使玻璃的表面温度接近室内温度，这样就可以防寒。

### 下窗❹

为确保避难通道和中间期的自然通风，下窗向外侧凸出，室内侧采用单侧推拉兼凸窗可以开关。

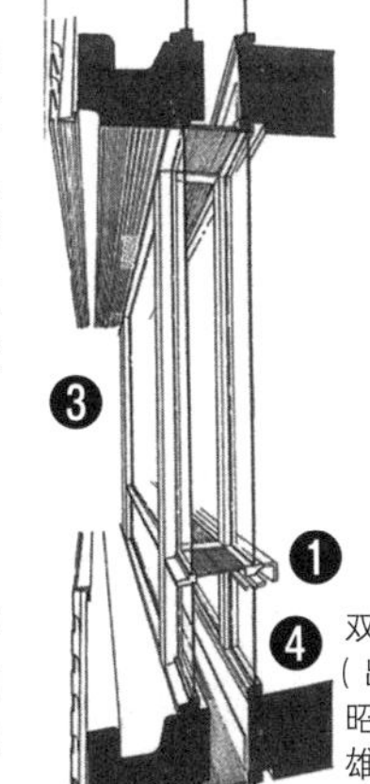

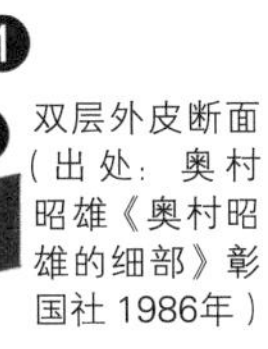
双层外皮断面（出处：奥村昭雄《奥村昭雄的细部》彰国社 1986年）

### 利用双层外皮削减热负荷的结构

在办公楼的室内，外墙3~5m的范围称为周边，由于容易受室外空气的影响，夏天热，冬天冷。因此通常把大的空调机设置在窗附近，由此来调节外气的影响。另一方面，在双层外皮大楼中，利用被排放的室内空气，通过2层玻璃之间的空隙，使玻璃的表面温度接近室内温度，减少了从窗户泄漏的热能（热损失），降低了整体的热负荷。同时窗户附近可不需要空调机，也没有混合损失*。而且从窗户进入的辐射热和冬季的冷风感（51页）也会减小，在节能的同时还可以提高舒适度。

*混合损失：在一个空调系统中，冷暖空气的混合后产生损耗。在大量使用玻璃的大楼中，室内中央（Interior Zone）由于个人电脑或人体发出的热量，即使冬天也要开冷气，而在窗周边需要暖气，这时会发生混合损失。

# 德国建筑生物学（Baubiologie）的基本概念

岩村和夫

1970年代的后半期，德国围绕着建筑范式掀起了很大的波动。对迟到的后现代的诱惑，背负着纳粹战争责任的德国，有着很大伦理上的踌躇。不能像其他国家那样轻松地迈过历史象征主义，选择无节操“设计”的立场。另一方面，在与那些论争无关的地平上，对于现代建筑的能源和资源，以及与“建筑物理学（Bauphysik）”关系密切的诸性能，从内外环境及使用者的心理和生理视角重新认识的动向迅速萌发。这给60年代，甚至在战前每个州都鲜明地反映了其地域性，积淀了各种扎实的尝试。进而在60年代后半期，以美国的理查德·巴克明斯特·富勒（Richard Buckminster Fuller / 1895～1983）为中心的活动，后被石油危机的事件所触发，促使其加速埋下伏笔。那时，确立了通过人的心理和身体性，考察生物学和生态学与建筑关系的方法。称之为“建筑生物学（Baubiologie）”。

作为那时期中心人物之一的理查德（Richard J.Dietrich / 1938～），一方面在鲁尔地方尝试采用能效高的工业化技术的开放建筑体系（Open Building System）的构法建设新城，同时在南德国营造自家住宅时多使用自然材料，实现了珍重周边丰富自然环境与文脉的彻头彻尾的生态住宅。“建筑生物学”的建立与他初期旺盛且充满矛盾的实践成果和睿智有很大的关系。即作为生物存在的人来看，构想可以进行生命活动的地球、地域和周边的环境与现代建筑这一构筑物互相关系间应有的形态，对现代建筑的常识逐一进行重新认识，以展望未来（图1）。

达姆施塔特的弗郎兹（Franz Volhard / 1948～），卡塞尔的戈纳特·明克（Gernot Minke / 1937～）等，聚焦在当地轻质粘土这个地域性自然材料上，各自独立开发了施工方法，作为自己建造自家住宅的工匠、作为土著的生物学的实践者持续地活动。还有，在斯图加特大学同期学习建筑的曼弗雷德·黑格（Manfred Hegger / 1947～）和乔布·易北（Joachim Eble / 1944～），一同在80年代中期，几乎同时各自实现了完全不同形式的“生态住宅区”。相对前者力求与新技术融合以现代设计为出发点，后者深受鲁道夫·斯坦纳（Rudolf Steiner / 1861～1925）思想的影响，在与现代设计保持距离的基础上，将形态特异性作为财富。还有，在详细分析自然界存在的构造体的同时，在彻底追索建筑构造的合理性过程中，发现该一致性的弗雷·奥托（Frei Otto / 1925～），从60年代开始向建筑构造设计的世界开启了全新的视角，他将斯图加特工科大学和自己的工作室作为据点，开创出所谓轻质膜结构这个独自世界。

通过如此丰富多彩的探索，“建筑生物学”在实践中不断深化。然而，在大量共识中，构成了“近代”以后的现代，偏向生产、流通的千篇一律的规划手法，其结果对人和自然都“不健康”的建筑环境表现出强烈的质疑和诟病。即把“健康”置于原点，指出现代建筑的非生物学性，在建筑生产和流通的近代化、工业化的进程中，对被驱逐的传统施工方法和材料进行再评价的过程中，对更为广泛的“近代”本身的认识问题浮出水面。

日本建筑学会的《建筑杂志》在1986年的6月期策划了“生态学和建筑”的特辑，刊登了来自建筑、环境工学、经济学、植被学、建筑生物学等广泛的相关领域的论文。

其编辑方针是根据“……考虑建筑和城市的未来时，如离开了生态学概念便无从谈起。认识到由于各种人为活动的结果所带来的，在今后的社会中对人们的生活产生影响和制约的层面，同时还有要求扎根各地区的自然、产业和文化生活的另一个层面。并且，今天要求建筑和城市的现状以及其表现符合那样的状况，需要相应的技术开发……”。此外这里介绍的“建筑生物学联盟宣言”中，由于此后的建筑生物学的开展，使本来含糊不清的意图以提出问题的方式进行了明确的论述，以下再次转录。

建筑生物学联盟宣言（1980年）

1）应对千篇一律的建筑造型的非人性化进行深刻反省：〈造型上的问题〉

2）应遵照建筑生物学的法则重新考虑极端人工化的居住生活、生产活动、教育活动的场所：〈人工环境的非生物的问题〉

3）从建筑材料的采购到城市规划，应根据生态学的关照，重新进行组合：〈关于建筑的规划、生产、流通的生态学问题〉

4）被建设中的官僚主义破坏了的建筑问题应通过建筑再次寻求灵魂、精神和肉体合一，作为艺术以生物学的社会一贯性进行构筑：〈建筑行为的综合性和艺术性问题〉

5）不是向后看的自然主义的建筑论，对人和自然、建筑的关系以创新的自然观进行维持发展：〈建筑和自然观问题〉

6）不是出于对进步的担心，对国家的不信任等单纯的拒绝主义，而是要对抗极端物质主义获得环境形成上的自由：〈环境形成和物质主义问题〉

7）不否定工业化，寻求对作为有机体的人的存在做有效的技术重组：〈技术和人的问题〉

8）在承认社会发展的基础上，积极进行建设行为本质所应有的环境保护定位：〈建筑行为和环境保护问题〉

本宣言所看到的课题工作，是以卓越的、跨学科的领域横向切入为前提。在我国1990年以来所推进的“环境共生住宅”以及近几年的“可持续建筑”的基本认识的很多共通点都出于这里。有关“地球环境问题”的全球性危机感和支撑可持续发展的社区形态等是后来重新补充的内容。

那么今后的建筑，作为时代思潮，将广泛共有的现代课题以及依据地区的不同显在地、潜在地发现的独特课题进行交叉研究，作为扎根于身体体验的最佳实践去构想，建筑生物学将持续诉诸其重要性。

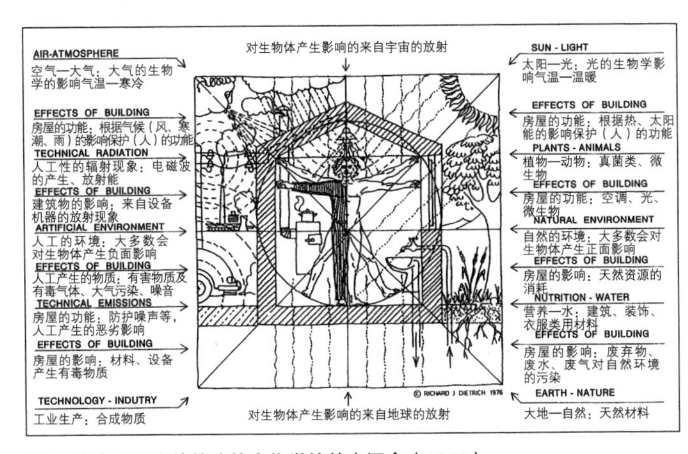

图1　来自于理查德的建筑生物学的基本概念（1976）


参考文献

*1　《建筑杂志》日本建筑学会 1986年6月号

*2　岩村和夫《鹿岛选书211建筑环境论》鹿岛出版会 1990年

*3　岩村和夫《可持续建筑最前线》BIO-City出版社 2000年

*4　日本建筑学会编《地球环境时代的城市建设》丸善 2007年

*5　日本建筑学会编《第2版·地球环境建筑的推荐》彰国社 2009年（初版：2002年）

*6　环境共生住宅推进协议会编《新版·环境共生住宅A-Z》BIO-City出版社 2009年（初版：1998年）

# 寒冷地封闭下的开放

**虽然是在积雪寒地，但作为能满足保温性和采光性的开放型住宅，持续居住了40多年。长期持续居住的这个“北国之家”，可以说是在寒地建造开放型住宅的先驱。**

## 札幌之家・自宅 1968年

设计：上远野彻
地址：北海道札幌市
占地面积：1,387.7m²
建筑面积：198.0m²（增建部分除外）
总建筑面积：165.1m²（增建部分除外）
构造・规模：钢结构・平房（竣工时/增建后为2层）

“札幌之家”，是1968年竣工的钢结构平房，是代表北海道的建筑师的宅邸。该住宅巧妙地利用了北海道室兰钢铁公司生产的COR-TEN钢材（耐大气腐蚀钢）和札幌近郊江别生产的砖等北海道当地材料。

一般来说寒地住宅，必然要考虑作为“封闭技术”的保温、密封、防露。另一方面，采光和通风等“开放技术”也不可缺少，设计者应提出两者的结合方式。既是设计者又是居住者的上远野彻，在提高外墙保温性能的基础上，对于需要满足保温性和采光性的开口部推导出答案。那就是中空玻璃和两面裱糊纸隔扇的组合。

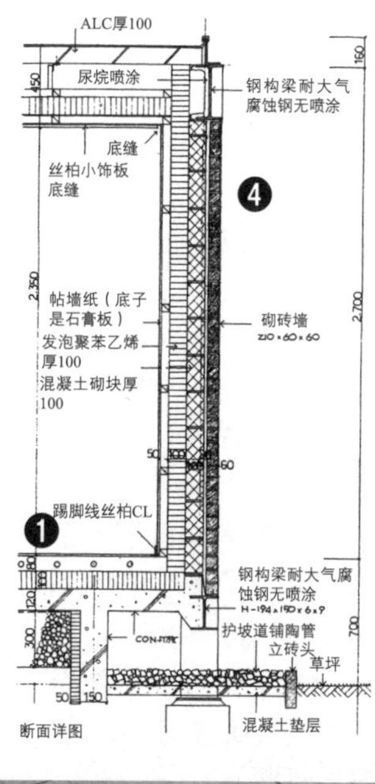

断面详图

### 地

#### 地板采暖❶

当时采用了罕见的地板采暖，厚度120mm的混凝土结构体上铺厚100mm的泡沫聚苯乙烯隔热，再在上面抹灰80mm，埋入温水配管（直径25mm）铜管。40年以来，地板下的温水管从未发生过漏水等故障（锅炉更换了），目前继续在运转。全部房间铺设地暖，地板面是无障碍设计（竣工时还没有无障碍的正确定义）。

下：1层的起居室。顶棚的装饰原来使用的是丝柏，由于干燥，很多木节脱落，开始居住后改为北海道产的“椴木”，体现了执着于当地材料的设计者的考量。在设计中顶棚采用2350mm的高度，反映了日本人经常跪坐的生活方式，站起来的话会感到离顶棚较近，实际坐下来时，从高2100mm的窗户进入室内的阳光非常充足，户外的景致宜人

# 窗

## 中空玻璃❷

为满足保温性和采光性两个方面，当时采用中空玻璃是比较罕见的（需特别订货）。竣工时，在北海道一般的窗是钢框格单面玻璃双层，但热损失极大，在内外窗之间的结露也成为问题。另外在当时，保温性和采光性被认为是二律背反，为了控制热损失，自然要缩小窗面积是比较普遍的倾向，但通过采用中空玻璃，诸多问题得到了某种程度的改善。

密封垫圈式的中空玻璃确保厚6mm的中空层，窗框采用耐候钢板和石墨处理（包含窗框窗的总传热系数的推定值：3.5W/（m$^2$·k）左右）。顶棚高度2350mm中，因窗的高度占2100mm，所以白天自然光可射入室内，十分明亮。

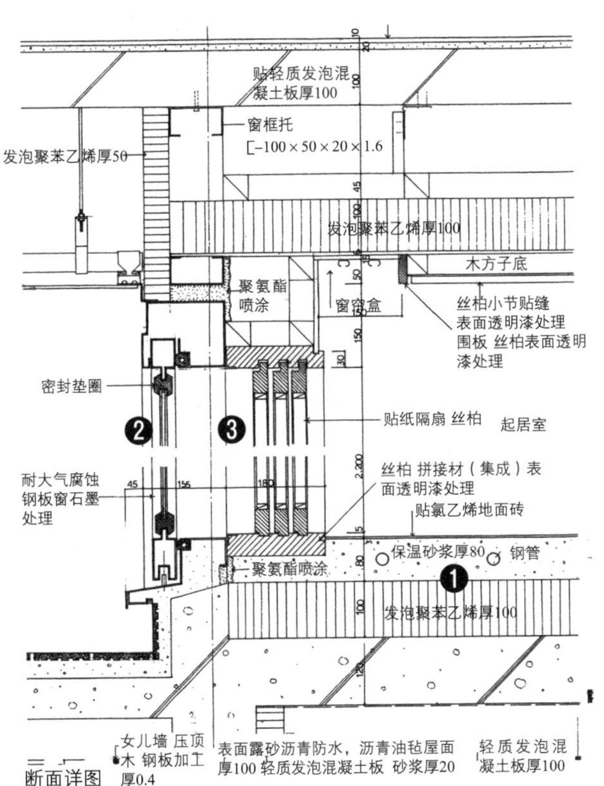

断面详图

两面裱糊纸隔扇和收纳多层玻璃的开口部

## 两面裱糊纸隔扇❸

中空玻璃内侧设置隔扇窗，全部的隔扇窗被安装在套窗内。普通的隔扇只是在木框的一面贴日本纸而已，而在这里木框两面都采用了“两面裱糊纸隔扇”。在2张日本纸之间设置了20mm的空气层，这样比一面日本纸的隔扇窗隔热绝热性高。冬天庭园雪的反射光很强，但隔扇使室外强光扩散，对室内的采光充分发挥了作用。

# 墙

## 高保温的外壁❹

外壁用砖（210×60×60mm），在该室内侧砌了厚100mm的混凝土砌块，在其内侧设置厚100mm的泡沫聚苯乙烯。当时采用100mm厚的保温极为罕见，“札幌之家”有作为实验住宅的背景。设计者上远野当时并没有意识到自己使用的发泡聚苯乙烯与现在广泛普及的聚苯乙烯泡沫板的保温性能的差异，但40年的生活中对保温巧妙处理的自信，一直保持到晚年。

从庭园看起居室。柱子和房梁是耐候钢（无涂饰），外壁贴砖

### 通过数据了解地板采暖和两面裱糊纸隔扇的效果

**■非供暖时的最低室温14℃**

户外空气的温度降到冰点（0℃）以下时，非供暖时间夜间起居室窗边的室温即使下降也不会低于14℃，供暖时保持在20℃左右。起居室窗边比室内深处温度低1℃左右，室内没有“温度不均匀”。即使在现代，要使窗边与室内深处保持1℃差的住宅也是很少的，40年前的保温、设备技术（高保温+地板采暖）的效果之高可想而知。

**■提高均匀度**

窗边的照度相当白天5001x，连室内深处也可达到100～2001x（由于隔扇的开放匀称度达到0.3）。拉上隔扇时来自室外的强光由于隔扇成为漫射光，照亮整个房间，均匀度达到0.6。雪面反射光可以得到适当的亮度感，作为冬季积雪地特有的光源能够得到充分利用。

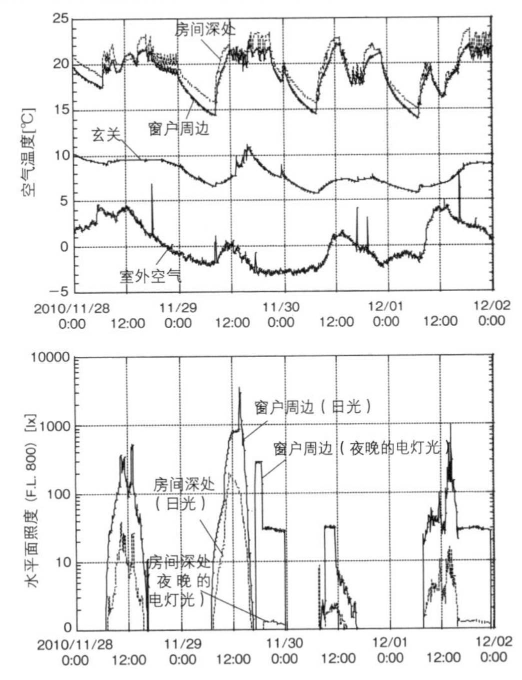

“札幌之家”的起居室温热环境（上）和光环境（下）的测定结果（2010年11月28日~12月2日）

COLUMN 3

# PLEA的草创和生物气候设计

木村建一

## PLEA诞生的时候

PLEA是Passive and Low Energy Architecture的字头缩略语，音译为“普莱依”。在1970年代盛行太阳能采暖时，出现了不使用各类机器，巧妙利用建筑各个部位自身热的被动式建筑的设计手法。很多建筑师和物理学家对此抱有兴趣，被动·太阳能国际会议也从1976年开始举办。而与此相对，尝试面向暑热地区的被动制冷团队在美国佛罗里达大学教授阿萨·鲍恩（Asa·Bauen）的倡导下应运而生。他开始着手进行适合闷热地域气候的建筑设计，详细地调查了世界各地传统住宅的形态和气候的关系。鲍恩1980年和1981年在迈阿密海滩市召集了有关“被动制冷”（Passive cooling）的专家会议。1981年的会议我也参加了，超过200名参加者，盛况空前。会议报告集中收录了大量的重要论文[*1]。

翌年1982年9月鲍恩在“被动及低能耗Ⅰ”（Passive and Low Energy Alternatives Ⅰ）的主题下，借百慕大简朴的生物学研究所设施，召集了国际会议。40人左右的参加者全部下榻这里，进行了4天充分的研究发表和讨论[*2]。会议室没有冷气，室外安静也没有噪音，打开窗，凉爽的海风习习，大家都着衬衫出席会议。

会议特邀了在非洲和印度多年，亲自进行热带建筑设计的英国建筑师马克斯威尔·弗莱（Maxwell Fry）和吉恩·多留（音译）夫妻进行讲演，他们获得了第一届的PLEA奖。

由于飓风临近，鲍恩先回去了，不过此后美国亚利桑那大学的杰弗里·科克（Jeffrey·Cook），南加利福尼亚大学的Marei·Milne，澳大利亚昆士兰大学的史蒂芬·斯科拉（Suteivu·Sokorai），美国建筑师唐纳德·沃特森，丹麦工科大学的（Ore·Fanga），以色列的Barufu·Givuoni，伊朗的Medei·Bahadori等，主要的专家在和谐的气氛中就今后的时局交换了意见。其中，所谓“Passive and Low Energy Alternatives I”的主题，鲍恩构想了被动式系统和仅用少量能源的代替方式等各种，但主流意见认为不够肯定。斯科拉先生从容地发言说“被动与低能耗建筑”（Passive and Low Energy Architecture）怎么样时，与会人员立即一致说这个好。这就是PLEA创始的瞬间，百慕大会议被认同为第1次PLEA会议[*3]。

以此为开端，PLEA会议每年都轮流在世界各地召开，参会人员有对环境重视的建筑师和建筑物理学家，在日本称为建筑环境学者，大致各一半，一直持续到今天。特别对环境建筑师来说这是唯一的国际会议，不过遗憾的是参加PLEA会议的日本建筑师迄今为止还为数不多。这是因为在日本建筑界，建筑师热衷设计的志向很高，认为节能设计是环境工学者和设备技术人员的分内业务，认为与己无关的建筑师很多。

## PLEA的特色

1983年在希腊的Crete岛召开了第2次PLEA会议，笔者未能出席。PLEA会议的特色是赞同会议宗旨志士的小规模聚会，是可以增进个人交流的会议，不过1984年的第3次PLEA会议是在墨西哥城非常气派的国际会议厅隆重召开的。

除了常规的发表论文以外，会长鲍恩要求各地域或各国的代表提交能表现各自地域土地及气候的特色，在那里建造的传统居住形态的乡土建筑的专题论文。我提出了关于日本的稿件，我觉得鲍恩具有最终将世界各地的气候与

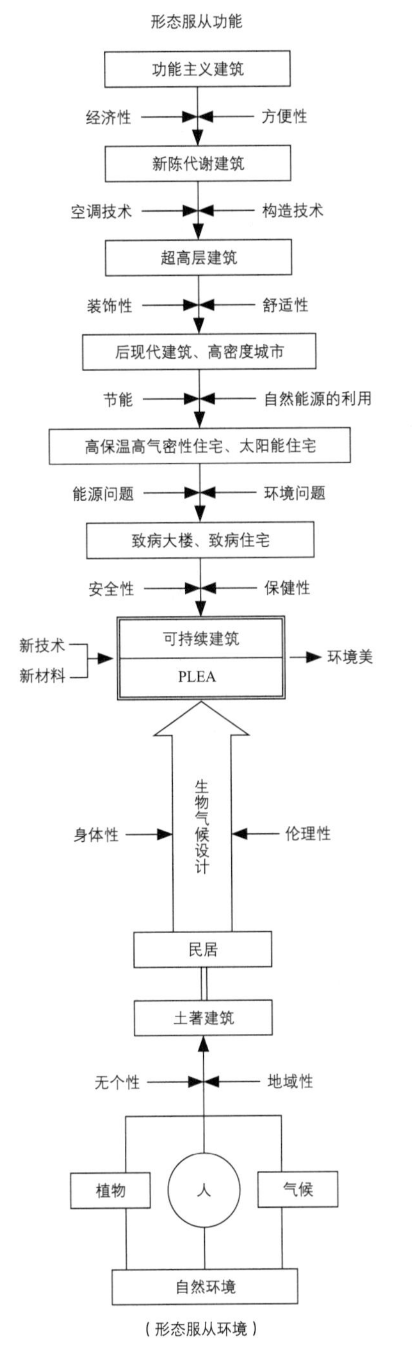

志向于可持续建筑的近代建筑的潮流和与此相应萌芽的生物气候设计的PLEA

居住关系进行集大成的热情。可以说这正是生物气候设计的本质。并且说明了形态适应气候的植物和建筑是同类东西，建筑生物学即和在德国开花的建筑生态学（Baubiologie）有相通之处，但根基是早先的生物学分支领域之一的生态学（Ecology）。在建筑领域中，匈牙利出身（生）的维克托·奥吉尔（Victor Olgyay）兄弟的著作*Design with Climate-Bioclimatic Approach for Regionalism**4可看出其端绪。

归纳以上宗旨的历史脉络示意如左面的流程图。

## PLEA的独立性

精力旺盛的鲍恩主张，PLEA原则上每年召开，他说原本想1年召开2次。但鲍恩可能是由于过度劳累，疏于健康管理，很遗憾在1987去世，享年62岁左右。

留下来的我们一时不知所措，1987年中止了会议的召开，不过还是决定应该继承鲍恩的遗志，以科克为中心，重新调整体制。后来，1988年葡萄牙大学教授费尔南德斯（Oriveira · Fernandes）发出号召，在自己工作的波尔图大学召开第6次PLEA会议，笔者也出席了。

在那里也邀请了鲍恩夫人，并授予她PLEA奖，盛赞了教授的伟大业绩。Anne · Bauen对去世丈夫的事迹进行了讲演，全体与会人员沉浸在回忆中。鲍恩夫人很擅长画草图，据说鲍恩论文中的民居详细草图就是她的手绘。

会议之后，主要的同仁集合在一起，对今后PLEA的方向进行了议论。为继承阿萨·鲍恩的遗志，制定了以相同方式继续PLEA会议的规章，成立了由6人组成的理事会。科克担任会长，Shimosu · Yanasu被选为干事，斯科拉

(Sokorai)，塞尔吉奥·洛斯(Sergio·Ross)、费尔南德斯以及笔者被提名为理事，英国的亚纳斯(Yanasu)整理参加者的名单，发出下次会议的通知，制作宣传手册。如果没有他的工作奉献，也许不会有今天PLEA的兴盛。

英国雷丁大学(University of Reading)的Ali·Saigu教授，主导着世界再生能源会议，提出了包含PLEA会期的建议，但未被接受。此外，因为笔者第二年1989年要担任在神户召开的国际太阳能会议的副委员长，提出了其中包含PLEA的建议，不过这也遭到了反对。据说因为鲍恩是与ISES(International Solar Ellergy Society)划清界限的，坚持认为PLEA是独立主办国际会议的机构，在其他的会议上进行被动建筑的会期是可以的，但使用PLEA这个名字感到为难，与ISES划清界限是PLEA主张的独立性，但随着时间的推移，许多人不谙此事。因为有那样的原委，PLEA会议决定在1989年神户ISES的会议之后，紧接着包租奈良市的能乐堂召开会议。小玉祐一郎担任会议主席。

作为PLEA会长科克继承鲍恩的遗志也积极开展活动，十分遗憾的是他于2002年突然去世，PLEA再次丢失重要的支柱。

数年前开始担任会长的比利时天主教大学教授安德烈竭尽全力地工作，确立了PLEA会议的继承体制。第二届的会长是剑桥大学的Coen·Steamers玛氏教授，荷兰出身，顺利地完成了6年的任期。此后由葡萄牙的女建筑师Paura·kadeima继任会长。

## ■ PLEA的课题和将来的展望

在对迄今PLEA会议发表的讲演论文进行分类的基础上，归结了今后的主题，有以下内容：

1）民居的调查，实地测量
2）设计方法和事例研究法
3）系统的性能实验
4）新技术、新材料的开发
5）室内环境、城市环境的舒适性

上左：于百慕大。从右边起斯科拉、德鲁(Drew)、鲍恩、弗雷、笔者，左边的不详。
下左：墨西哥。在晚宴会场围绕着爽朗的鲍恩的科克和墨西哥的建筑师及笔者。
上中间：在墨西哥城会议上致辞的鲍恩。
上右：在波尔图大学讲演的鲍恩夫人。
下右：波尔图大学，靠近会议主持人的法国建筑师让·努维尔和科克，其右边为亚纳斯(Yanasu)和费尔南德斯

6）可持续城市设计

7）气流的可视化实验和数值流体力学（CFD）

8）教育和技术转让

9）环境伦理、政策建议

回顾过去约30年PLEA的历史，各自发表的内容丰富多彩，但感到这些范畴并没有发生多大变化。1990年代，2000年代，可持续思想得到了广泛普及，特别是建筑师对环境的关心日益高涨，期待今后有更多的人参加PLEA会议。

希望立志建筑环境学的年轻人也进一步从基础到应用进行广泛地学习，为生物气候设计的普及作出努力。

注

*1 *Proceedings of International Passive and Hybrid Cooling Conference*, *Miami Beach*, *FL*, ASES, 1981.

*2 *Proceedings of International Passive and Low Energy Alternatives I* (*PLEA1982 Technical Conference*), *Bermuda*, New York: Pergamon Press, 1982.

*3 木村建一"被动建筑会议的草创期 环境随想第14回"《建筑材料信息》2007年4月：27~29页。

*4 Olgyay, A., Olgyay, V., *Design With Climate-Bioclimatic Approach for Regionalism*, Princeton University Press,1963.

PLEA宪章

■PLEA希望所有在生态学领域从事关心环境的建筑和城市规划实践活动的所有人员参加。

■所谓PLEA（Passive and Low Energy Architecture），意为利用被动式低耗能的建筑，开发、记录和普及建筑的地域适宜技术、环境设计技术、自然利用技术。

■PLEA为了实现与自然共生的人类居住环境，期待对建筑设计、建筑环境规划、城市设计进行最高水准的研究，并确立相应职能。

■PLEA在建筑和城市规划领域，提供讨论环境质量的跨学科平台。

■PLEA是专业人士共享与居住环境形式相关的艺术、科学、技术专业知识的个人自发性网络。

（出处：日本建筑学会编《系列地球环境建筑·入门篇，地球环境建筑的推荐 第2版》彰国社，2010年）

右：PLEA正式的标志，第4次会议主席，意大利的建筑师塞尔吉奥·罗斯设计

## PLEA 年谱（召开地：主题）

第1次（1982）Cent George岛 百慕大：passive and low energy alternatives

第2次（1983）克里特岛 希腊：Passive and low energy architecture

第3次（1984）墨西哥城 墨西哥：Passive and low energy ecotechniques applied to housing

第4次（1985）威尼斯 意大利：Architecture and regionalism

第5次（1986）佩斯州 匈牙利：Passive and low energy architecture in housing

第6次（1988）波尔图 葡萄牙：Energy and buildings for temperate climates

第7次（1989）奈良 日本：Global environment and architecture in the post-industrial age

第8次（1990）哈利法克斯 加拿大：Bioclimatic design in architecture and planning

参观会（1991）菲尼克斯 美国：PLEA study tour

第9次（1991）塞维利亚 西班牙：Architecture and urban space

第10次（1992）奥克兰 新西兰：Architectural responses to climate change

第11次（1994）死海 以色列：Architecture of the extremes

第12次（1995）新德里：印度：Sustainability through Climate responsive architecture

第13次（1996）鲁汶拉讷 比利时：Building and urban renewal

第14次（1997）钏路 日本：Sustainable communities and architecture：Bioclimatic design in cold climates

第15次（1998）里斯本 葡萄牙：Environmentally friendly Cities

第16次（1999）布里斯班 澳大利亚：Sustaining the future：Energy-Ecology—Architecture

第17次（2000）剑桥大学 英国：Architecture，City，Environment

第18次（2001）弗洛里亚诺波利斯 巴西：Renewable energy for a sustainable development of the built environment

第19次（2002）图卢兹 法国：Design with the environment

第20次（2003）圣地亚哥 智利：Rethinking development：Are we producing a people oriented habitat?

第21次（2004）艾恩德霍芬 荷兰：Built environments and environmental buildings

第22次（2005）贝鲁特 黎巴嫩：Environmental sustainability：The challenge of awareness in developing societies

第23次（2006）日内瓦 瑞士：Clever design Affordable comfort：A challenge for low energy architecture and urban planning

第24次（2007）新加坡：Sun,Wind and architecture

第25次（2008）都柏林 爱尔兰：Towards zero energy building

第26次（2009）魁北克市 加拿大：Architecture,energy and the occupant's perspective

第27次（2011）鲁汶拉讷 比利时：Architecture and sustainable development

（年谱制作：铃木信惠。在PLEA网页"Past Conferences"的基础上补充修订）

# 将热和冷储存起来

**为储存热能的混凝土外保温施工技术，将日照、凉风引入室内的窗户，遮挡夏天日光的凌霄花，在居住者巧妙调整下的“筑波之家I”，是研究人员兼建筑师每天都进化的实验住宅。**

**筑波之家I**
**1984年**

设计：小玉祐一郎
地点：茨城县筑波市
占地面积：284m²
建筑面积：76m² / 总建筑面积：166m²
结构 · 规模：钢筋混凝土结构（一部分木结构）· 3层

来自一层食堂的日照直接照在地板上，为积蓄日照，地面铺设了热容量大的烧砖地砖，颜色是容易吸收日照的黑色

地暖系统。在起居室北侧的散热型热风暖气的隔音室内设置温水散热器，将加热的室内空气送到地板下面的通气层，加热地板后，从南侧的窗下吹入室内。实际上用直接蓄热和烧柴暖炉就已经相当暖和了，地暖不经常使用

“筑波之家I”是钢筋混凝土结构（一部分木结构）的3层建筑，一层南侧有挑空的起居室和食堂，二层挑空部分两侧有单间，三层的一部分为木结构，设计成儿童房间。

这个住宅是利用所谓直接蓄热，冬天通过面向南侧挑空空间的大窗获取充足的日照，使其储存在铺地砖的地板或暴露在室内的混凝土墙体中（外保温）。傍晚以后，当室外气温下降时，放出结构体中储存的热能，向室内供暖。另一方面，夏天夜间打开南北窗，向室内引入凉风，将冷气储存在结构体中，第二天早晨，气温开始上升时，由结构体供冷。为使储存在墙体和地板中的冷气长时间使用，白天关上窗，切断温度高的户外空气，在南侧窗前通过与屋檐形成一体的框架上种植凌霄花，作为天然的日照遮蔽装置来遮挡夏天的阳光。这些功能是通过对树木的打理和居住者按照季节和时间开关窗户的调节行动而有效的，入住后开始一点点掌握要领，使舒适度逐年增加。

施工期间，体验了试验性地采用煤油取暖炉将热风送入地板下进行采暖和利用太阳能供给热水系统等的全年变化，在对新技术和老技术评价的同时，伴随设备更新继续了试验性尝试。

# 地

## ■ 地板采暖❶

起居室的混凝土楼板上面铺设瓦楞钢板，竣工初期将室内的温暖气体和来自煤油取暖炉（燃油热风取暖机）的热风送入钢板沟槽，测试地板采暖效果。此后改为柴火炉，现在用热泵温水放热器提供热风。

另一方面，餐厅不进行地板采暖，由于直接利用大地的热，混凝土楼板下面不放置隔热材料，夏天凉爽的地面会使人感到很舒适。

# 墙

## ■ 蓄热的墙体❷

蓄热的混凝土墙厚度为200mm。墙的外侧用厚100mm的玻璃棉进行保温，在设置通气层的基础上，用石膏板进行装饰，以防外部的寒冷和暑热传导进来。由于有挑空部分，在空间体积较大的起居室和食堂，如使用空调机对室内空气进行加温，就会产生上下空间的温差，很难达到舒适的热环境。“筑波之家I”将大量的日照储存到地板和墙体内，使地板和墙体都微微发暖，即使空气温度略低也能获得舒适感。在冬天的早上，即使户外气温在0℃以下，也感觉不到骤冷的寒意（101页，图1）。

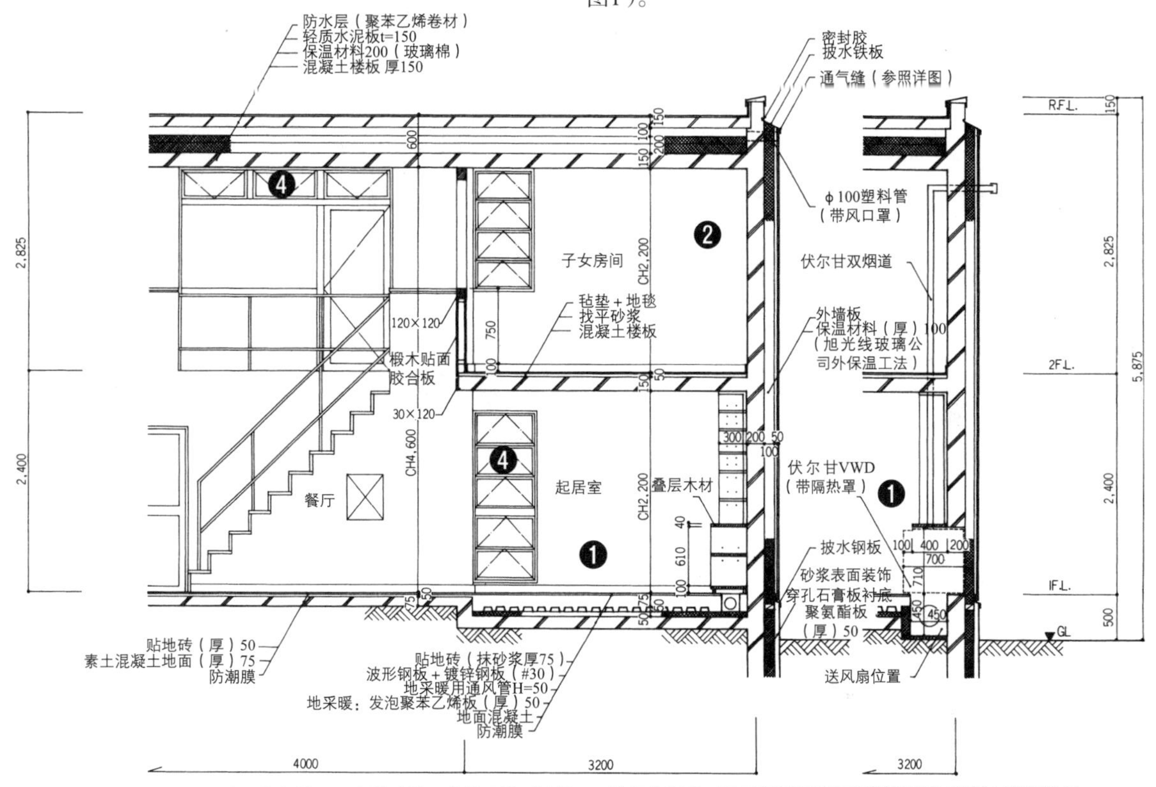


东西剖面详图（施工期间）图中的伏尔甘VWD是煤油炉，将热风送到地板下，进行地采暖。夏天夜间打开北面遮篷的开口部进行夜间换气

# 绿

## ■ 凌霄花的遮阳❸

刚竣工时在南侧的大开口部前种植的凌霄花是蔓类落叶树，与房檐一体化的格子面上缠绕着树枝叶，一到夏天枝繁叶茂，具有天然的遮阳作用。由于墙面绿化形成蒸散，比空气温度低的繁茂树叶表面遮挡了日照，在遮蔽下产生了凉爽，夜间储存的冷气可以在室内保持较长的时间（101页，图2）。竣工初期，在场地除了种植凌霄花外还种植了很多的树木，现在也成长起来了，获得心理上的凉爽感。

另一方面，冬天凌霄花和场地内的落叶树落叶后，日照能直接射入室内。庭园成为调整室内环境装置。

上：南侧外观（3月）。下：同上（6月）

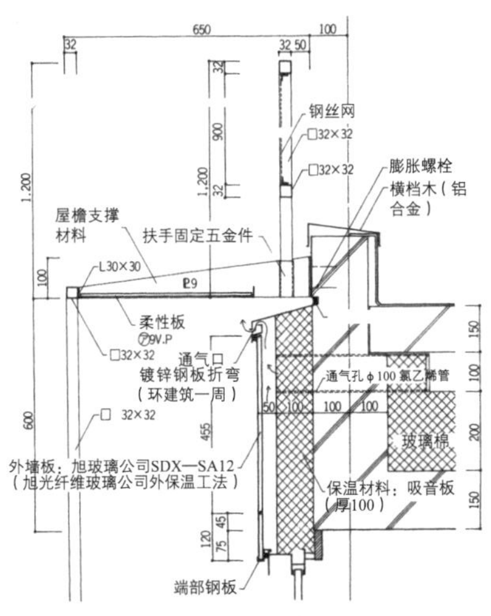


兼屋檐的凌霄花架的详图

# 窗

## 日照与空气的出口和入口❹

由固定窗、推拉窗、遮阳窗构成的南侧窗是日照和空气的主要入口。固定窗和推拉窗摄取日照，遮阳窗在夏天除防盗功能外还起到通风的作用。二、三层的窗是空气的有效出口，夜间可用于通风。在南北设置通风口，夏天的夜间开窗，白天关上，根据户外的气温变化进行窗户的开关操作，比建设时设想得更加凉爽和舒适。冬天，把竣工后设置的推拉窗关上，以提高保温性能。

左：使用把网球安装在木棒端部的专用开关装置，根据环境，对窗户的开关进行多次微调。右：夜间换气时，1层书房里面的窗户是风的出入口

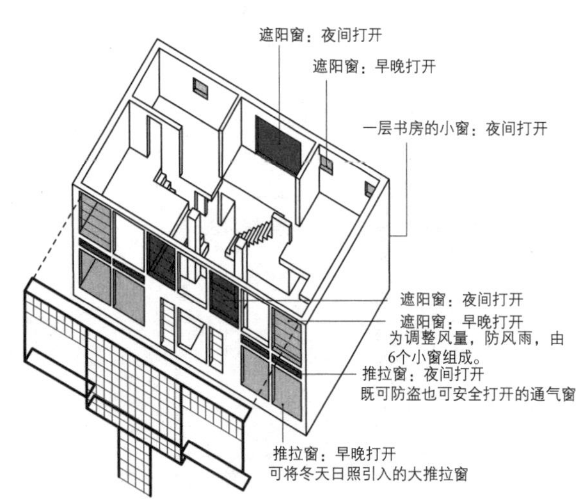


"筑波之家I" 窗的开启方法。开口部由各自用途的开关方式的窗构成。为使风顺畅地通过，北侧的小窗很重要，如打开1层起居室深处(书房)的窗，风吹进来时心情很舒畅，所以是24小时敞开的

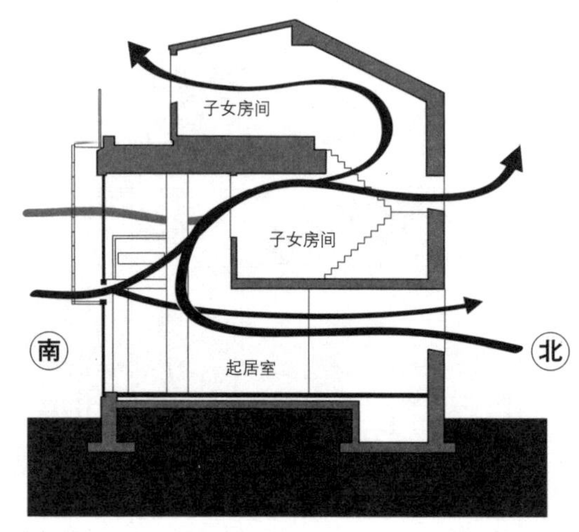


夜间换气的路径，从居住者了解到窗的开启地点和夜间换气路径的关系

### "筑波之家I" 试行的历史

**1984年　竣工　遮挡夏天日照的落叶树以及凌霄花的种植**

掌握夏天上午关上窗户，傍晚开始打开，夜间进行蓄冷的要领。

**1990年　在面向挑空的2层子女房间设置隔断**

这是为保护已是初中生的孩子的隐私而设置的。

**1994年　增建阁楼**

结合孩子的高考加建了儿童房，同时还建了桑拿浴室。

**由于强制循环型太阳能热水供给设备的损坏，因而采用自然热水贮存型太阳能热水设备。**

太阳能热水供给泵发生故障。由于没有零部件的库存，无法进行维修。因此采用了更简易的自然热水贮存型太阳能热水器。

**2004年　煤油炉坏掉，采用烧柴火炉，开始劈柴**

尽管澳大利亚制造的煤油炉是很坚固的，但产品销售店没有了，无法进行保养。由于这里属于非城市管道煤气供给地域，利用这次机会将热源从煤油改为电。作为辅助暖气，安装了热泵温水辐射采暖设备。热水器也由过去的煤油锅炉型改为使用夜间电力的高性能热泵式热水器。

**在单层玻璃窗的部位安装中空玻璃窗**

由于房屋建设的初期还没有中空玻璃窗，为弥补单层玻璃窗的热性能，一部分地方试验性地采用了发热玻璃，表面熔融特殊金属的发热玻璃，通上电流会使玻璃本身发热，以此达到防止冷风感和冷辐射的效果。

**夏天在炎热的阁楼中安装空调**

一部分冷风通过通风管送到起居室。空调一般是在众多客人来访时使用，一年数次。

**2010年　引入太阳能发电系统**

结合屋顶装修材料的再涂饰和修复，引入太阳能发电系统(3kW)。废弃自然热水贮存型太阳能热水器，变更为在热泵上导入太阳能的供热系统。

从1层餐厅看起居室。南侧窗成为风和日光的入口

## 储存热和冷的技术

“筑波之家I”所采用的所谓“外保温”，是建造普通混凝土结构时使用的语言，是混凝土墙和屋顶外侧保温的施工方法。混凝土是典型的难以冷热变换的材料，其热容量很大。热容量的大小可以用容积比热容*的固有数字进行比较。另一方面，由于保温材料普遍热容量很小，热传导系数的值也小，难以储存和传导热能。

做了外保温，可免去室内装修，使混凝土外露的话，室内就成为很大的热的储存箱。另一方面，木材是容积比热容小的材料代表，其容积比热容是混凝土的二分之一以下。为使“筑波之家I”有大的热储存箱，可有效地利用通过南侧的大开口部储存在混凝土中的大量日照，然而，木结构的话，即使是同样的窗面积，白天的超热温度使得气温过热，到了夜晚即使做了充分的保温，室内温度也会降下来，全天的室温上下起伏很大（图1）。

如果对混凝土主体进行外保温，夏天采用白天关窗，夜晚开窗（夜间通风）的生活方式，充分利用热容量大小的话，就能凉爽而舒适地生活。白天户外气温高时关窗，房檐和墙面绿化等有效地阻止了日照，利用在夜间储存的凉气可以使室温均匀化（图2、3）。

所谓储存热和冷的设计，需要将太阳进入室内的热活动进行形象化，巧妙地将热容量大的材料和隔热保温材料，获取日照、风的窗户与遮阳相结合，并伴随居住者的调整行动方可成立。

*容积比热容：是指使1m³的物体温度上升1℃所需要的热量。单位是kJ/(m³•k)。

■热容量大的材料的例子（容积比热容根据116页的数据进行换算）

水 容积比热容：4192kJ/(m³•k)热传导系数：0.6w/(m•K)

铁 容积比热容：3758kJ/(m³•k) 热传导系数：53w/(m•K)

混凝土 容积比热容：1936kJ/(m³•k) 热传导系数：1.6w/(m•K)

■热容量小的材料的例子

保温材料（玻璃棉）容积比热容：27kJ/(m³•k) 热传导系数：0.036w/(m•K)

木材(杉木) 容积比热容：636kJ/(m³•k) 热传导系数：0.12w/(m•K)

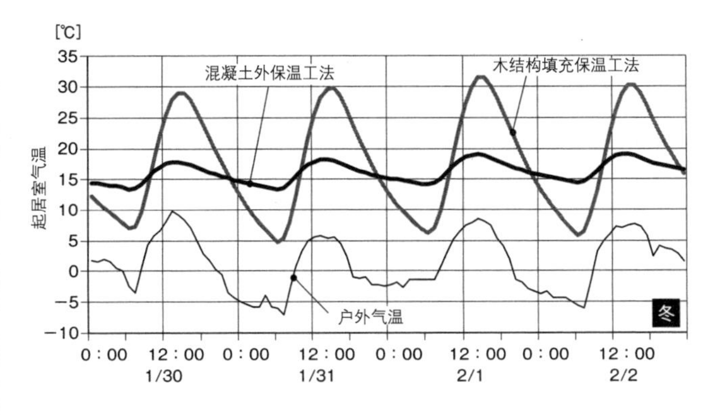


**图1 混凝土外保温施工法和木结构填充施工法的室温变动比较(自然室温)**

用与“筑波之家I”相同的混凝土外保温施工法和用与“筑波之家I”相同形式按照下一代节能标准进行施工的木结构住宅的起居室气温的模拟结果。按照双方都没有内部发热进行计算，而实际的“筑波之家I”，有从人体和烹调及家用电器产品等的散热，白天室温上升到20℃左右，几乎不使用暖气即可生活

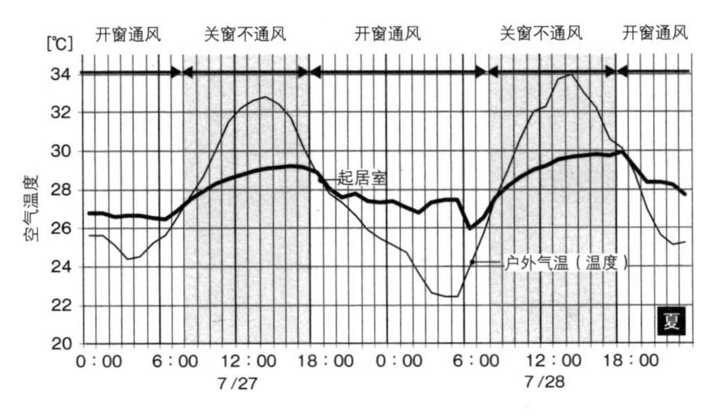


**图2 “筑波之家I”进行夜间通风时的室内温度变化**

以利用墙面绿化遮挡日照和按照现状的生活方式进行窗户开关时的模拟结果

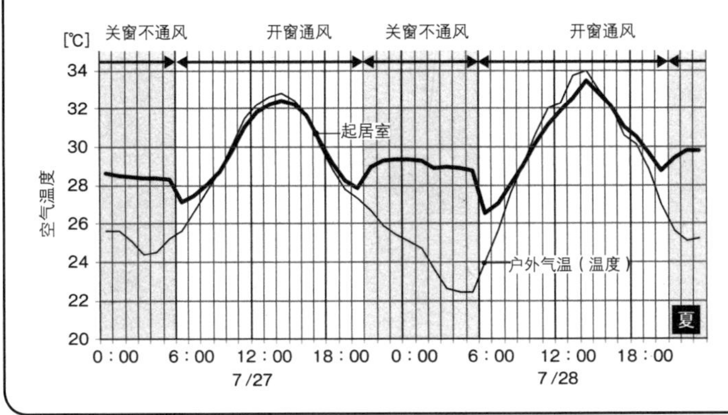


**图3 “筑波之家I”在没有墙面绿化，夜间不通风情况下的室内温度变化**

同样的建筑物，如果居住方式不同，室内环境也会发生很大变化

■模拟概要

使用软件：Sim/Heat（建筑环境解法）

气象数据：扩大区域气象观测数据
标准年（茨城县筑波市长峰）

相　　同：没有内部发热，自然通风0.5次/h

冬　　季：不采暖时的自然室温

夏　　季：将开窗输入计划日程后进行通风计算的自然室温

# 充分利用太阳、树木、大地的潜能

**场地所拥有的潜能如太阳能、场地的高差、场地正中的大白檀树等被充分解读的“相模原住宅”，是在体验四季、享受环境的同时，营造心情舒畅生活的建筑师的私宅。**

## 相模原的住宅 1992年

设计：野泽正光
所在：神奈川县相模原市
占地面积：244.5m²
建筑面积：115.8m²
总建筑面积：218m²
结构・规模：铁结构・地下1层、地上2层

为保留场地中央的白檀树，在中庭的两侧布置了2栋房屋。靠前面道路一侧楼房的一层布置了玄关，二层布置了客厅和浴室，里面那栋楼房的地下室是书房，一层是厨房和起居室，二层是卧室。中庭的树荫到夏天可为二栋楼房带来凉爽。

这里采用的OM太阳能设备是在2栋房的南侧屋顶下，通过户外的空气将被太阳加热的空气经由地板下送入室内，通风的同时进行地板采暖。夏天利用热能对水进行加温，提供热水。在太阳能集热的同时，为防止热能跑漏，达到长时间使用，需要慎重研究蓄热的组合。

为利用南北高差1m的场地特点，在地下室上部设置开口部，面朝地基低的北侧，以便进行自然采光。由于地下室墙是混凝土清水墙，可将地中热传导到室内，全天的室内温度几乎不发生变化，全年的变化也甚少。作为工作场所的地下室，到夏天与其他居室相比非常凉爽，成为家族的避暑空间。昏暗而安静、热环境稳定的地下室成为了家中的独特空间，居住者得以享用。

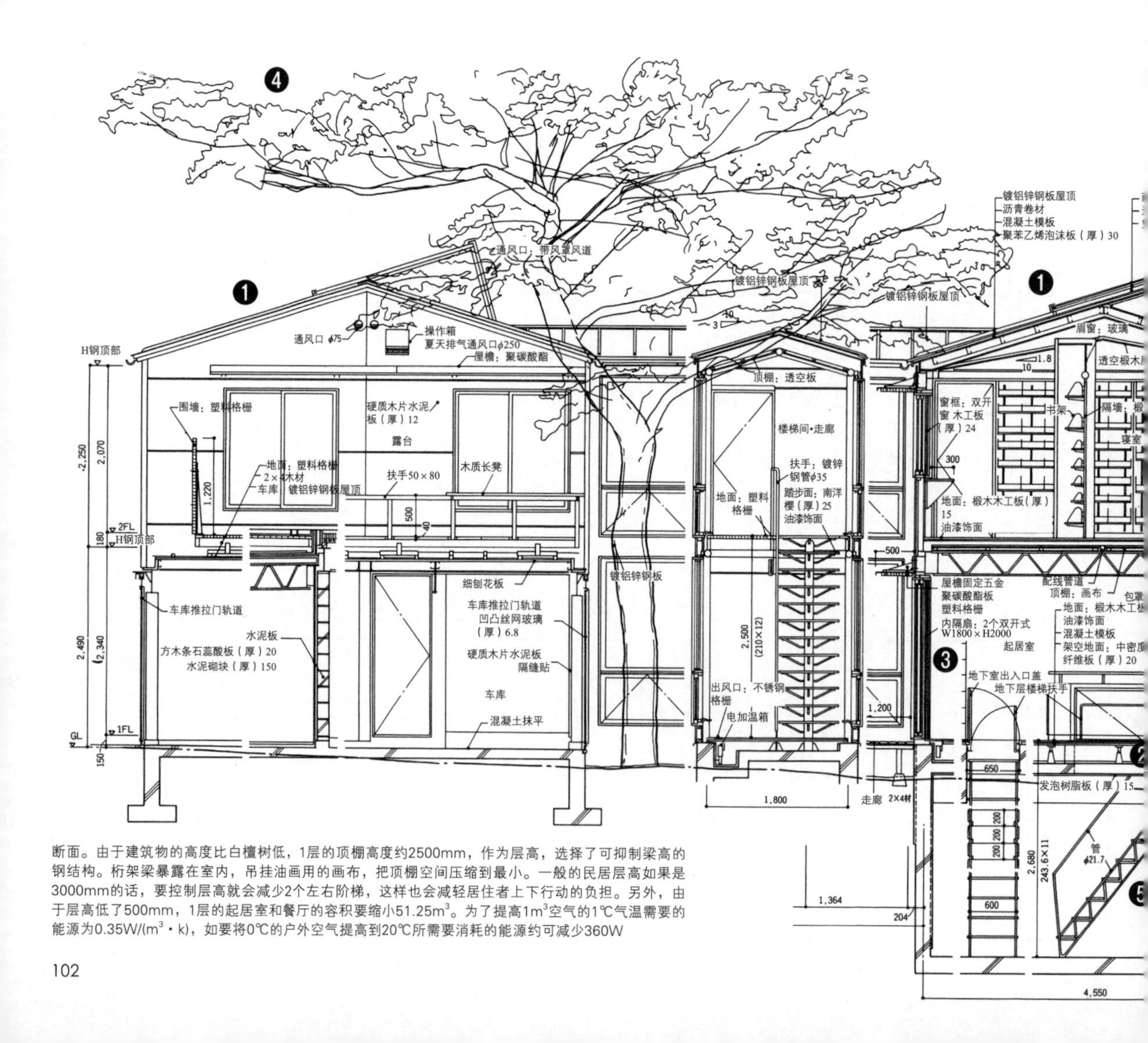


断面。由于建筑物的高度比白檀树低，1层的顶棚高度约2500mm，作为层高，选择了可抑制梁高的钢结构。桁架梁暴露在室内，吊挂油画用的画布，把顶棚空间压缩到最小。一般的民居层高如果是3000mm的话，要控制层高就会减少2个左右阶梯，这样也会减轻居住者上下行动的负担。另外，由于层高低了500mm，1层的起居室和餐厅的容积要缩小51.25m³。为了提高1m³空气的1℃气温需要的能源为0.35W/(m³・k)，如要将0℃的户外空气提高到20℃所需要消耗的能源约可减少360W

## 屋顶

### 集热屋顶❶

山墙屋面的南侧全部为集热屋顶，材料采用深颜色的屋面压条钢板，在楼栋附近排列强化玻璃。在底板下进行保温，夹在屋顶材料和底板间的空间就是通气层。利用阁楼内带控制装置的风扇（操作箱）从檐口将户外空气引进来，空气经过通气层被加热，同时该高温空气进入连接上下的通风管被送到地板下面。

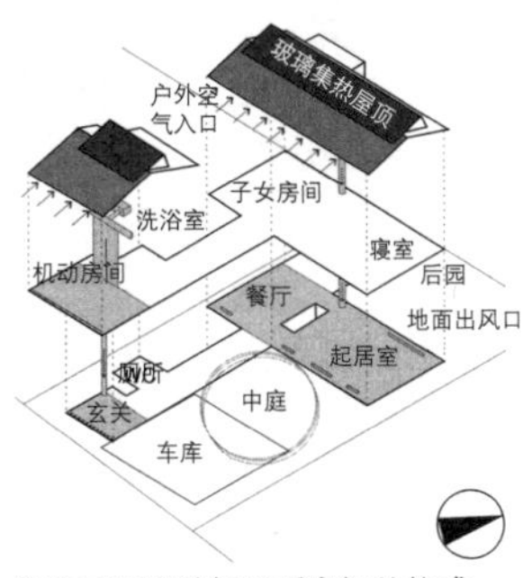

集热屋顶和地板采暖房间的构成

## 地

### 集热空气经过的地板下空间❷

一层的地板材料和已保温的地面混凝土之间有高度250mm的地板下空间，整个地板下空间是暖气的通道，集热空气被送到这里。暖空气的热能不断地向素土混凝土内渗透，再通过地板设置的出风口送到室内。由于来自暖气和房间素土面的辐射，地板表面温度比室内温度略高，即使室温比较低也能得到舒适感（52页）。由于混凝土的热容量较大，在不能集热的日落后开始缓慢地释放白天储存的热，以控制室温的骤降。

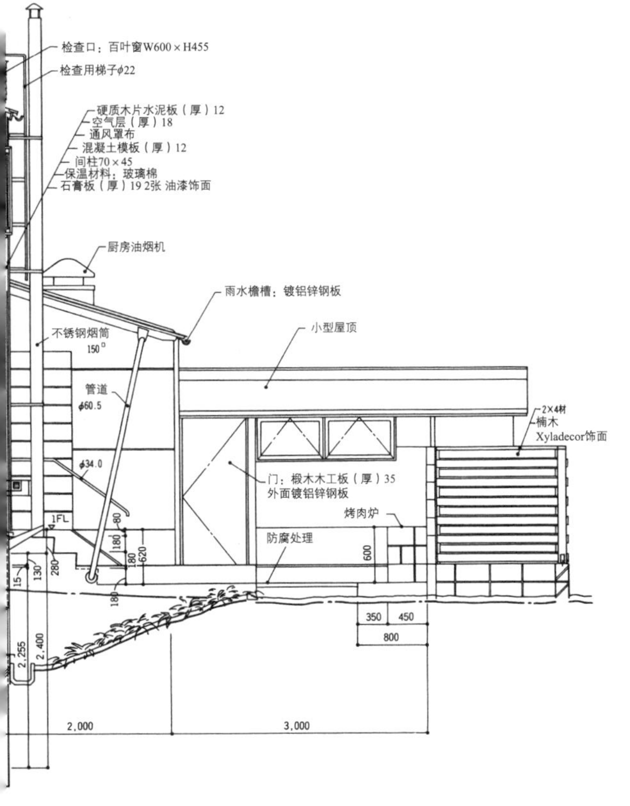


## 窗·墙

### 木质中空玻璃窗和蓄热墙❸

为把窗的热损失降到最小限度，在设计时采用了在当时还是比较少见的木质中空玻璃窗框。为了使有较大墙面积的两侧山墙能保存室内的热能，在外墙做了保温，室内砌筑的是混凝土砌块，没进行装修，以此调节室内温度。

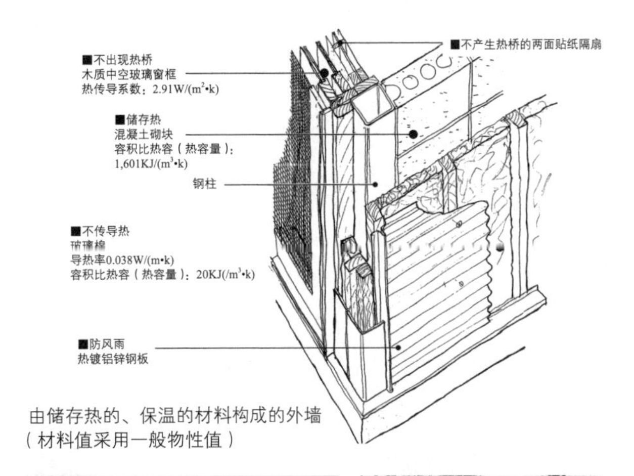

由储存热的、保温的材料构成的外墙（材料值采用一般物性值）

## 绿

### 中庭的树木❹

白檀树是落叶乔木，在万叶集得到赞颂的自古以来生长在日本气候温暖的海边的古树。春天会开淡紫色的五瓣花，秋天会结椭圆形的果实。留在内院的那棵白檀树，从连接2栋房子的镶着玻璃的楼梯间和起居室、卧室都可以看到，它向居住者传达着季节的变化。

被保存在中庭的白檀树

## 土

### 利用地热的地下室❺

埋入地下的清水混凝土墙，直接将地中的热能传导到内部。由于南北地势的高差，对露出地面部分的墙，在室内侧放入了保温材料，阻止户外热进入室内。由于地下墙面的温度低于户外空气，作为防止结露的对策，在梅雨期和夏季要使用带自动排水装置的除湿器，调整空气中的水分。

从餐厅看位于中庭和内庭中间的楼宇一层的起居室，朝向两个庭院，由于两面采光，可保持平稳的明亮，夏季通风很好

## “相模原住宅”的可持续历史

**1992年　12月竣工**

由于保留了白檀树，受到近邻“不伐树就建了房屋真好”的赞誉。

**1992年　后院做成了菜园，设置了堆肥场**

纸垃圾等在后院焚烧处理，厨余垃圾做成肥料，为蔬菜种植所利用，这样大幅度削减了垃圾。后院是真正从背后支撑“相模原住宅”生活的重要服务空间。

**1993年　设置暖炉**

安装了建筑时预定的暖炉，由于地方有些狭窄还是勉强安装了，烟筒伸出户外很长，在非常寒冷时期，由于外部的冷气进入烟筒内，使得烟有些倒流。亲身体验到暖空气轻，冷空气重的原理。

**1997年　设置了空调**

安装在室内看不到空调，对腰窗以下的收纳进行部分修改，设置了出风口和送风口，把放置在地板的空调安装在家具内部。

**2002年　车库顶部的绿化**

改造时开发的铁板屋面上试验性地设置了绿化板。植物至今还在繁茂地生长。

**2005年　车库屋面上设置了雨水槽**

利用该雨水槽的水浇灌车库屋面上的植物。

**2007年　大规模修缮**

竣工后已经过了16年，在木制的围墙、木框上安装焊接五金的围墙，户外的木制露台、外墙的涂饰面、没有房檐部分设置的木制门窗隔扇（用把手推拉隔扇）等需要进行修理。另一方面，设计时所担心的胶合板的地板材料（细木工板上刷漆）、贴帆布的顶棚、墙用中空水泥砌块水平地铺的素土地玄关（为集热空气管使用）等，都没有出现预想那样的损坏，不需要进行修缮。

修缮的主要内容：①老化部分的保养；②把当时少见的木质中空玻璃窗换成氩气低辐射三层玻璃的木质框；③为改善因顶棚内空间小，2层夏天酷热的状况，在原有的屋面上再架设屋顶，使其成为双重屋顶，以降低夏天日照热的影响。同时太阳集热系统的一部分带控制装置的风扇也更新为最新的型号，实现了性能的提高。

**2008年　开始培育遮阳植物**

作为傍晚夕阳的遮挡，为罩住面向后院的窗，尝试种植苦瓜来绿化墙面。

上：外观(竣工时)。中：绿化后的车库屋面。
下：外观(2010年)。中庭白檀树生长茂盛

## 利用树木和地面的夏天生活

树木的树冠可以形成树荫，此外，通过光合作用和蒸散作用，叶子的表面温度比气温低，产生冷气（62页）。在“相模原住宅”中，可以利用面向中庭和后院的窗作为风的入口和出口，将被树木和植物冷却的风引入起居室和卧室内。

由于地下的温度变化与地面相错近半年左右，当地面慢慢地积蓄夏天的热，地下的温度开始上升的时候迎来了冬天。另外，即使户外气温达到34℃的炎热夏天，冬天的寒冷还留存在地面下，地下室的空气温度稳定在26℃左右（图1）。

地下室全年、全天的温度是稳定的，在夏天户外气温变化为27~35℃，推测地上的居室温度在29~34℃之间，而地下室几乎稳定在25~26℃（图2）。

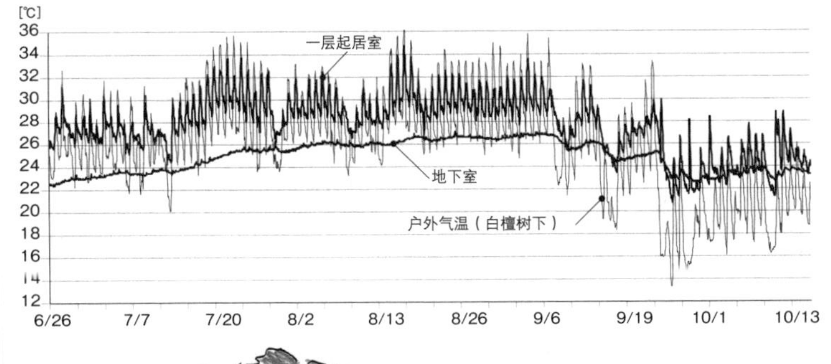


**图1 “相模原住宅”的夏天气温变化（6月26日~10月13日）。**

由于不使用双层墙和保温材料作为地下室，与地面的温度变化同样，显示了地下室的温度变化有半年的季节与地面是错开的

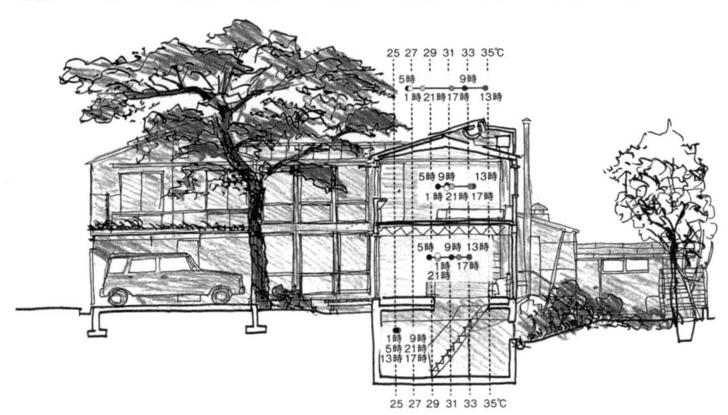


**图2 户外空气、地下室、1层起居室，2层卧室的日变动（2010年7月22日）**

地下室与地上的居室具有完全不同的热环境。居住者将地上作为生活的场所，地下作为工作和兴趣活动的房间，利用环境的差异在享受室内环境的同时维持日常生活

## 利用太阳的结构

太阳日照被分成为紫外线、可见光和红外线（18页）。太阳光发电是利用太阳能中的可见光产生电的系统，这与太阳能利用中主要利用可见光和红外线制造热水和高温空气的系统是有差异的。

由于冬季住宅的室内气温要求在18~23℃之间，这与热水温度30~60℃左右相比温度要低，以空气和水作为媒介，通过机器的集热系统（图3、4），或对建筑物的形式进行改造，通过直接利用的直接式太阳能（47页）等手法，能满足所需的热量。

## 有效蓄积太阳能的结构

为有效蓄积热能，需要对材料进行巧妙的组合。譬如“相模原的住宅”的屋顶采用深颜色的铁板，其日照吸收率高达0.9，可以期待高效的集热效果。可是，屋顶面遇到户外空气，由于对流会有热损失。然而，在屋顶上部装上玻璃，防止因对流造成的热桥，使空气温度升高，作为暖气和热水供应使用（图5）。另外，由于玻璃可以透过日照，但有长波、长辐射不透过的特性（18页），使日照透过玻璃集热的同时，加热空气释放的长波、长辐射不损失。称之为温室效应。



**图3 空气式太阳能暖气供热系统（OM太阳能系统）的例子**

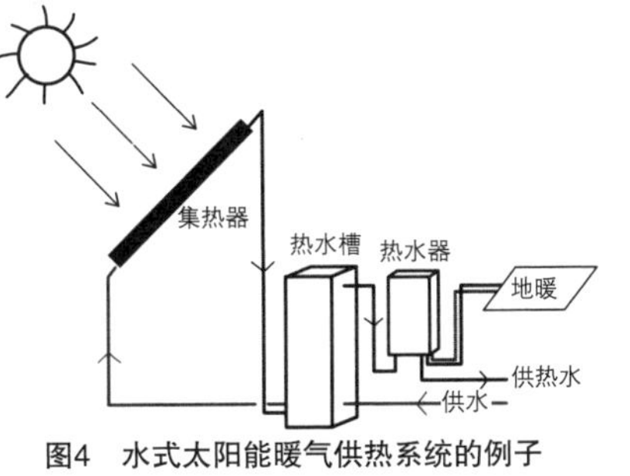


**图4 水式太阳能暖气供热系统的例子**

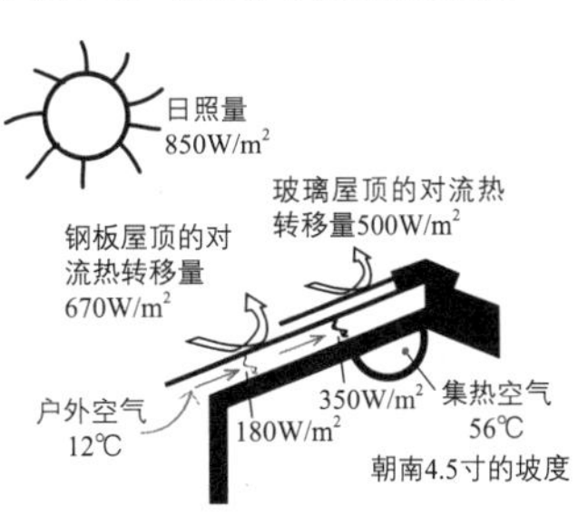


**图5 以浜松晴天时1月中午为例的日照量和屋面集热量实例**（数据提供：OM太阳能）

# 在住宅上树起两个烟筒

高间三郎（设备设计师）×野泽正光（建筑师）

## 建筑设计和设备要互相联手合作

——两位在大高正人事务所相识以来，双方在设计与设备上信息共享的同时还经历了设计过程吧。

**高间：**是的。大高先生说需要介于建筑设计和设备之间的人才。大高先生工作的前川国男事务所就是这样的思路吧。本来将设备和建筑设计一起考虑在外国也是常见的事。

**野泽：**弗兰克·劳埃德·赖特和雷蒙德（Antonin·Raymond）也是那样的人。在雷蒙德事务所的吉村顺三先生也是同样的思路，我想也许是因为我学生时代是向吉村先生学习的缘故吧，迷上了设备（笑），愿意思考包含设备要素的建筑。因此，与对建筑设计和设备交叉领域没有兴趣的设备设计者难以沟通。但遗憾的是那样的人才不多，所以从大高事务所时代开始一直与高间先生一起工作。

**高间：**奥村昭雄先生也像吉村先生一样是设备工程师吧。其代表作品是NCR大楼（1962年，89页）。

**野泽：**奥村先生说“吉村先生非常喜欢考虑设备方面的事，但是陷得太深的话设计领域就会展开太多，冲淡设计的主题。吉村先生目前正在寻找这方面的人才”。据说他自己想承担下来。

**高间：**井上宇老师[*1]是这样定义的，接受建筑师伸出的手的是设备规划师，而决定设备机构的容量的工程师是设备设计师。但是设备规划师几乎没有。

**野泽：**对建筑这个盒子的保温性能和蓄热不能恰当解析的时代，怎样做开口部，用怎样的方法设置空调，也许很难进行恰当的讨论。但这20～25年，各种各样的事变得可能了。

**高间：**设计是战略论，设计师及业主预测自己喜欢的模式，在哪个关节与预算持平，需要去求解。

## 通过相遇和体验进行学习

**野泽：**我认为作为技术人员，在掌握专业知识的同时，体验市民生活是十分重要的。不知道丰富的空间质量和舒适度，就不能满足这些需要。

**高间：**我去海外时，尽管有些勉强，我也会住在最好的酒店。水龙头和淋浴的出水情况如何，体验不是很重要的吗？

**野泽：**读书也是那样。尽管现在的自己不能消化，难懂的书我也会先读上一遍。哪怕有一点长进。

**高间：**代代木的国立室内综合竞技场（设计：丹下健三，1964年）等，在当时，能参与大显身手的建筑师的工作，对我来说也是很了不起的体验。

**野泽：**能遇到积极的人们，组成团队，进行工作。但是，这全靠运气了。

**高间：**确实能遇到乔治·莱伏（Geoge·Lev）[*2]也算运气好。30年代前期左右，我给作为太阳能第一人的他写信说“我想见您”，果然他见了我。给我看了他的作品，并问我“你觉得怎样”，是个特别开放的人。另外，也给马尔科姆韦尔斯（Malcolm·Wells）[*3]写了信去见了他，有机会看到他亲自制作的称作“SORARIA”的地覆太阳能住宅。在*Progressive Architecture*杂志中读到他的作品，很感兴趣。1970年代，他们的工作被视为另类，但我认为对生态建筑的切入，为现代的我们提供了重要的视角。

## 设计出丰富性

——现在是一个难以预料未来的时代，不明白朝着哪个方向进取的学生不是很多吗？

**野泽：**在社会上架起天线，考虑应该去见谁，要自己去开辟领域。如果搞建筑，要考虑开辟新的领域，没有创造独一无二的人生的意识是不成的。从这个意义讲，环境专业是有着活跃在全球舞台上的潜在可能性的领域吧。

**高间：** 最近的住宅连续不断被数字化，应该怎样接受虚拟的东西也是我们的课题，但最近感性缺失的人越来越多，令人堪忧。

**野泽：** 人被机器所包围也就是这200年左右的事。产业革命以前的人，更是用身体去生存。

吉村顺三的轻井泽之家(1962年)，有两个烟囱。一个是锅炉的烟囱，另一个是暖炉的烟囱。从设备角度来说也许没有暖炉也可以。可是暖炉是象征着从50万年前开始印刻在人身体上的记忆，让我们意识到自己是人类，所以有这个烟囱。

这样想来我也注意到像拉尔夫·阿斯金（Ralph Erskine）[*4]的住宅等许多著名的住宅也有“两个烟囱”。今后虚拟东西发达的话，设计“两个烟筒”即丰富的象征性，会比以往的诉求更加强烈。

（采访者：宇野朋子、北濑干哉、铃木信惠、广谷纯子）

NEXT21（设计：大阪燃气公司NEXT21世纪建设委员会，1993年）大阪煤气公司的实验集合住宅。高间先生从最初策划开始作为整栋住宅的基本委员参与。对适合城市居住的设备及关于鸟的庇护所等进行了讨论

地球之卵（设计：OM研究所+高间三郎，2004年）。OM太阳能研究设施。照片是向天窗洒水的通道。引入光触媒冷却系统展开被动式冷却系统的研究

注

*1　建筑设备工学博士（1918～2009）。东京帝国大学毕业。设计了早稻田大学户冢校园地域空调设备（1953年），设计国立室内综合竞技场(1964年)等设备。著作有《空调手册》（丸善、1956年）等。

*2　科罗拉多州立大学教授（1913～2009）。作为太阳能的研究者，参与策划了以美国为首的东欧、亚洲、非洲等世界各国的项目。

*3　建筑师（1926～2009）。从事环境友好型的地下、地覆建筑设计，通过诸多的著作和讲演等，致力于环境建筑的普及，被称为“近代地下建筑之父”。

*4　建筑师（1914～2005）。以英国、瑞典为中心进行设计活动。除了参与团队X以外，还活跃在寒地的环境设计等国际舞台。

# 温和地维系人和环境

**温和而适当地维系人和自然（太阳、风、户外空气、景观）间距离的建筑师的私宅。由于积极而平衡地采用新材料、施工法、技术，设计出适宜的距离感。**

**明日之家**
**2004年**

设计：小泉雅生 / 小泉工作室+目黑工作室
地址：神奈川县横滨市
占地面积：281.00m²
建筑面积：112.28m²
总建筑面积：142.39m²
结构 · 规模：木结构 · 2层

“明日之家”的场地处于东侧山脊向西倾斜、高差3m的坡地上。为与山脊道相接连，规划了屋顶绿化，而且通过二层的地板连接，将平整宅地时被破坏的地形与建筑物的一体化进行重新规划。另外，通过围绕原有树木的平面设计，在建筑物中引入自然的变化，温和地维系着与周围环境的关系。

为支撑家庭6人不同的生活，侧重对距离感进行了规划设计。自由地设计平面、剖面，实现与充满自然光的空间的协调，不仅需要高保温、高密封，而且采用了光墙、潜热蓄热体、超薄地板材等，在设置大开口部的同时，将家的整体色调统一为白色系等，进行了各种各样的尝试。

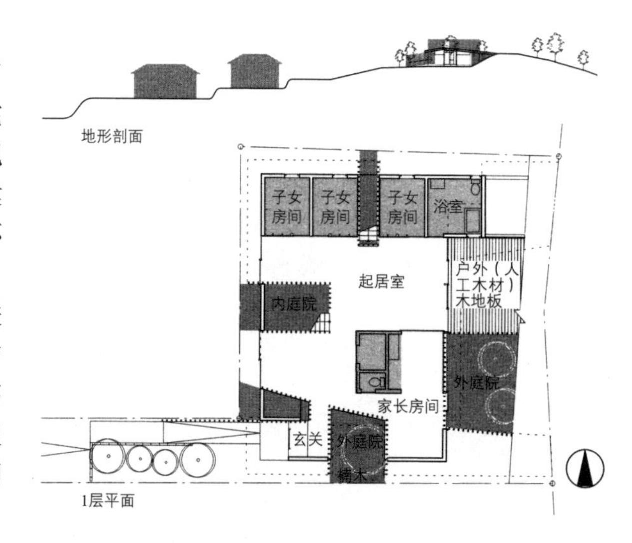


1层起居室。把起居室东侧的斜面连廊作为反射板发挥其作用，将明亮柔和的阳光引入室内。整个房子的色调为白色，利用光的反射使室内照度均匀化，整个室内处在柔和稳定的光照下。人工照明朝上设置在内墙的格窗上部，以顶棚面的反射光形成间接照明作为基础，亮度强的地方不是很多，正好创造了舒适感

## 地

### 潜热蓄热体❸

因为木结构住宅的热容量小，温热环境的平衡难以保持，室温变化往往很大。为了补充“明日之家”时常热容量的不足，在外墙和地板全面使用潜热蓄热体*。以热的无障碍设计为目标，将潜热蓄热体放入采暖地板的下面，减少热从地板下面跑漏，在地板采暖停止后继续保持供热的系统。并且，由于使用3mm的超薄地板材，很容易向室内传导热。

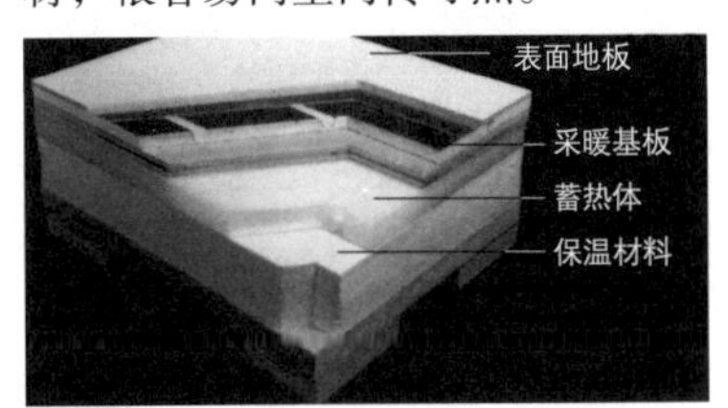


*潜热蓄热体：是一种填充物在融化时吸热，凝固时放热的建筑材料。

地板断面的样品

## 墙

### 高保温性能带来的生活

“明日之家”热损失系数Q值为2.16W/(m²•k)（下一代节能标准，日照利用住宅，相当Ⅱ地域）的保温性能。由于外皮的热性能高，可以实现在不受温热环境制约、自由进行平面设计的情况下生活。

### 光墙❶

尽管以前就提倡过蓄热墙的有效性，但在日本难以被采用的理由是与其遮挡宝贵的采光有直接关系。在“明日之家”中设计了进化的当代版的蓄热墙作为“光墙”考量。“光墙”从外侧到内侧，由真空的中空玻璃、通气层、潜热蓄热体、带孔硅酸钙板构成。不仅作为蓄热部位发挥作用，而且通过潜热蓄热体使光进入室内，可以获得像透过隔扇一样的柔和阳光。

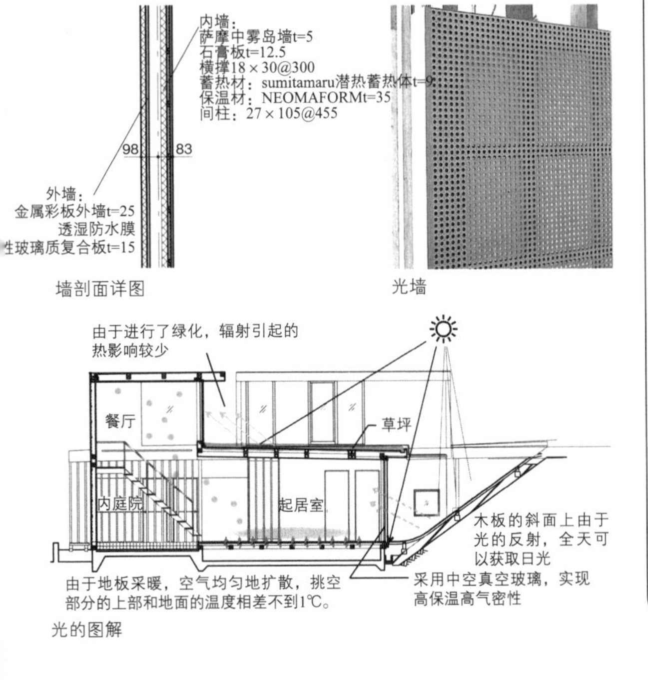


墙剖面详图　　光墙

光的图解

## 窗

### 开口率60.4%❷

如果仅从稳定住宅的室内环境考虑，只要把住宅封闭，把外界和室内隔绝就可以了。那样的话，可以把保温、密封性上较弱的开口部控制到最小。可是，考虑到开口部还拥有“采光”、“通风”、“眺望”等人生活上不可缺少的功能，取60.4%的开口率（相对地板的开口部面积）。但要充分认识热的弱点，采用木质气密性门窗+保温性能好的中空真空玻璃（0.8W/m²·k）。从而提高开口部整体的保温性能。此外，在单向窗左右各安2个锁，以便提高密封性能。

### 热性能的平衡

“明日之家”中，在地板、墙、顶棚进行保温的基础上，通过提高容易成为保温弱点的开口部性能，使其具有相当于Q值2.16W/(㎡·k)的下一代节能标准Ⅱ地域和Ⅲ地域中等水平的保温性能。并且，放入设定熔点为23℃的潜热蓄热材料，以被动式热环境控制为目标。

■冬天的室内温热环境（2006年2月5日）

户外气温降到–3.7℃以下，而室内温度控制在11.6℃以上。最高室温为18.0℃，根据保温、蓄热的相乘效应，能够观察到温度变化的平均化状况。

■夏天的室内温热环境（2006年8月5日）户外气温上升到最高38.2℃，室内气温控制在33.5℃内，另一方面，黎明时户外气温降到23.7℃时,而室内温度稳定在27.5℃。

对保温性能高的建筑物而言，其课题是如何创造能排放室内热量的系统。

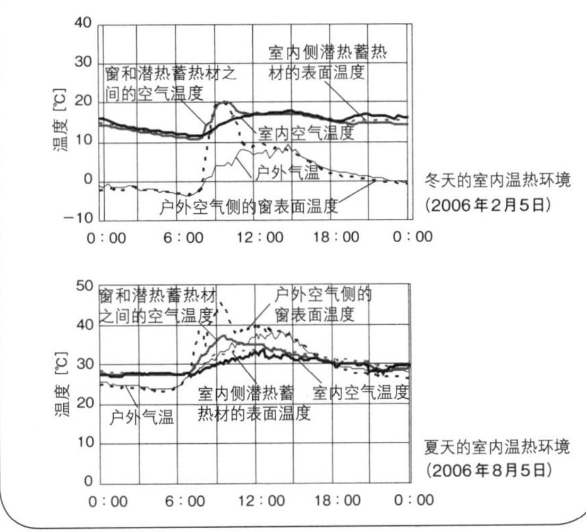


冬天的室内温热环境（2006年2月5日）

夏天的室内温热环境（2006年8月5日）

# COLUMN 4

# 从工业化住宅走向LCCM住宅

须永修通

## 1. 序

生物气候设计是人们深刻认识“保护地球环境”的结果，2009年我国也提出零能耗建筑，以及生命周期减碳（life Cycle Carbon Minus，LCCM）住宅，需要对住宅发展的潮流进行理解和实践。

每个地区的住宅建筑都有许多传统，包括传统的施工方法，建筑师设计的住宅作品也被人们所关注。可是，从性能方面来看，我国在独立自主的发展中有了很大进步，继续向LCCM住宅发展工业化住宅的作用是非常重要的。因此想对工业化住宅和住宅环境性能提高的历史做一个回顾，以把握现状，展望未来。

## 2. 工业化住宅和住宅节能标准

住宅制造厂商生产的工业化住宅，在一段时期，由于大量生产导致雷同的设计等，一部分人不喜欢，但在抗震性能等方面比较出色，在提高日本住宅质量上发挥了很大作用。日本住宅建造厂家的优质工业化住宅和销售业绩是举世无双的。

如下列谱系所示，工业化住宅的节能是住宅相关行业以执行国家标准的形式发展起来的[*1]。契机是1973年的石油危机，从那时起国内外开始了节能住宅的实用化研究，在我国对节能化（保温、气密性等）的推动，也是由于国家工业化住宅的认定制度发挥了作用，促使了性能的提高。

保温性能标准是1980年公布的，统称“旧节能标准”，1992年（“新节能标准”），1999年（“下一代（节能）标准”）修订了2次。1999年成为图1内容的标准，总算达到能与其他各国家比肩的水平，但还是赶不上加拿大R2000标准，特别是窗的保温性能还不充分。另外关于日照遮蔽性能，是以夏季日照取得系数（1992年标准定义的，1999年重新修订）规定的。

另外1999年开始实施住宅性能表示制度，保温性能设定了以下等级。

等级4：适用1999年标准，等级3：适用1992年标准，等级2：适用1980年标准。

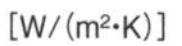


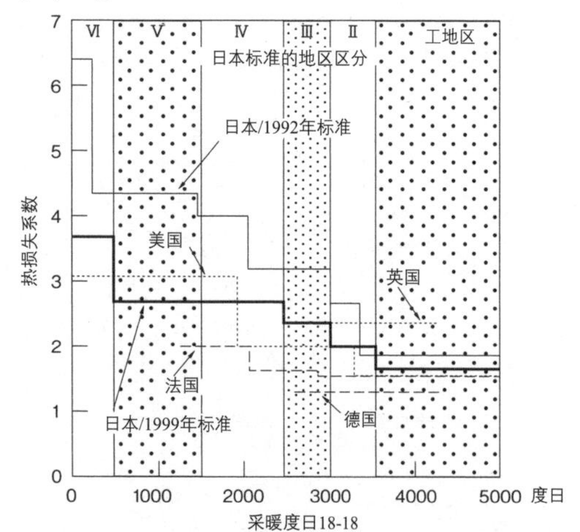


**图1　有关保湿性节能标准的各国比较**（根据各国的保温标准值等计算得出/出处：下一代节能标准讲解手册编辑委员会编《住宅的节能标准解说3版》建筑环境，节能机构，2009年）

**住宅的节能化谱系**

■ 1980年　住宅的节能标准（统称：旧节能标准）宣告：保温住宅普及的开始

○ 1986年　被动式太阳能系统认定制度（住宅金融公库的补贴融资）：成立被动式太阳能住宅推进协会

■ 1992年　住宅的节能标准的修订（统称：新节能标准）：关于保温及密封标准的强化

○ 1993年　被动式太阳能系统中追加了主动式太阳能（太阳能发电）的认定，更名太阳能住宅认定

○ 1994年　开始实施太阳能发电的补助制度

■ 1999年　住宅的节能标准的彻底修订（统称：下一代节能标准）：［2001、2006、2009年部分进行了修订］

■：节能标准　○：太阳能利用

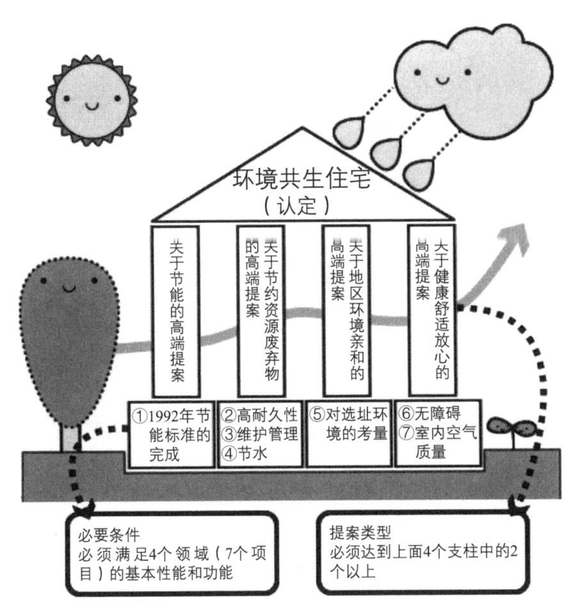


**图2　生态住宅认定制度的概念**（出处：建筑环境・节能机构网页）

这些标准、制度没有拘束力，只要求努力争取，但作为住宅建筑相关人员，努力遵守这个标准是理所当然的，而且应该努力达到更高的性能。国家应该尽早将这些标准规定为义务。

### 3. 环境共生住宅认定制度[*2]

在这里介绍的“环境共生住宅”，随着建设省（现国土交通省）颁布的1990年“全球气候变暖防止计划”的实施，由（财团法人）建筑环境・节能机构下设的研究会进行研究开发和普及推进。研究开发由相关专家及与住宅建设相关各方面的企业会员（参加会员约90家公司）实施。

这个生态住宅的定义，在该财团的网页主页这样写道“从保护地球环境的观点出发，对能源、资源、废弃物等方面给予充分考虑，另外与周边自然环境亲切、完美协调，居住者以主体的身份参与，创建一个能健康、舒适生活的住宅和地域环境”。

生态住宅认定制度是1998年开始的，其目的是“在追求普及生态住宅的同时，启发人们关注环境的重要性”。

由图2的认定标准得知，认定由2个要素组成，一个是相当于住宅基础部分的必要条件，另一个是相当于柱子部分的建议类型。为了获得认定，必要条件有4个领域（类型）7个项目，即要满足以下所有指标的标准值：

· 节能　　　　①1992年标准
· 节省资源　　②高耐久性 ③维护管理 ④节水
· 地域环境亲和　⑤对选址环境的考量
· 健康舒适放心　⑥无障碍 ⑦室内空气质量

而且达到提案类型中2个以上，需要提出非常出色的建议。必需条件譬如节能性能虽不是1992年标准（等级3）以上和最高等级的性能，但要全部满足7项指标在当时是相当困难的。认定标准2009年度被修订，采用了建筑评价制度的CASBEE*。

迄今建设和被认定的生态住宅，到2008年度之前，独栋住宅约15000户，集合住宅约5000户，共计超过2万户。

*CASBEE（建筑物综合环境性能评价系统），可以通过（1）建筑物的生命周期进行评价，（2）“建筑物的环境质量、性能（Q）”和“建筑物环境负荷（L）”两个方面进行评价。（3）运用“环境效率”的理念及新开发的评价指标“BEE（建筑物环境性能效率：Building Environmental Efficiency）”进行评价，根据这3个理念进行开发。以BEE的排列次序，区分为“S级（最优）”，“A级（非常好）”，“B+级（好）”，“B-级（略差）”，“C级（差）”5个等级。详细参照建筑、环境节能机构主页。

### 4. 自立循环型住宅[*3]

所谓自立循环型住宅定义为

①根据气候和用地特性等地势条件和居住方法，尽可能充分利用自然能源

②注意建筑物和设备机器的选择，提高居住性和方便性水准

③居住时的能源消耗量（$CO_2$排放量）与2000年时的标准型住宅相比，可以削减50%以上

④到2010年之前可以充分实用化的住宅

这是由国土交通省国土技术政策综合研究所和独立行政法人建筑研究所，从2001年度开始用了4年时间研究、开发项目取得的成果，其成果作为导则*4进行归纳，在日本各地通过讲演会的形式进行普及。

表1表示了在自立循环型住宅中，就13个节能要素，设计有用的事例和信息以及通过采用各种方法得到的削减程度（水平0～水平4等。方法不同水平数也不同），成为相当实用的导则。以“自立循环”作为目标，不仅是建筑，还有照明设备和高效家电等设备的节能也被提出，是很有特色的。

## 5. 以LCCM住宅为目标

从2008年开始，在全世界加速了二氧化碳减排活动。在我国，以经济产业省为主导成立了“关于ZEB的实现和展开的研究委员会”（2009年5～11月），明确了2030年之前所有新建建筑应以零能耗ZEB（Zero Energy Building）为目标。此外，建筑行业17团体在2009年12月提出了“建筑相关领域的全球变暖对策视角2050”的议题，①新建建筑：今后10～20年之间推进碳中和化；②到2050年之前包括既有建筑，全部实现建筑碳中和化；③提议包括城市、区域、社会推行碳中和化。

零碳建筑，如图3的3，在尽可能削减建筑所需能源的基础上，使用的能源，尽可能采用不增加二氧化碳量的，使用可再生能源。另外，碳中和建筑，如图3的4，使用的一部分能源，用排出二氧化碳的能源来解决。但这是指用其他建筑或地域的削减量（$CO_2$排放量等）来填补。零能源建筑是指零碳建筑及碳中和建筑两者。

另外，零碳建筑中，在现场使用可再生能源（譬如，太阳能发电量）如果超过了所需消耗的量，其剩余能源累计后，超过了建设时使用的能源。把这样的建筑称为LCCM建筑。也有称之为零污染建筑的。

为实现零碳排放建筑或LCCM建筑，如图4所示，需要结合地域的气候，高效地组合多种节能、创能手法。这被称为多种手法的综合

**表1　自立循环型住宅采用的节能技术要素**

| 削减对象的能源用途 | 节能技术要素 | | |
|---|---|---|---|
| | A<br>自然能源活用技术 | B<br>建筑外皮的热遮挡技术 | C<br>节能设备技术 |
| 采暖 | 04日照能的利用 | 06保温外皮设计 | 08冷暖气设备计划（采暖） |
| 冷气 | 01自然热的利用 | 07日照遮挡手法 | 08冷暖气设备计划（冷气） |
| 通风 | — | — | 09通风设备计划 |
| 供热水 | 05太阳能供热水 | — | 10热水供应设备计划 |
| 照明 | 02日光的利用 | — | 11照明设备计划 |
| 家电 | — | — | 12高效家电设备的采用 |
| 烹饪 | — | — | — |
| 电力 | 03太阳能发电 | — | — |
| 水 | — | — | 13水和厨余垃圾的处理和有效利用 |

（出处：下一代节能标准解说书编辑委员会编《住宅节能标准的解说3版》建筑环境·节能机构，2009）

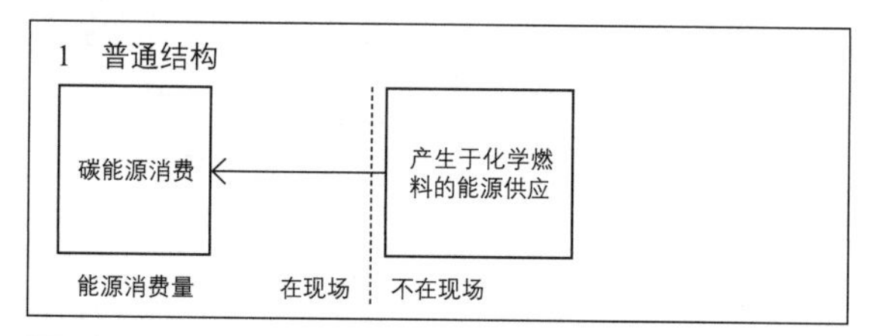


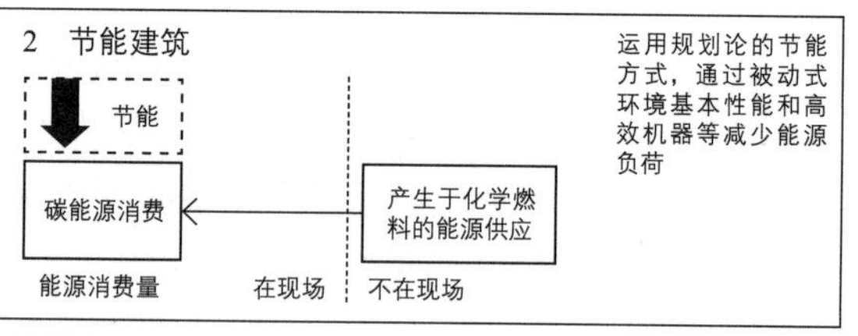


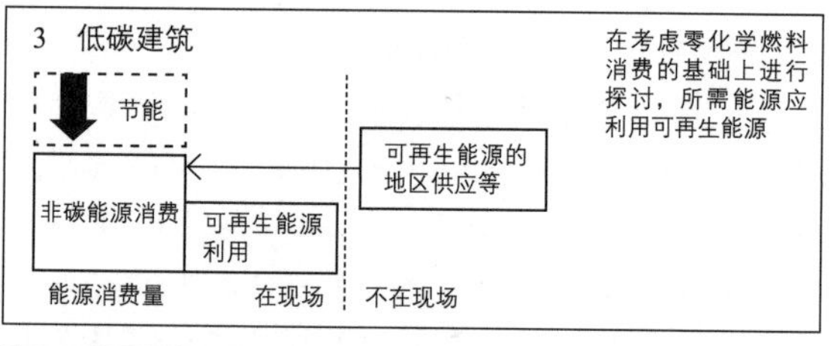


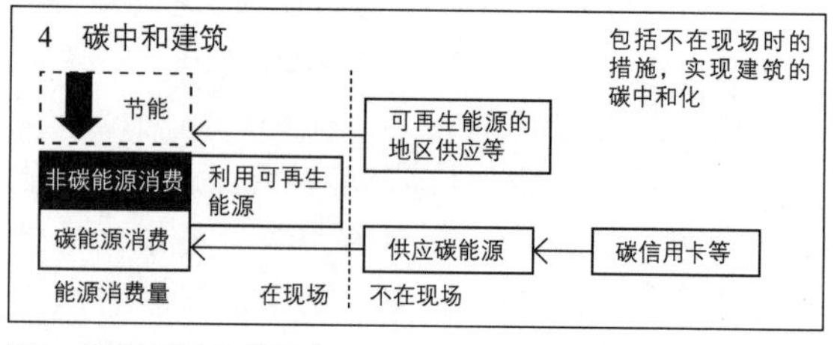


**图3　零碳　碳中和的概念**

（出处：建筑相关17团体“建筑相关领域的地球变暖对策视角2050”日本建筑学会网页，2009年）

或最佳组合。现在，住宅制造厂家一致以实现LCCM住宅为目标，实验住宅楼已经建好。

## 6. 结束语

工业化住宅在抗震性、耐久性、舒适性以及地球环境保护性方面都有优势。所有建筑相关人员应以真诚的工作态度和挑战精神，推动生物气候设计的普及。

另外，全球变暖对策视角应首先从“新建”建筑开始推行ZEB，其次改造“既有”建筑的思路是可以接受的，但实际上既有建筑应先于新建建筑进行改造，实现ZEB化。考虑到削减二氧化碳排放量的实效，可以预测，只有改造性能差，体量庞大的既有建筑[*5]才能早日实现削减。既有建筑千差万别，在改造上需要进行个别应对，这就要求建筑师发挥很大作用，期待建筑师大显身手。

注：

*1　林基哉、须永修通、长谷川兼-“为住宅建筑的可持续设计的TSS手法的开发——适合地区性和周边环境的典型解法和应用”《住宅综合财团研究论文集》No.32，2006年，307～318页。

*2　“环境共生住宅”建筑环境·节能机构网主页。

*3　“自立循环型住宅的概要”建筑环境·节能机构网主页。

*4　国土交通省国土技术政策综合研究所、独立行政法人建筑研究所监修《自立循环型住宅的设计导则》建筑环境·节能机构，2005年。

*5　首都大学COD因特网图书馆。

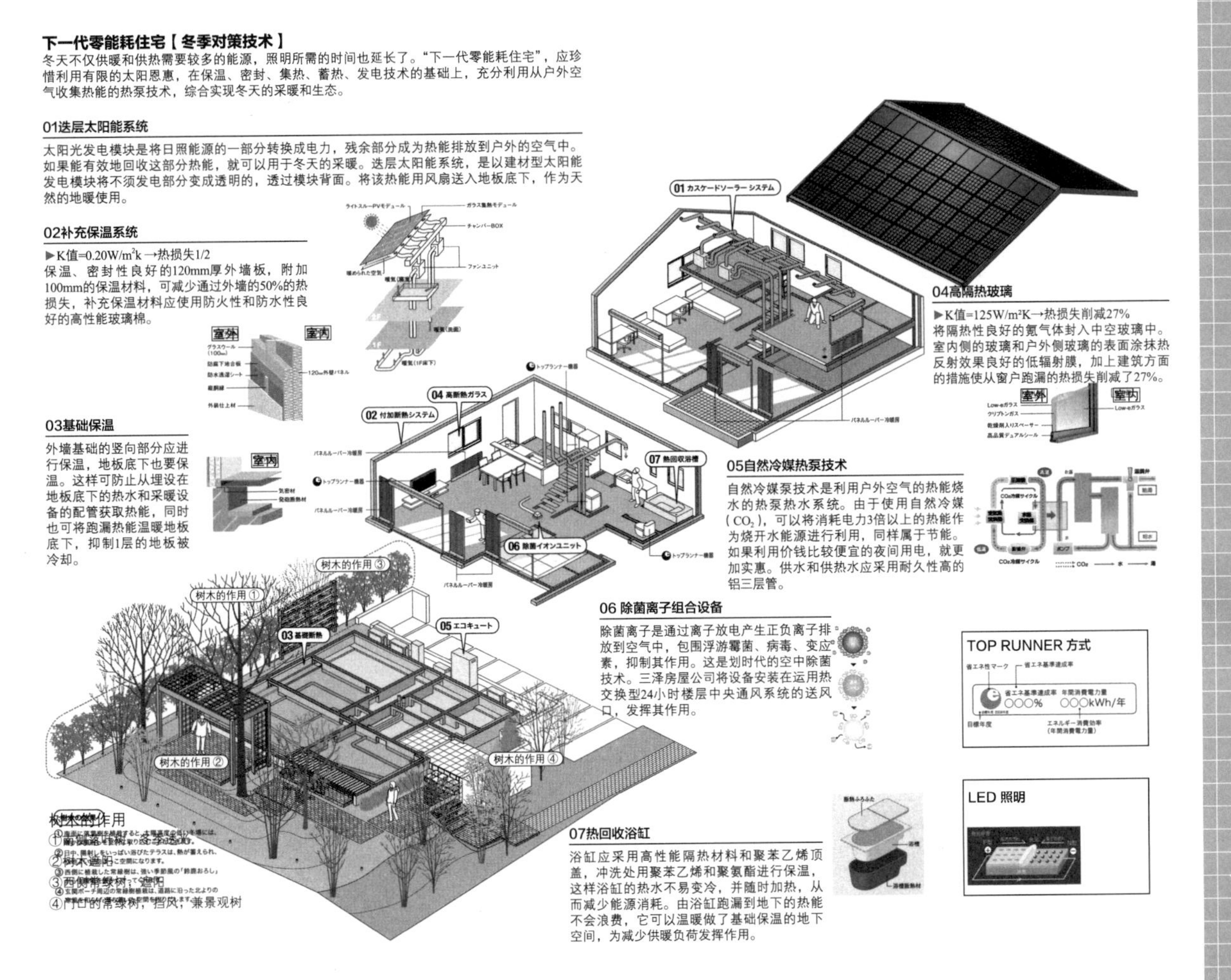


图4　零排放住宅的节能、创能技术的组合实例。三泽住宅“全寿命零碳排放住宅”（出处：日本太阳能学会编《太阳/风力能源讲演论文集》日本太阳能学会，2009年）

# 资料篇

## 1. 标准值

### ■ 室内环境标准

| 标准项目 | 建筑物环境卫生管理标准 |
|---|---|
| 温度 | · 17℃以上28℃以下<br>· 居室内温度比室外气温低时，其温差不能很明显 |
| 相对湿度 | 40%以上70%以下 |
| 气流 | 0.5m/s以下 |
| 浮游粉尘量 | 每1m³空气0.15mg以下 |
| 一氧化碳含有率 | 10ppm（厚生劳动省颁布的特例中的数值）以下 |
| 二氧化碳含有率 | 1000ppm(0.1%)*1 |
| 甲醛量 | 每1m³空气0.1mg（0.08ppm）以下 |
| 氯蜱硫磷 | 建材中不得包含 |

*1 学校的教室等，1500ppm以下比较理想（文部科学省“学校环境卫生标准”2009年施行）

### ■ 化学物质的使用限制

· 添加含毒死蜱（白蚁灭杀药）的建材不得使用
· 挥发甲醛（含在粘接剂、涂料中）的建材有以下使用限制

| 建筑材料的区分 | JIS、JAS等的表示记号 | 甲醛的挥发速度 | 内装修的限制 |
|---|---|---|---|
| 不受建筑规范限制的建材 | F☆☆☆☆ | 5μg/(㎡·h)以下 | 无限制使用 |
| 第三种甲醛挥发建材 | F☆☆☆ | 超过5μg/(㎡·h)～20μg(㎡·h)以下 | 使用面积受限制 |
| 第二种甲醛挥发建材 | F☆☆ | 超过20μg(㎡·h)～120μg(㎡·h)以下 | 使用面积受限制 |
| 第一种甲醛挥发建材 | 旧$E_2$、$FC_2$或无表示 | 超过120μg/(㎡·h) | 禁止使用 |

### ■ 温热舒适性

| 标准项目 | 推荐标准 | 备注 |
|---|---|---|
| 上下温度分布 | · 脚底和椅子座（地上1.1m）的温度差在3°以内<br>· 地板温度26°，头部22°局部温冷感的中立温度（不冷不热），表示“头寒足热” | · 根据ASHRAE（美国冷气冷冻空调学会）的标准<br>· 堀祐治博士论文“关于不均匀热环境情况下的舒适性评价和其预测方法的研究”2000年 |
| 不均匀辐射 | · 寒冷窗户面等不均匀性极限，面辐射温度的矢量差在10K以内 | · 根据ASHRAE的标准 |
| 地暖的地板温度 | · 包括地暖时的地板温度推荐范围在19～29°之间<br>· 地板温度30°以下（为防止低温烫伤） | · 根据ASHRAE的标准 |
| 夏天理想的气流速度 | · 理想的气流速度在0.2～1m/s之间<br>· 风速过快时不要长时间使用 | |

### ■ 推荐亮度比[*1]

| 亮度比的种类 | 住宅 | 办公室 | 工厂 |
|---|---|---|---|
| 作业对象和周围的亮度比 | 3：1~1：1 | 3：1~1：1 | 3：1~1：3 |
| 作业对象和略远面的亮度比 | 5：1~1：5 | 5：1~1：5 | 10：1~1：10 |
| 照明器具、窗和与其临近面的亮度比 | — | — | 20：1~1：1 |

在门厅处如让眼睛适应白天户外自然光数万勒克司的照度，厅内部就会显得很暗，需要提高照度

*1 出处：IES, IES Code for interior lighting, 1973

### ■ 窗户大小的标准[*1]

| 建筑物的种类 | 对象房间 | 标准开口率[*2] |
|---|---|---|
| 住宅 | 居室 | 1/7 |
| 幼儿园、小学、中学、高中 | 教室 | 1/5[*3] |
| 托儿所 | 保育室 | 1/5 |
| 医院、诊疗所 | 病房 | 1/7 |
| 宿舍 | 寝室 | 1/7 |
| 租赁房 | 卧室 | 1/7 |
| 儿童福利设施等[*4] | 主要用途的居室 | 1/7 |
| 学校、医院、诊疗所、宿舍、租赁房、儿童福利设施等 | 除上以外的居室 | 1/10 |
| 邻保馆（贫困地区扶助机构） | 居室 | 1/10 |

*1 根据建筑标准第28条，同施行令第19条
*2 开口率是指开口部的采光有效部分面积与地面面积的比例
*3 有合适的人工照明，有1/7的缓和处理
*4 所谓儿童福利设施等是指儿童福利设施、助产所、残疾人福利援助机构、救助机构、妇女救助机构、智障者救助机构、老年人福利机构、收费老年人福利机构或母子救助机构。

## ■ 推荐照度[*1]

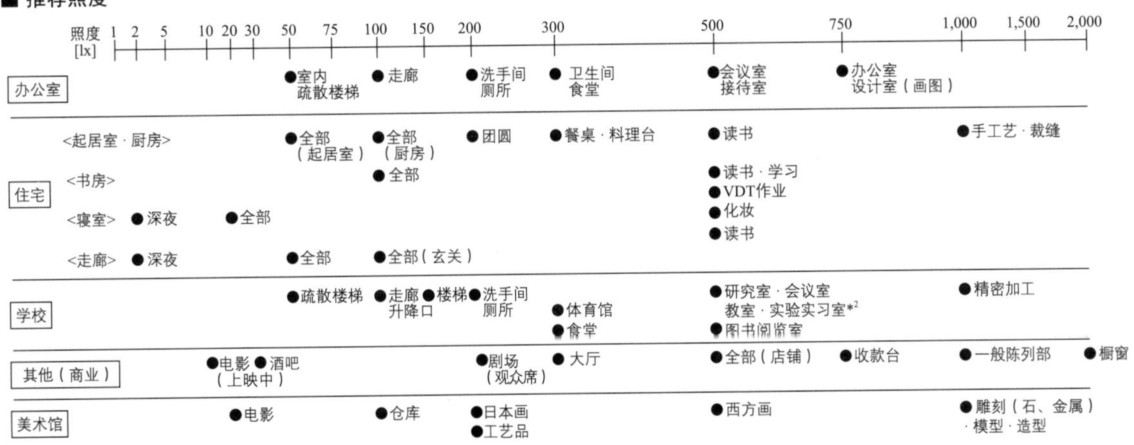


JIS规定的照明设计标准。关于工作和活动在标准面上维持照度的推荐值。推荐照度是标准面的平均照度。地板以上0.8m（桌上视觉作业），地板以上0.4m（坐着做事），假定地板或地面其中之一为标准面。推荐照度是从JIS Z 9110 -1979的范围修改成单一值（推荐照度）。
例）办公室：300~750Lx（1979版）修改为750Lx（2010版）。住宅中根据各房间的用途，采用整体照明和局部照明结合比较合适。（图中的"全部"是确保最低限度的照度。）

*1　JIS Z 9110-2010摘录
*2　教室及相同场所照度的下限值300Lx。另外，教室及黑板的合适照度为500Lx以上（文部科学省告示第60号）

## ■ 室内噪声的容许值[*1]

| dB(A) | 20 | 25 | 30 | 35 | 40 | 45 | 50 | 55 | 60 |
|---|---|---|---|---|---|---|---|---|---|
| NC~NR | 10~15 | 15~20 | 20~25 | 25~30 | 30~35 | 35~40 | 40~45 | 45~50 | 50~55 |
| 噪音度 | 无音感 | | 非常安静 | | 没什么感觉 | | 感到噪音 | | 无法忍受噪音 |
| 会话，对电话的影响 | | | 5m距离 可听到小声交谈 | | 10m距离可以开会 打电话不受影响 | | 普通通话（3m以内） 可以通电话 | | 大声讲话（3m） 电话有影响 |
| 摄影棚 | 无音室 | 广播员房间 | 电台播音室 | 电视播音室 | 主调音室 | 一般办公室 | | | |
| 集会所 · 会堂 | | 音乐堂 | 剧场（中） | 舞台剧场 | 电影院 · 天文馆 | | 会堂大厅 | | |
| 医院 | | 听力实验室 | 特别病房 | 手术室 · 病房 | 医务室 | 检查室 | 会客室 | | |
| 宾馆 · 住宅 | | | | 书房 | 卧室 · 客房 | 宴会厅 | 大厅 | | |
| 一般办公室 | | | | 董事房间 大会议室 | 接待室 | 小会议室 | | 一般办公室 | 打字 · 计算机室 |
| 公共建筑 | | | | 公会堂 | 美术馆 · 博物馆 | 图书阅览 | 公会堂兼体育馆 | 室内体育设施（扩建） | |
| 学校 · 教会 | | | | 音乐教室 | 礼堂 · 礼拜堂 | | 研究室 · 普通教室 | 走廊 | |
| 商业建筑 | | | | | 音乐饮茶店 宝石店 | 书店 美术品店 | 银行 · 餐厅 | 商店 食堂 | |

*1　出处：日本建筑学会编《建筑设计资料集成 1 环境》丸善，1978年。

## 2. 物性值

### ■ 导热率·比热[*1]

[一般材料]

| 材料名 | | 导热率 [W/(m·K)] | 密度 [kg/m³] | 比热 [J/(kg·K)] | 备注 |
|---|---|---|---|---|---|
| 水泥、混凝土、砖、石材 | 水泥砂浆 | 1.5 | 2,000 | 800 | |
| | 混凝土 | 1.6 | 2,200 | 880 | |
| | 轻质骨料混凝土1种 | 0.81 | 1,900 | 1,000 | |
| | 轻质骨料混凝土2种 | 0.58 | 1,600 | 1,000 | |
| | 轻质气泡混凝土板(ALC) | 0.17 | 500~700 | 1,100 | JIS A 5416 |
| | 普通砖 | 0.62 | 1,700以下 | 840 | |
| | 耐火砖 | 0.99 | 1,700~2,000 | 840 | |
| | 瓦、石板瓦 | 0.96 | 2,000 | 760 | |
| | 岩石 | 3.5 | 2,800 | 840 | |
| 金属类 | 铜 | 370 | 8,300 | 380 | |
| | 铝合金 | 200 | 2,700 | 880 | |
| | 钢材 | 53 | 7,830 | 480 | |
| | 铅 | 35 | 11,400 | 129 | |
| | 不锈钢 | 15 | 7,400 | 460 | |
| 玻璃、塑料、橡胶 | 平板玻璃 | 1.0 | 2,500 | 770 | ISO/TC163 N293E |
| | 有机玻璃 | 0.20 | 1,050 | 1,470 | |
| | PVC(氯乙烯) | 0.17 | 1,390 | 1,680 | |
| | 聚氨酯 | 0.30 | — | 1,500 | |
| | 硅 | 0.35 | 1,200 | — | |
| | 丁基橡胶 | 0.24 | 1,200 | — | |
| 木质、木质纤维材料 | 天然材料1种 | 0.12 | 530 | 1,200 | 丝柏、松树、鱼鳞云杉 |
| | 天然材料2种 | 0.15 | 700 | 1,200 | 松树、柳安 |
| | 天然材料3种 | 0.19 | 920 | 1,200 | 橡树、樱花树、山毛榉 |
| | 胶合板 | 0.16 | 420~660 | 1,300 | |
| | 木纤维水泥板 | 0.10 | 400~600 | 1,500 | JIA A 5404 |
| | 木质刨花水泥板 | 0.17 | 1,000以下 | 1,680 | |
| | 硬质纤维板 | 0.17 | 950以下 | — | JIS A 5905 |
| | 中密度板 | 0.15 | 400~700 | 1,300 | JIS A 5908 |
| 石膏 | 石膏板 | 0.22 | 700~800 | 1,130 | JIS A 6901 |
| | 石膏粉 | 0.60 | 1,950 | 840 | JIS A 6904 |
| 墙 | 白灰浆 | 0.70 | 1,300 | 1,060 | |
| | 土墙 | 0.69 | 1,280 | 879 | |
| | 纤维质装饰涂层 | 0.12 | 500 | 1,040 | JIS A 6909 |
| | 京墙 | 0.68 | 1,300 | 880 | |
| 地面材料等 | 榻榻米地面 | 0.11 | 230 | 2,300 | JIS A 5901 |
| | 瓷砖 | 1.30 | 2,400 | 840 | JIS A 5209 |
| | 塑料(P)地砖 | 0.19 | 1,500 | — | JIS A 5705 |
| | 地毯类 | 0.073 | 400 | 840 | |
| | 沥青防水材料类 | 0.11 | 1,000 | 920 | JIS A 6005 |
| | 墙·顶棚装饰用壁纸 | 0.13 | 550 | 1,390 | |
| | 防潮纸类 | 0.21 | 700 | 1,300 | |

[保温材料]

| 材料名 | | 导热率 [W/(m·K)] | 密度 [kg/m³] | 比热 [J/(kg·K)] | 备注 |
|---|---|---|---|---|---|
| 无机纤维保温材料 | 住宅用玻璃保温棉 10K 相当 | 0.050 | 约 10 | 840 | JIS A 9521 |
| | 住宅用玻璃保温棉 16K 相当 | 0.045 | 约 16 | | |
| | 住宅用玻璃保温棉 20K 相当 | 0.042 | 约 20 | | |
| | 住宅用玻璃保温棉 24K 相当 | 0.038 | 约 24 | | |
| | 住宅用玻璃保温棉 32K 相当 | 0.036 | 约 32 | | |
| | 高性能玻璃保温棉 16K 相当 | 0.038 | 约 16 | 840 | JIS A 9521 |
| | 高性能玻璃保温棉 24K 相当 | 0.036 | 约 24 | | |
| | 高性能玻璃保温棉 32K 相当 | 0.035 | 约 32 | | |
| | 高性能玻璃保温棉 40K 相当 | 0.034 | 约 40 | | |
| | 高性能玻璃保温棉 48K 相当 | 0.033 | 约 48 | | |
| | 填充式玻璃棉保温 GW-1 | 0.052 | 约 13 | 840 | JIS A 9523 |
| | 填充式玻璃棉保温 GW-2 | 0.052 | 约 18 | | |
| | 填充式玻璃棉保温 30K 相当 | 0.040 | 约 30 | 840 | JIS A 9523 干式工法 |
| | 填充式玻璃棉保温 35K 相当 | 0.040 | 约 35 | 840 | JIS A 9523 干式及粘结剂并用 |
| | 住宅用岩棉保温棉 垫层 | 0.038 | 30~50 | 840 | JIS A 9521 |
| | 住宅用岩棉保温棉 毛毡 | 0.038 | 30~70 | | 适用 JIS A 9504 |
| | 住宅用岩棉保温棉 板 | 0.036 | 50~100 | | |
| | 填充式岩棉保温棉 25K | 0.047 | 约 25 | 840 | JIS A 9523 |
| | 填充式岩棉保温棉 65K 相当 | 0.039 | 约 65 | | |

续表

| | 材料名 | 导热率 [W/（m·K）] | 密度 [kg/m³] | 比热 [J/（kg·K）] | 备注 |
|---|---|---|---|---|---|
| 发泡树脂保温材料 | 模塑式聚苯乙烯保温板EPS　特号 | 0.034 | 27以上 | 1,470 | JIS A 9511 |
| | 模塑式聚苯乙烯保温板EPS　1号 | 0.036 | 30以上 | | |
| | 模塑式聚苯乙烯保温板EPS　2号 | 0.037 | 25以上 | | |
| | 模塑式聚苯乙烯保温板EPS　3号 | 0.040 | 20以上 | | |
| | 模塑式聚苯乙烯保温板EPS　4号 | 0.043 | 15以上 | | |
| | 挤塑式聚苯乙烯保温板 XPS　1种 | 0.040 | 20以上 | 1,470 | JIS A 9511 |
| | 挤塑式聚苯乙烯保温板 XPS　2种 | 0.034 | 25以上 | | |
| | 挤塑式聚苯乙烯保温板 XPS　3种 | 0.028 | 25以上 | | |
| | 硬质聚氨酯保温板　1种 | 0.029 | 35以上 | 1,000~1,500 | JIS A 9511 |
| | 硬质聚氨酯保温板　2种1号 | 0.023 | 35以上 | | |
| | 硬质聚氨酯保温板　　2号 | 0.024 | 25以上 | | |
| | 硬质聚氨酯保温板　　3号 | 0.027 | 35以上 | | |
| | 硬质聚氨酯保温板　　4号 | 0.028 | 25以上 | | |
| | 喷涂硬质聚氨酯保温板　A种1 | 0.032 | — | — | JIS A 9526 |
| | 喷涂硬质聚氨酯保温板　A种2 | 0.032 | — | — | |
| | 喷涂硬质聚氨酯保温板　A种3 | 0.040 | — | — | |
| | 聚乙烯保温板　1种1 · 2号 | 0.042 | 10以上 | 1,000~1,600 | JIS A 9511 |
| | 聚乙烯保温板　2种 | 0.038 | 20以上 | | |
| | 聚乙烯保温板　3种 | 0.034 | 10以上 | | |
| | 苯酚保温板　1种1号 | 0.022 | 45以上 | | JIS A 9511 |
| | 苯酚保温板　　2号 | 0.022 | 25以上 | — | |
| | 苯酚保温板　2种1号 | 0.036 | 45以上 | — | |
| | 苯酚保温板　　2号 | 0.034 | 35以上 | — | |
| | 苯酚保温板　　3号 | 0.028 | 25以上 | — | |
| | 苯酚保温板　3种1 · 2号 | 0.035 | 13以上 | — | |
| 木纤维保温材料 | A级软质纤维板 | 0.051 | 350未满 | — | JIS A 5905 |
| | 榻榻米板 | 0.052 | 270未满 | — | |
| | 防潮纤维板 | 0.051 | 400未满 | — | |
| | 填充式纤维保温材料　25K | 0.040 | 约25 | 1,180 | JIS A 9523 |
| | 填充式纤维保温材料　45K | 0.040 | 约45 | | JIS A 9523 粘接剂并用法 |
| | 填充式纤维保温材料　55K | 0.040 | 约55 | | |

容积比热[J/(m³ · K)]=比热[J/kgK]×密度[kg/m³]

[其他]

| 名称 | 导热率 [W/（m·K）] | 密度 [kg/m³] | 比热 [kJ/（kg·K）] |
|---|---|---|---|
| 水（10℃） | 0.60 | 998 | 4.2 |
| 冰 | 2.20 | 917 | 2.1 |
| 雪 | 0.060 | 100 | 1.8 |
| 空气（静止） | 0.022 | 1.3 | 1.0 |
| 水蒸气 | 0.020 | — | — |

## ■ 空气层（中空层）的热阻*1

| 种类 | 空气层的厚度da[cm] | 热阻[m² · K/W]*2 |
|---|---|---|
| 工厂生产的气密性材料 | 2以下 | 0.09×da |
| | 2以上 | 0.18 |
| 除上以外的材料 | 1以下 | 0.09×da |
| | 1以上 | 0.09 |

*1　出处：下一代节能标准解说书编辑委员会《住宅节能标准的解说 3版》建筑环境 · 节能机构，2009年。日本建筑学会《建筑设计资料集成 1 环境》丸善，1978年。日本热物性学会编《新编热物性手册》养贤堂，2008年。空气调和 · 卫生工学会编《空气调和设备规划设计实务知识》Ohmsha.Ltd，1995年。宫野秋彦《建筑物的保温和防潮》学艺出版社，1981年。部分改编。

*2　内表面的放射率只有0.9左右。

## ■ 透湿率 · 透湿比阻力 · 透湿阻力*1

| | 材料名 | | 透湿率 [kg/(m · s · Pa)] /10¹² | 透湿比阻力 [m · s · Pa/kg] ×10⁸ | 厚度 [mm] | 透湿阻力 [m² · s · Pa/kg] ×10⁸ | 备注 |
|---|---|---|---|---|---|---|---|
| 混凝土、水泥、砖 | 砂浆 | 密度2,120[kg/m³]、水和洋灰比50%，配合比1:1 | 1.62 | 6,170 | 25 | 150 | |
| | 混凝土 | | 2.98 | 3,360 | 100 | 336 | |
| | 轻质发泡混凝土板（ALC） | 不做表面处理 | 37.9 | 264 | 100 | 26.4 | |
| | 重质混凝土 | 重量＝18.2kg | 7.2 | 1,400 | 200 | 280 | |
| | 轻质混凝土 | 重量＝12.2kg | 7.7 | 1,300 | 200 | 260 | |
| 石膏 | 石膏板 | | 39.7 | 252 | 12 | 3.0 | |
| | 石膏类吊顶材料 | 装饰石膏板 | 7.8 | 1,300 | 9 | 12 | |
| 抹灰材料 | 白灰浆 | 密度1,560[kg/m³] | 52.1 | 192 | 12 | 2.3 | |
| | 土墙 | 不涂装 | 20.7 | 483 | 100 | 48.3 | |
| 窑炉烧成品 | 窑炉类板材 | | 2.1 | 4,800 | 12 | 58 | |
| 木质木纤维材料 | 木质板（OSB） | | 0.594 | 16,800 | 12 | 200 | 测定温度 25%RH |
| | 纤维板（MDF） | | 3.96 | 2,530 | 12 | 30 | 测定温度 25%RH |
| | 软质纤维板 | | 18.8 | 532 | 12 | 6.4 | 测定温度 25%RH |
| | 松树 | 密度400[kg/m³] | 2.74 | 3,650 | 12 | 44 | 测定温度 40%RH |
| | 杉木（芯材） | | 1.49 | 6,720 | 20 | 130 | 测定温度 40%RH |
| | 杉木（边材） | | 4.00 | 2,500 | 20 | 50 | 测定温度 40%RH |
| | 胶合板 | | 1.11 | 9,010 | 12 | 110 | 测定温度 25%RH |
| 无机材料加工板材料 | 硅酸钙板 | | 52.1 | 192 | 24.7 | 4.74 | |
| | 玻璃纤维强化板（GRC）板 | | — | — | — | 350 | |
| | 阻燃木纤维水泥板 | | 80 | 100 | 24 | 3 | JIS A 5404 |
| | 隔热木纤维水泥板 | | 39 | 260 | 24.2 | 6.2 | |
| 通气层 | 通气层+外装材（范畴—I） | 外墙：透气层厚度18mm以上 | — | — | — | 8.6 | |

| 材料名 | | | 透湿率[kg/(m·s·Pa)]/$10^{12}$ | 透湿比阻力[m·s·Pa/kg]×$10^8$ | 厚度[mm] | 透湿阻力[$m^2$·s·Pa/kg]×$10^8$ | 备注 |
|---|---|---|---|---|---|---|---|
| 通气层 | 通气层+外装材（范畴—Ⅱ） | 外墙：通气层厚18mm以上（通气路径上有障碍物时），通气层厚9mm以上<br>屋顶：通气层厚18mm以上 | — | — | — | 17 | |
| | 通气层+外装材（范畴—Ⅲ） | 外墙：通气层厚9mm以上（通气路径上有障碍物时）<br>屋顶：通气层厚9mm以上 | — | — | — | 26 | |
| 氯乙烯壁纸 | 一般塑料壁纸（普通品） | | — | 315,800*1 | 0.5 | 160 | |
| | 透气壁纸 | | — | 75,800*1 | 0.5 | 38 | |
| | 发泡壁纸 | | — | 76,800*1 | 1.4 | 110 | |
| 地板材料 | 氯乙烯地面卷材（弹性发泡BO） | 有发泡层 | — | 487,000*1 | 2.8 | 1,400 | |
| | 氯乙烯地面卷材（弹性发泡带印刷PO） | | — | 256,000*1 | 1.8 | 460 | |
| | 地毯（沥青铺底） | | — | | | 230 | |
| | 地毯（PVC铺底） | | — | | | 300 | |
| 吊顶材料 | 岩棉系列吊顶材料 | 岩棉吸音板 | 5.9 | 1,700*1 | 12.5 | 21 | |
| | 岩棉系列吊顶材料（有装饰面） | 乳胶漆饰面 | — | 200*1 | 12 | 2.4 | |
| | 软质纤维板吊顶材料（压花饰面） | 软质纤维板A级 | — | 690*1 | 12.5 | 8.6 | |
| | 石膏系列吊顶材料 | 饰面石膏 | 7.8 | 1,300*1 | 9 | 12 | |
| 防潮材料 | 聚氯乙烯薄膜 | | — | 事实上∞ | 0.5 | 2,400 | |
| | 塑料薄膜 | | — | 1881,400*1 | 0.2 | 380 | |
| | 防潮牛皮纸：玻璃棉用 | | — | — | — | 80 | |
| | 发泡苯乙烯纸 | 密度80~130kg/$m^3$ | — | 48,000*1 | 1.4 | 67.2 | |
| | 沥青油毡 | 20kg/卷 | — | — | — | 24 | |
| | 沥青油毡 | 22kg/卷 | — | — | — | 1,440 | |
| | 透湿防水膜 | 透湿防水膜A | — | — | — | 1.9*2 | JIS A 6111：2004 |
| | 住宅用塑料系列防潮膜 | A种 | — | — | — | 820 | JIS A 6930：1997 |
| | 住宅用塑料系列防潮膜 | B种 | — | — | — | 1,440 | JIS A 6930：1997 |
| 涂膜 | 涂磁漆2遍 | | — | — | — | 390~200 | |
| | 涂表面漆2遍 | | — | — | — | 40~30 | |
| | 银粉漆涂2遍沥青系 | | — | — | — | 140 | |
| | 银粉漆涂饰 | | — | — | — | 80 | |
| | 氯乙烯石膏墙粉刷2遍 | | — | — | — | 24 | |
| | 氯乙烯杉木板粉刷2遍 | | — | — | — | 52~62 | |
| | 氯化橡胶杉木板粉刷2遍 | | — | — | — | 72~76 | |
| | 酞酸杉木板粉刷2遍 | | — | — | — | 57~80 | |
| | 防潮涂膜 | 长覆盖层喷涂 3kg/$m^2$ | — | — | — | 290 | |
| | 防潮涂膜 | 长覆盖层喷涂 2kg/$m^2$ | — | — | — | 240 | |
| | 防潮涂膜（涂抹防潮处理剂） | 长覆盖层喷涂 2kg/$m^2$ | — | — | — | 870 | |
| 透湿膜 | 罩纱布 | | — | — | — | 0.48 | |
| | 无纺布 | | — | 5,760*1 | 25 | 1.44 | |
| 保温材料 | 玻璃棉·岩棉 | | 170 | 58.8 | 100 | 5.88 | |
| | 木纤维保温材料 | | 155 | 64.5 | 100 | 6.45 | |
| | A种模塑式聚苯乙烯保温板EPS | 特号 | 4.6 | 2,200 | 25 | 54.1 | JIS A 9511：2006*3 |
| | A种模塑式聚苯乙烯保温板EPS | 1号 | 3.6 | 2,800 | 25 | 69.0 | |
| | A种模塑式聚苯乙烯保温板EPS | 2号 | 5.1 | 2,000 | 25 | 48.8 | |
| | A种模塑式聚苯乙烯保温板EPS | 3号 | 6.3 | 1,600 | 25 | 40 | |
| | A种模塑式聚苯乙烯保温板EPS | 4号 | 7.3 | 1,400 | 25 | 34.5 | |
| | 挤塑式聚苯乙烯保温板 XPS | 1种a | 5.1 | 2,000 | 25 | 48.8 | |
| | 挤塑式聚苯乙烯保温板 XPS | 1种b、2种a、2种b、3种a、3种b（无皮） | 3.6 | 2,800 | 25 | 69.0 | |
| | 挤塑式聚苯乙烯保温板 XPS | 1种b、2种a、2种b、3种a、3种b（有皮） | 1.4 | 7,300 | 25 | 180 | |
| | A种硬质聚氨酯板 | 1种 | 4.6 | 2,200 | 25 | 54.1 | |
| | A种硬质聚氨酯板 | 2种1号、2种2号、2种3号、2种4号 | 1.0 | 10,000 | 25 | 250 | |
| | B种硬质聚氨酯板 | 1种1号 | 4.6 | 2,200 | 25 | 54.1 | |
| | B种硬质聚氨酯板 | 1种2号 | 5.6 | 1,800 | 25 | 44.4 | |
| | B种硬质聚氨酯板 | 2种1号、2种2号 | 1.0 | 10,000 | 25 | 250 | |
| | A种聚苯乙烯保温板 | 1种1号 | 0.75 | 13,000 | 25 | 330 | |
| | A种聚苯乙烯保温板 | 1种2号 | 1.4 | 7,300 | 25 | 180 | |
| | A种聚苯乙烯保温板 | 2种 | 0.75 | 13,000 | 25 | 330 | |
| | A种聚苯乙烯保温板 | 3种 | 3.8 | 2,700 | 25 | 66.7 | |
| | A种苯酚保温板 | 1种1号、1种2号 | 1.5 | 6,700 | 25 | 170 | |
| | A种苯酚保温板 | 2种1号、2种2号、2种3号、3种1号 | 3.6 | 2,800 | 25 | 69.0 | |
| | A种苯酚保温板 | 3种2号 | 33 | 310 | 25 | 7.692 | |
| | 喷涂硬质聚氨酯板 | A种1 | 9.0 | 1,100 | 100 | 110 | JIS A 9526：2006 |
| | 喷涂硬质聚氨酯板 | A种2、B种1、B种2 | 4.5 | 2,200 | 100 | 220 | |
| | 喷涂硬质聚氨酯板 | A种3 | 31.7 | 315 | 100 | 31.5 | |

## ■ 表面湿气传导阻力*4

| 气流速度[m/s] | 湿气传导阻力[(m·s·Pa)/ng] |
|---|---|
| 0.1 | $39\times10^{-6}$ |
| 0.5 | $24\times10^{-6}$ |
| 1.0 | $19\times10^{-6}$ |
| 2.0 | $16\times10^{-6}$ |

*1 透湿阻力由透湿抗阻/厚度求得。
*2 透湿性（透湿阻力）是将[$m^2$·s·Pa/μg]单位换算成[$m^2$·s·Pa/kg]的值
*3 透湿阻力是求每个厚25mm的透湿系数[kg/（$m^2$·s·Pa）]的倒数，进行四舍五入后的有效数值。透湿率是将每个厚25mm的透湿系数[kg/（$m^2$·s·Pa）]乘以0.025m求得2位有效数字四舍五入后的数值。
*4 出处：防露设计研究会编，池田哲朗监修《住宅结露防止》学艺出版社，2004年

## ■ 开口部的热传导系数（U值）*1

| 门窗规格 | | 玻璃规格（中空层） | 热传导系数 [W/(m²·K)] |
|---|---|---|---|
| 窗、推拉门、带外框门 | （单层）木质、塑料质 | 低辐射中空（Ar12）*2 | 1.90 |
| | | 低辐射中空（A12） | 2.33 |
| | | 三层中空（A12×2） | 2.33 |
| | | 中空（A12） | 2.91 |
| | | 中空（A6） | 3.49 |
| | （单层）金属、塑料质（木质）复合结构造*3 | 低辐射中空（A12） | 2.33 |
| | | 低辐射中空（A6） | 3.49 |
| | | 中空（A10~A12） | 3.49 |
| | | 中空（A6） | 4.07 |
| | （单层）金属隔热结构*4 | 低辐射中空（A12） | 2.91 |
| | | 低辐射中空（A6） | 3.49 |
| | | 中空（A10~A12） | 3.49 |
| | | 中空（A6） | 4.07 |
| | （单层）金属制 | 低辐射中空（A6） | 4.07 |
| | | 中空（A6） | 4.65 |
| | | 单层2块（A12以上） | 4.07 |
| | | 单层2块（A12未满） | 4.65 |
| | | 单层 | 6.51 |
| 窗、推拉门 | （双层）金属制+塑料（木质）制 | 单层+中空（A12） | 2.33 |
| | （双层）金属制+金属制（框中间部：隔热结构） | 单层+单层 | 2.91 |
| | | 单层+单层 | 3.49 |
| 门 | 木质　隔热叠层结构 | 低辐射中空（A12） | 2.33 |
| | | 三层中空（A12×2） | 2.33 |
| | | 中空（A12） | 2.91 |
| | 金属制　高隔热结构　门：隔热空心平面门*5<br>周围部分：隔热结构　框：隔热结构 | 低辐射中空（A12） | 2.33 |
| | | 中空（A12） | 2.91 |
| | 木质　门：木质　框：金属 | 中空（A6） | 4.65 |
| | 金属制　门：填充隔热材料的平面门结构 | 中空（A6） | 4.07 |
| | 金属制　门：蜂窝纸平面门结构 | 中空（A6） | 4.65 |

本表中门窗和玻璃的规格是根据开口部产品的厂家产品样本中记载的、成为热传导系数基础的试验数据进行整理的，试验厂家及试验方法不同，数据也略有差别，但基本都在一定的范围内，从这些数值中取安全数值（大的数值）作为本表的热传导系数值。

*1　出处：下一代节能规范解说书编辑委员会编《住宅节能规范解说 3版》建筑环境·节能机构，2009年，部分改写。
*2　使用低辐射玻璃的中空玻璃，中间层A12是空气层12mm，Ar表示充入氩气，JISR3106—1998（平板玻璃类的透过率、反射率、辐射率、日照系数的试验方法）规定的垂直辐射率使用0.20以下的玻璃1块以上或垂直日照系数使用0.35以下的玻璃2块以上。
*3　木材、塑料和金属的复合结构。
*4　金属门窗框的中间使用氯乙烯等有隔热性能的材料连接结构。
*5　金属的内外面材料的中间，填充密实的隔热材料，周围采用隔热结构。
*6　出处：小木曾定彰"室内环境规划"《新修订的建筑学大系22》彰国社，1969年。
*7　小原俊平、成濑哲生编写。出处：日本建筑学会编《建筑设计资料集成 1 环境》丸善，1978年。
*8　出处：松浦邦男、高桥大弐《建筑环境工学I 日照·光·音》朝仓书店，2001年。

## ■ 材料透过性状和透过率*6

| 材　料 | | 透过性状 | 透过率[%] |
|---|---|---|---|
| 玻璃类 | 透明玻璃（垂直射入） | 透明 | 90 |
| | 透明玻璃 | 透明 | 83 |
| | 磨砂玻璃（垂直射入） | 半透明<br>半扩散 | 75~85 |
| | 磨砂玻璃 | 半透明<br>半扩散 | 60~70 |
| | 压花玻璃（垂直射入） | 半透明 | 85~90 |
| | 压花玻璃 | 半透明 | 60~70 |
| | 抛光夹丝玻璃 | 透明 | 75~80 |
| | 普通夹丝玻璃 | 半透明 | 60~70 |
| | 吸热玻璃 | 透明 | 50~75 |
| | 乳白玻璃 | 扩散 | 40~60 |
| | 全乳白玻璃 | 扩散 | 8~20 |
| | 玻璃砌块（带勾缝） | 扩散 | 30~40 |
| | 吸热玻璃砌块（带勾缝） | 扩散 | 25~35 |
| | 照片用色膜（浅色） | 透明 | 40~70 |
| | 照片用色膜（深色） | 透明 | 5~30 |
| 纸类 | 半透明纸 | 半扩散 | 65~75 |
| | 复写纸薄美浓纸 | 半扩散 | 50~60 |
| | 隔扇纸 | 扩散 | 35~50 |
| | 白色吸水纸 | 扩散 | 20~30 |
| | 新闻纸 | 扩散 | 10~20 |
| | 牛皮纸 | 扩散 | 2~5 |
| | 粗糙纸 | 扩散 | 1~2 |
| 布类，其他 | 透明尼龙布 | 半透明 | 65~75 |
| | 薄料白木棉 | 半透明 | 2~5 |
| | 浅色薄料窗帘 | 扩散 | 10~30 |
| | 深色薄料窗帘 | 扩散 | 1~5 |
| | 厚料窗帘 | 扩散 | 0.1~1 |
| | 遮光用丝绒 | 扩散 | ~0.00 |
| | 透明合成树脂板（无色） | 透明 | 70~90 |
| | 透明合成树脂板（深色） | 透明 | 50~75 |
| | 半透明塑料（白色） | 半透明 | 30~50 |
| | 半透明塑料（深色） | 半透明 | 1~10 |
| | 大理石薄板 | 扩散 | 5~20 |

*没有特别要求情况下，扩散光射入

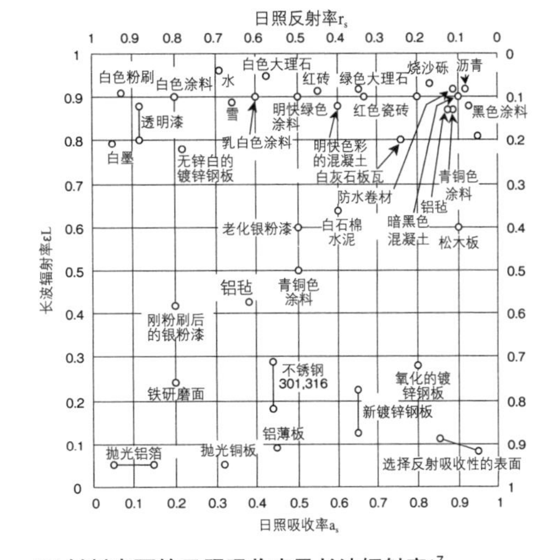


## ■ 材料表面的日照吸收率及长波辐射率*7

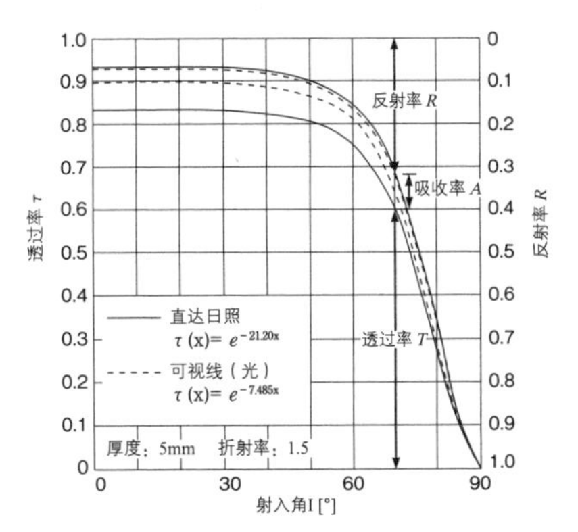


## ■ 普通（透明）平板玻璃的综合反射率、吸收率、透过率*8

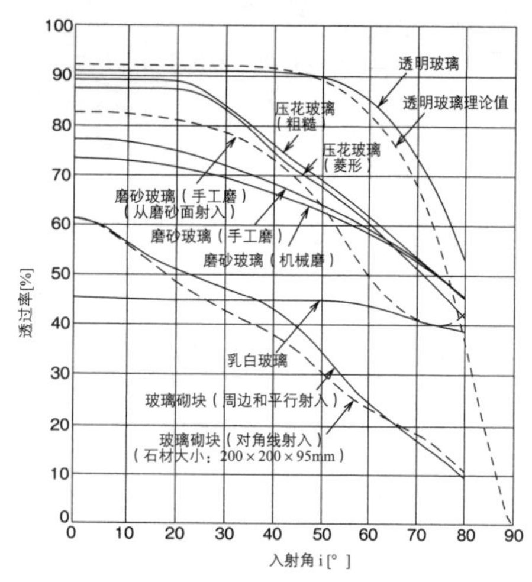


■ 不同窗户玻璃的射入角的透过率[*1]

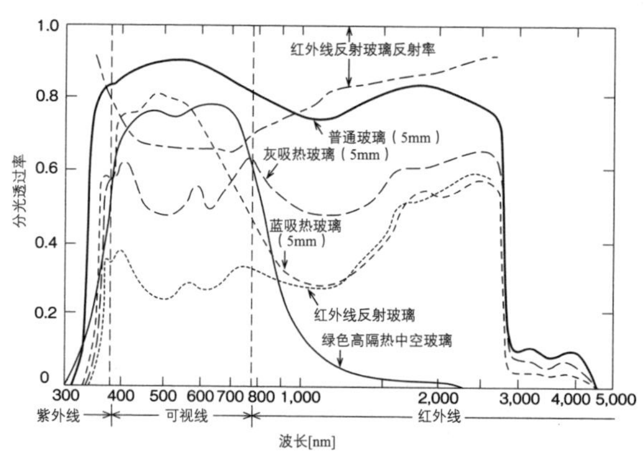


■ 各种防热玻璃的垂直射入分光透过率[*2]

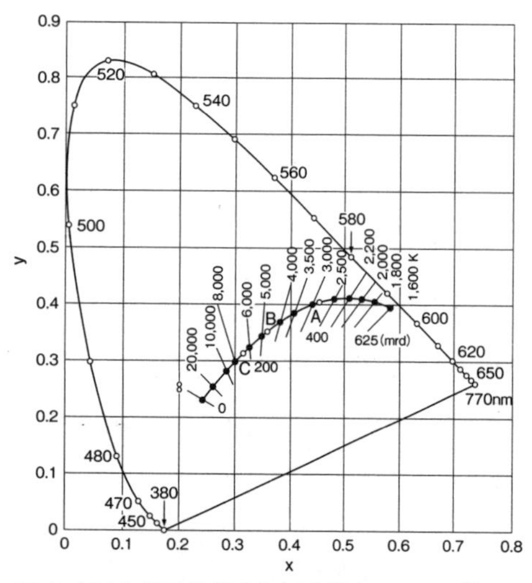


■ 色度图上的黑体轨迹和标准的光A、B、C[*1]

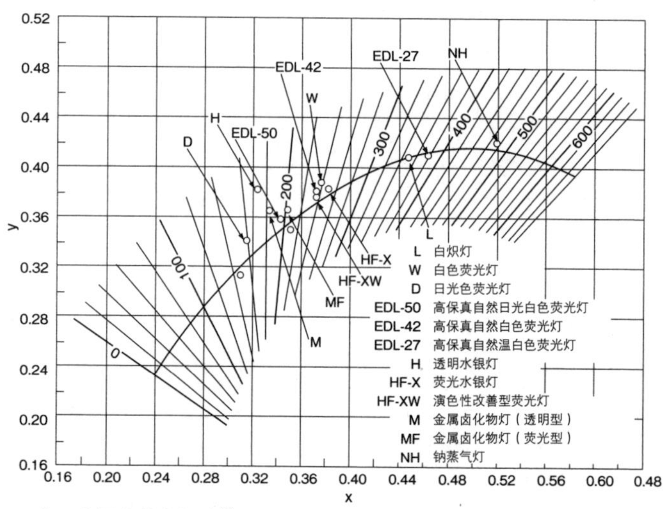


■ 人工光源光的色温度[*3]

■ 光源的色温度及识别方法[*1]

| 光源的种类 | | 色温度[K] | 光源色的识别方法 | |
|---|---|---|---|---|
| 昼光光源 | 人工光源 | | | |
| 晴天光（北方天空） | | 12,300[*4] | 蓝 | |
| | 日光色荧光灯 | 6,500 | 含蓝色 | 冷 |
| 阴天光 | | 6,250[*5] | 同上 | |
| | 氙气灯 | 6,100 | ↑ | |
| 直射日光（天顶点） | | 5,250 | | |
| | 荧光水银灯 | 5,000 | 白 | 中间 |
| | 白色荧光灯 | 4,500 | ↓ | |
| | 金属卤化物灯 | 4,300 | 含红 | |
| | 温白色荧光灯 | 3,500 | 同上 | |
| | 白炽灯 | 2,800 | 黄红 | 暖 |
| 直射日光（地平线） | | 1,850 | 红 | |

*1　出处：松浦邦男、高桥大式《建筑环境工学Ⅰ日照·光·音》朝仓书店，2001年。
*2　出处：部分改绘。
*3　根据田渊义彦的测定（1976年）出处：日本建筑学会编《建筑设计资料集成 1 环境》丸善．1978年。
*4　中央值（范围6200~30000K）
*5　中央值（范围4600~9700K）

## 3. 单位换算表

■ 比热

| J/(kg · K) | kcal/kg · ℃ |
|---|---|
| 1 | $2.389 \times 10^{-4}$ |
| $4.186 \times 10^{3}$ | 1 |

■ 导热率

| W/(m · K) | kcal/(h · m · ℃) |
|---|---|
| 1 | $2.389 \times 10^{-4}$ |
| 1.163 | 1 |

■ 温度

| t(℃)=T(K)-273.15 |
|---|
| t(°F)=1.8t(℃)+32 |

■ 热流

| W | kcal/h | cal/s |
|---|---|---|
| 1 | $8.600 \times 10^{-1}$ | $2.389 \times 10^{-1}$ |
| 1.163 | 1 | $2.778 \times 10^{-1}$ |
| 4.186 | 3.6 | 1 |

■ 热量

| J=W · s | kcal | kW · h |
|---|---|---|
| 1 | $2.389 \times 10^{-4}$ | $2.778 \times 10^{-7}$ |
| 4.186 | 1 | $1.163 \times 10^{-3}$ |
| $3.600 \times 10^{6}$ | $8.600 \times 10^{2}$ | 1 |

■ 压力

| Pa | mmHg | kgf/cm² |
|---|---|---|
| 1 | $7.501 \times 10^{-3}$ | $1.012 \times 10^{-5}$ |
| $1.333 \times 10^{2}$ | 1 | $1.360 \times 10^{-3}$ |
| $9.807 \times 10^{4}$ | $7.356 \times 10^{2}$ | 1 |

■ 热转移率 · 热传导系数 · 热转移系数

| W/(m² · K) | kcal/(h · m² · ℃) |
|---|---|
| 1 | $8.600 \times 10^{-1}$ |
| 1.163 | 1 |

# 4. 测定仪器

## ■ 气象要素

・扩张地域气象观测系统的气象数据（日本建筑学会）：对干球温度、湿球温度、法线面太阳直射辐射量、风向、风速、辐射量，按1小时、1年365天的数据（各8760条）进行整理。日本全国设842个探测点，作为热负荷计算使用。另外收集整理了世界各地5000个地点以上的数据。
・气象厅的观测数据可以从网页上下载。

| 测定对象 | 专业测定仪器 | 简易测定仪器 |
|---|---|---|
| 干球温度 | 带通风筒干湿计 | 内存式温湿度仪 |
| 湿球温度（湿度） | | |
| 法向面太阳直射日照量 | 直射日照仪 | 数字照度仪 |
| 水平面全天日照量 | 全天日照仪 | |
| 风向 | 风向风速仪 | 风向标（70页参照） |
| 风速 | | 扇型风速仪 |
| 辐射量 | 夜间辐射仪 | — |
| 降水量 | 倒斗式雨量计 | — |
| 降雪量 | 记录式雪量仪 | — |

*1　简易测定仪有多种多样，这里主要介绍廉价的产品。将多个要素汇总测定的气象观测系统除有气象厅使用的高精度仪器外，也有廉价（数十万日元）的产品。

## ■ 室内温热环境要素

| 测定对象 | 专业测定仪器 | 简易测定仪器 |
|---|---|---|
| 干球温度 | 干湿计<br>热电偶（温度）*1<br>湿度传感器 | 内存式温湿度仪 |
| 湿球温度（湿度） | | |
| 气流 | 超声波风速仪<br>红外线风速仪<br>多点风速仪 | 扇型风速仪 |
| 表面温度 | 红外线辐射摄像头<br>热电偶 | 辐射温度仪 |
| 代谢量（活动量） | 人体热量测定仪<br>呼气收集袋 | 一览表的利用 |
| 着衣量 | 暖体假人 | 根据一览表计算 |

*1　一般是T型（铜·康铜）热电偶。为减少日照等的影响，接近测定对象的温度，使用绝缘线直径300倍以上的长度（如线直径0.2mm，6cm以上）。

## ■ 室内光环境要素

| 测定对象 | 专业测定仪器 | 简易测定仪器 |
|---|---|---|
| 照度 | 照度仪 | 内存式照度仪 |
| 亮度 | 亮度仪 | — |

## ■ 空气质量

| 测定对象 | 专业测定仪器 | 简易测定仪器 | 备注 |
|---|---|---|---|
| 二氧化碳 | 空气质量测定仪 | 北川式气体检测管 | 北川式气体检测管有应对各种各样气体的检测管，可当场确认气体浓度 |
| 一氧化碳 | | | |
| 粉尘 | 粉尘仪 | — | |
| VOC（甲醛等） | 空气质量测定仪<br>空气取样器 | 北川式气体检测管<br>被动型取样仪 | 用空气取样器取得的气体通过气体识谱仪进行分析<br>被动型取样仪将样本放一段时间后，由专业机构进行分析 |
| 臭气 | 臭气测定仪 | 携带型 | |
| 霉、腐朽菌 | 空气取样器 | 擦取式取样 | 对空气取样器获取的空气中的浮游菌进行培养分析<br>擦去细菌取样，进行培养分析 |

## ■ 能源消耗量

| 测定对象 | 供应单位的测定仪 | 专业测定仪器 | 简易测定仪器 | 备注 |
|---|---|---|---|---|
| 电力 | 电测量器（电表） | 电力计量表 | 电力计量表（插座式） | 电力量（简易地）可以通过钳形电流表，测定电流插座×电压（100V等）计算得出 |
| 燃气 | 煤气表 | 流量表 | 计时式数码相机 | 供应单位的表定期进行抄表（用带时间功能的相机拍摄）<br>将结算单记载的使用量加上天数作为月累计值 |
| 自来水 | 水表 | | | |

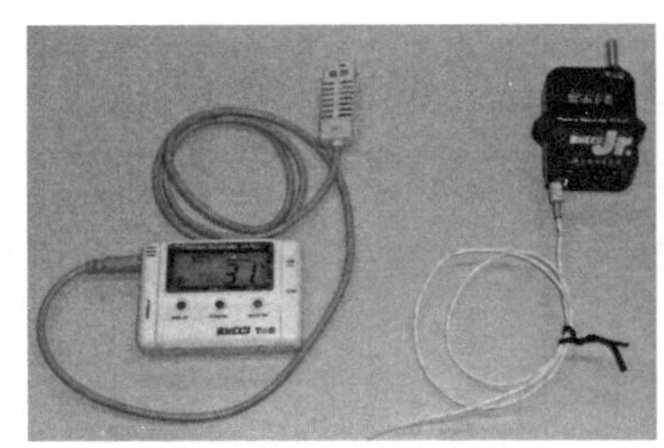
内存式温度湿度仪

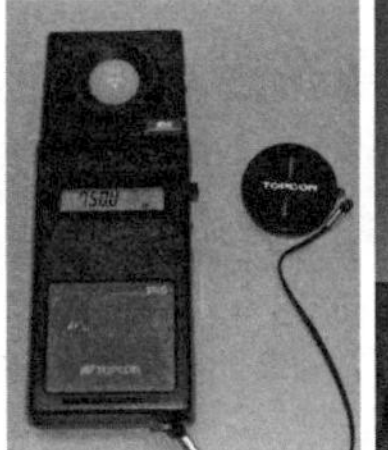
数码照度仪

扇型风速仪

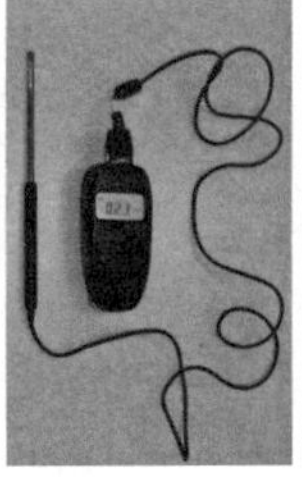
红外线风速仪

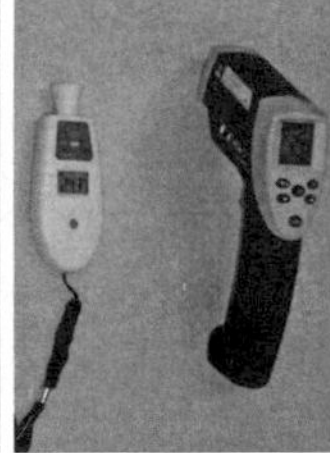
辐射温度仪

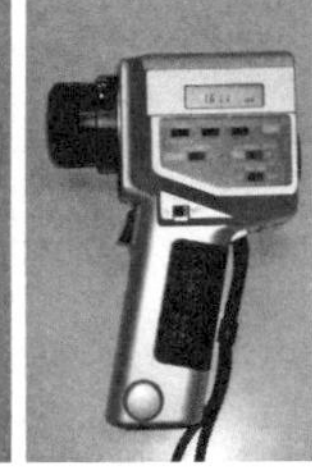
亮度仪

北川式煤气检测管

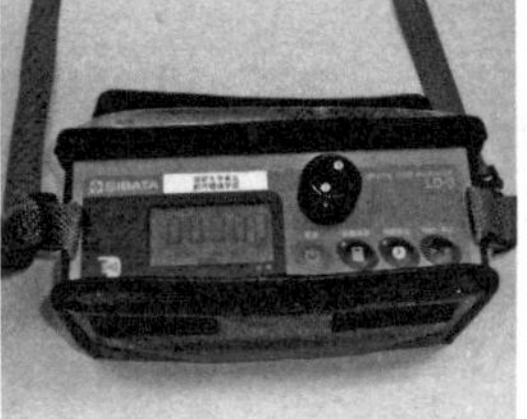
粉尘仪

电力计量表（插座式）

电力计量表（电表）

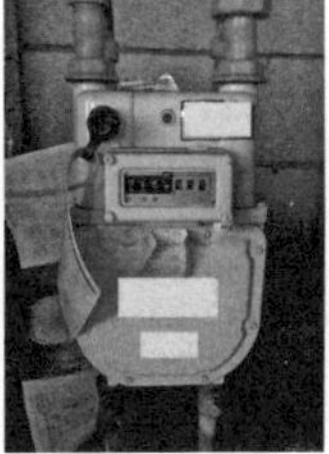
煤气表

水表

# 刊后语

迄今已经提出了多种旨在关注环境的建筑设计的理念，模仿各种理念设计的建筑也多有存在。《没有建筑师的建筑》[*1]所介绍的乡土建筑是紧密结合气候、风土必然性的原始性实例，但从中可以窥视到建筑对环境的适应能力。另外，不使用化石能源、积极地活用自然的潜力、追求高水平室内环境形成的被动式建筑，包括围绕建筑的环境，在能源、物质的循环系统中，最大限度地抑制环境负荷，以创造丰富的建筑环境为目标的生态住宅等，这一切都蕴藏着以适应环境和关注环境为核心的建筑设计的可能性。

据说本书关注的“生物气候设计（BD）”的思想是1960年代提出的[*2]。本书重新定义了BD，现在俯瞰BD的魅力，包括其他的以关注环境为目标的建筑设计的理念，发现其定位在更高的概念上（参照本书第5页，“所谓生物气候设计”）。BD作为关注环境的建筑设计，应把握目标的本质。

BD的手法本身并不是新鲜的东西，但在面对设计的过程中可以寻找到新颖性。即本书主张的BD中，体现了当事者要理解建筑空间中，身边发生的物理现象和其中的魅力，设计者和使用者彼此应该在更好的建筑环境中寻找和发现替代的线索，并为之进行实践的意义。另外，从另一个角度来看，作为给予一定条件包括气候条件在内的周边环境、作为蔽护所的建筑物、人的行为举止，这三者互相作用的结果就形成建筑环境，可以期待，如能意识到适当平衡三者的关系进行建筑设计的话，就自然会想到关注环境。

并且，BD的理念中还有一个特点是认识到人也是自然环境的一部分（参照本书第8页，“生物气候设计为目标”）。人处于作为蔽护所的建筑物内，其行为和感觉决定了关注环境理念的成败。现代社会便捷性高，即便使用者没理解建筑物环境调整的机制，依靠简单的操作就可以控制一切。然而，建筑环境原本是通过与人的行为互相作用所形成的，如果认为人也是自然环境的一部分，就要求作为蔽护所的建筑物的设计符合人体尺度。因此，为了营造更好的建筑环境，建筑空间内人的行为和感觉也应该成为关注环境的关键。

本书是参与执笔的作者一起长时间讨论的成果的一部分，同时也是让BD的真正价值问世迈出第一步的契机。渴望BD被广泛地认知。

长谷川兼一

注：

*1　B · 鲁道夫斯基《没有建筑师的建筑》渡边武信译，鹿岛出版会，1984年。

*2　V. Olgyay, *Design with Climate, bioclimatic approach to architectural regionalism*, Princeton University Press.1963.

## 编者后记

该书的策划是从委员们一致对回答“何谓生物气候设计（BD）?”的设问怀有困惑开始的。其中产生了“发现、创造”的关键词，与气候、光、热、风、人类等范畴一起，成就了1、2章的视觉页码的样本，使本书的方向性以及BD的定义明朗化了。尽管如此，在进行的过程中也经历了逢山开路，遇水架桥的艰辛。得到了生物气候设计分会主任须永修通先生、策划发行分会主任长谷川兼一先生的巨大包容力和切实可行的建议的支持，年轻的建筑环境工学的研究者和设计人员的积极献计献策，加深理解的过程中推进的。约3年时间，全体委员始终在思考“如何把BD简单易懂地传达给读者”，不断提出建议的集大成就是本书。通过使用生物气候设计的概念，把设计和建筑环境工学联系在一起，正如书名所示，学习“设计中的建筑环境学”的教科书诞生了。在此，对执笔者以及给予我们协助的委员会以外的各位先生表示衷心的感谢。

最后，史无前例（深感骄傲）的本书的问世也是由于神中智子编辑的存在。她与苦于表达方式的我们共同分享，积极思考，提出各种各样建议，引导我们一路走来。在此，我代表全体委员一并表达谢意。

2011年4月　广谷纯子

## 照片・图片提供

URBAN FACTORY　藤江 创　53图13・14
浅田秀男　18图2
ATELIER BUNKU　57图8
五十岚淳建筑设计事务所　45图1・2
大冈龙三　27图9
大坪沙弥香　18图3、19图6・7・9、20下、21下、23图3・5、24中央、25下、29下、31图8、77图12
大野二郎　57图11
上远野建筑事务所　92上、93图面
金子尚志　89照片、99照片、100下
北濑干哉　88下3张、100上、103下、104下中央・下
熊本县立大学辻原研究室　71图4、72图8、73图11・12
熊本县立大学辻原研究室+细井研究室　71图5
栗原宏光　98
小泉工作室　108上、109图面
小玉祐一郎　99图面
酒井宏治　GRAYTONE　56图7
须永修通　49图10
彰国社图片部　86上、88上、103上、104上・下上
高间三郎　107上
大建工业　69图9
谷口 新　41图12左
辻原万规彦　70图1・2、73图10
东京理科大学井上隆研究室　59图3
西方里见　37图13
野泽正光建筑工房　102、103右上、104下中央、105图2
桥村明（上远野建筑事务所）　92下、93照片
畑拓（彰国社）　61图7、107下、108下、109照片
深泽大辅　74图1、77图11
PARASU生活科学研究所　69图11
丸口弘之（黑松内町立黑松内中学校）　54图1
三泽房屋综合研究所　49图12・13、113图4
渡边 光　65图9

*以上以及本文没有特殊标注外均由执笔分担者（2页）提供

制图协助：大坪沙弥香

著作权合同登记图字：01-2012-0895号

图书在版编目（CIP）数据

设计中的建筑环境学 /（日）日本建筑学会编；李逸定，胡惠琴译. —北京：中国建筑工业出版社，2014.12

建筑理论·设计译丛

ISBN 978-7-112-17376-1

Ⅰ. ①设… Ⅱ. ①日… ②李… ③胡… Ⅲ. ①建筑学－环境理论 Ⅳ. ①TU-023

中国版本图书馆CIP数据核字（2014）第251357号



责任编辑：白玉美　孙玉珍　刘文昕
责任校对：陈晶晶　姜小莲

建筑理论·设计译丛

设计中的建筑环境学

发现、营造生物气候设计

［日］日本建筑学会　编

李逸定　胡惠琴　译

*

中国建筑工业出版社出版、发行（北京西郊百万庄）

各地新华书店、建筑书店经销

北京锋尚制版有限公司制版

北京顺诚彩色印刷有限公司印刷

*

开本：787×1092毫米　1/16　印张：7¾　字数：218千字

2015年6月第一版　2015年6月第一次印刷

定价：39.00元

ISBN 978 - 7 - 112 - 17376 - 1

（26152）



（邮政编码 100037）